U0344987

21世纪高等院校
VR
虚拟现实设计系列教材
Virtual Reality

虚拟现实
三维角色制作

刘跃军　徐静秋　吴南妮　著

中国国际广播出版社

庚钟银　辽宁大学广播影视学院院长

姜仁峰　河北美术学院动画学院院长

祝　晔　中国国际广播出版社传媒编辑部主任

郭道荣　成都大学影视与动画学院院长

黄心渊　中国传媒大学动画与数字艺术学院院长

黄　勇　北京电影学院动画学院副院长

崔保国　清华大学新闻与传播学院副院长

曹　雪　广州美术学院视觉艺术设计学院院长

盛　瑨　南京艺术学院传媒学院副院长

彭吉象　北京大学艺术学院教授

编　委

（按姓氏笔画排序）

许仁杰　中国人民解放军陆军装甲兵学院教授

刘华群　北京印刷学院副教授

　　　　中国人工智能学会智能传媒专业委员会秘书长

刘跃军　北京电影学院动画学院游戏设计系主任

　　　　沉浸式交互动漫文化和旅游部重点实验室副主任

安志龙　河北美术学院动画学院实践教学中心主任

余日季　湖北大学艺术学院动画与数字媒体系主任

陈　欢　中国传媒大学南广学院游戏与交互教研室主任

陈　　峰　　鲁迅美术学院用户体验与大数据可视化实验室主任

李　　刚　　山西传媒学院动画与数字艺术学院游戏教研室主任

张　　帆　　浙江传媒学院媒体工程学院数字媒体技术系主任

张兆弓　　中央美术学院未来媒体游戏工作室主任

张　　昱　　北京建筑大学城市计算与人工智能研究室主任

邵　　兵　　吉林艺术学院新媒体学院数字娱乐系主任

吴南妮　　广州美术学院视觉艺术设计学院

汪翠芳　　江西财经大学副教授

周广明　　中国动漫集团有限公司党委副书记

　　　　　沉浸式交互动漫文化和旅游部重点实验室副主任

周立均　　广州美术学院视觉艺术设计学院数码游戏设计工作室主任

杨　　林　　广东财经大学艺术与设计学院

姜俊杰　　中国动漫集团有限公司 VR 实验室项目部主任

翁冬冬　　北京理工大学光电学院研究员

高　　盟　　北京邮电大学数字媒体学院副教授

倪　　镔　　中国美术学院网络与游戏系副主任

前　言

　　虚拟现实是一种划时代的革命性信息技术，是继计算机互联网和手机移动互联网之后的下一代关键信息平台。虚拟现实与人工智能、5G通信、大数据结合构成了下一代万物互联、虚实融合的沉浸式信息生态系统，把握了这些核心技术就掌控了未来信息的核心力量，其战略意义重大。国家"十三五"规划及后续阶段已经将推动虚拟现实及相关产业的协同发展作为战略性新兴产业发展的重要组成部分，各级政府从政策、资金及相关产业布局上进行全方位支持。2016年9月3日，习近平主席在G20峰会上指出："创新是从根本上打开增长之锁的钥匙。以互联网为核心的新一轮科技和产业革命蓄势待发，人工智能、虚拟现实等新技术日新月异，虚拟经济与实体经济的结合，将给人们的生产方式和生活方式带来革命性变化。"此后不久，国务院正式发布《"十三五"国家战略性新兴产业发展规划》（简称《规划》）。《规划》中明确指出："以虚拟现实为代表的数字创意内容产业将带动周边产业，在五年内产业规模将超过8万亿。"其核心内容为虚拟现实与相关产业的融合应用，2020年中国"VR+"相关产业的直接产值将达到5000亿，2025年将接近2万亿规模。此后，国家科技部、文化和旅游部、教育部、工信部、财政部等多部委陆续出台政策联合推动虚拟现实产业发展。

　　面对全球虚拟现实科技持续发展的大潮，中国在虚拟现实科技的基础研究、硬件技术、软件技术、虚拟现实内容方面保持持续发展态势，虚拟现实技术在教育、文化、旅游、影视、游戏、科技展览展示等各行各业开始逐步应用，其规模也不断扩大。政策的连续出台和产业的持续发展预示着虚拟现实在未来将拥有巨大空间。不久的将来，随着虚拟现实产业的快速成长，虚拟现实科技、虚拟现实内容、虚拟现实平台、虚拟现实产品等将快速发展。

产业发展的前提是要有大量的从业人员的支撑，虚拟现实作为一个全新的领域，从硬件到软件，从科技到内容都面临巨大的人才空缺，虚拟现实专业人才的培养成为当务之急。随着虚拟现实技术日益走向成熟，虚拟现实应用场景在各个领域的广泛融合，高质量的虚拟现实内容成为制约产业发展的关键。由于虚拟现实内容设计包含策划、艺术设计、三维制作、引擎开发等多个跨门类的专业知识，传统设计人才很难直接满足行业应用需求。

本系列教材专门针对虚拟现实内容设计环节，融合策划、艺术设计、三维制作、引擎开发等环节的关键技术，聚焦虚拟现实内容设计过程中的专业问题，以高质量虚拟现实内容的制作实现为目标进行系统的课程内容设计。理论与实践结合，以行业成功案例为素材指导学生在较短的时间里掌握虚拟现实内容设计的整体流程和关键技术。本系列教材囊括了高水平虚拟现实内容设计的各关键环节，形成虚拟现实内容设计制作的产业链条的闭环，完整地架构了虚拟现实设计相关专业的核心骨干课程。每本教材均配备专门的电子教学资源，让学生轻松入门，且逐层深入掌握虚拟现实内容设计的关键技术。

由于教材编写时间较为局促，编写过程中未能对每一个细节进行完美打磨，对于发现的问题请随时向我们提出，我们将尽快修订。此外，在教材编写的过程中，尤其是案例分析环节，引用了不同时间、不同国家和地区的各类型优秀的、经典的虚拟现实内容，由于编写出版时间的限制和联系方式的制约，未能全部及时与作者取得联系，在此深表歉意。如果您对本系列教材中呈现的您的作品有任何意见或建议，请发送至邮箱69101433@qq.com告知我们，我们将及时与您沟通。感谢您的支持！

刘跃军

2020年1月于北京电影学院

目　录

第一章　三维角色制作概述

一、三维角色及建模方式

1.三维角色的定义

这里的三维角色是指使用电脑三维软件制作的数字三维角色，又称为3D（Three-Dimensional）角色。使用计算机创建三维角色时有两种几乎完全不同的类型和方法：一种是多边形建模，一种是曲面建模。

2.三维角色的建模方式——多边形建模和曲面建模

多边形（polygon），也称为网格体（mesh），是使用专门的多边形网格体建模工具制作的由点、边、面构成的三维模型。图1-1是三维软件Maya的建模模块，从中可以看到多边形建模和网格相关工具。它们都可以用来制作多边形模型，包括多边形角色。

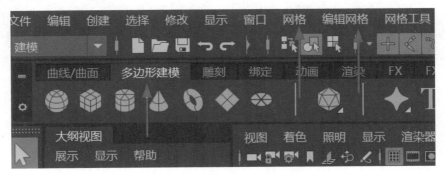

图1-1

多边形模型由点、边、面组成，如图1-2所示，在Maya中可以通过以下方式进行多边形模型点、边、面的选择，并进行编辑。多边形建模的过程本质上就是对多边进行点、边、面创建和编辑的过程。掌握了点、边、面的编辑工具，就掌握了多边形建模，包括复杂角色建模的核心技术。

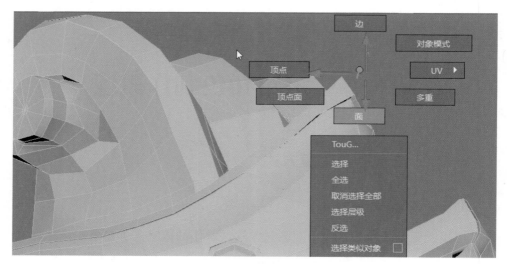

图1-2

3.曲面建模与多边形建模的区别

曲面建模和多边形建模是两种完全不同的类型和方法。图1-3所示的是Maya中的曲面建模工具。

图1-3

与多边形建模相比，曲面建模在制作过程中有两个典型的区别：第一，曲面建模必须和曲线结合起来使用，在制作曲面时，首先要绘制曲线，然后由一条或多条线通过曲面工具生成面；而多边形建模可以不必有线的支持，可直接在多边形表面进行建模。第二，曲面结构的控制点不在其表面上，而是在其切线（面）的交点上，如图1-4左图所示；而多边形建模的控制点固定在多边形表面上，如图1-4右图所示。

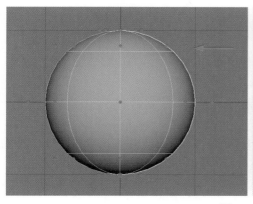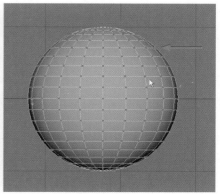

图1-4

曲面建模的方法和过程相对烦琐、不直观，而多边形建模不但操作方便、效果直观，而且适应范围日渐扩展，应用领域也越来越广泛。曲面建模最大的优点在于基于曲线制作光滑的曲面，使用曲面建模来制作汽车、飞机等流线型物体表面，就成了曲面建模的专长。早期的多边形很难准确地制作要求严格的平滑表面，后来随着多边形技术的发展，新的功能逐步增加到多边形建模工具集中。其中一个平滑预览工具，Maya中的快捷键为3，能够瞬间实现从多边形模型到光滑表面的转换，如图1-5所示，左边模型为常规多边形，右边模型为同一模型按下3后显示的光滑表面。

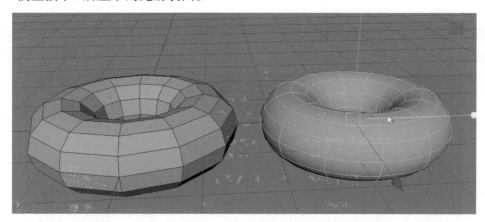

图1-5

这就使得多边形建模也具备了极为自由的平滑表面建模功能，并能胜任要求严格的曲面建模需求。此后，绝大部分的曲面建模任务就被多边形建模所代替。

在行业应用中，游戏建模、动画建模、元宇宙VR建模，以及影视广告、建筑等都广泛使用多边形建模。本教程所讲的内容也是多边形建模。

二、三维角色的应用领域

三维角色的应用领域，从另一个角度来讲就是如果我们学好了三维角色制作，可以找哪方面的工作。

从当前行业发展现状和趋势来看，三维角色制作主要应用在以下领域：三维动画制作、三维游戏制作、三维影视特效制作、元宇宙虚拟现实各领域制作（包括虚拟现实游戏、动画等），以及当前比较流行的数字人等。这里给大家按行业规模及行业发展趋势进行总结性介绍，大家可以根据自己的爱好和理解进行选择和定位。

1.三维动画

三维动画，包括三维动画电影、动画剧集，一直以来是大家理解的三维制作最主要的应用领域，如大家一看到Maya、3D Max或者其他3D制作软件，就脱口而出"这是个三维动画软件"，但遗憾的是三维动画目前的行业规模和产值非常有限。即使你看到像《哪吒之魔童降世》这样的高票房电影，但是每年能有几部呢？动画电视剧和网剧就更一言难尽了。图1-6是笔者及团队制作的动画截图。

图1-6

图1-6（续）

2. 三维游戏

游戏相比动画而言，产业规模和产值大很多，从我们多年编写中国相关产业报告蓝皮书的数据对比来看，产业规模相差不小于10倍，也就是说游戏产业产值规模比动画大10倍以上，而且游戏产业对三维制作尤其是三维角色制作的需求也大很多。比如一款网络游戏的NPC、玩家加起来可能有上百个，而绝大多数动画影片中显然没有这么多角色。

因此，相比动画而言，游戏产业对三维制作（包括三维角色制作）的需求比三维动画大很多。产业规模大代表公司收入多，员工收入也会显著偏高。图1-7所示的是笔者及团队于2014年开发的手机游戏截图。

图1-7

3.三维影视特效

影视特效行业对于三维制作的需求从数量和规模上来讲比三维动画更少。因为三维制作在电影特效制作过程中只是很小的一部分，只有那种完全用三维制作的生物（很少包括人），如恐龙、神兽、外星生物等，才会完全用三维制作完成。影视特效中三维制作视觉特效成分偏多，如PS数字绘景的场景、动力学特效、建筑坍塌保障等。其中除了三维制作软件，后期特效软件的应用比例很高。

图1-8是笔者及团队制作的影视特效三维人物，该人物使用真人、服装、造型，然后通过激光扫描的方式进行制作。从中我们可以看到从五官、皮肤到服装布料、纽扣等细致入微的真实细节。

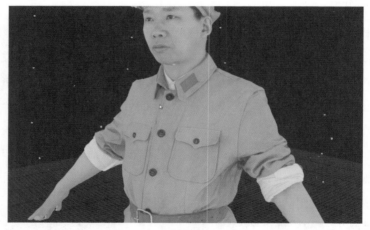

图1-8

4.元宇宙

元宇宙是什么？用一句话概括，元宇宙就是虚拟现实互联网，就如同我们今天应用的手机互联网，只是元宇宙是我们未来将手机替换成穿戴VR设备的虚拟现实互联网。相比手机互联网，元宇宙虚拟现实互联网有三个特点：第一，元宇宙是三维空间世界，里面所有的东西都是三维的。比如，元宇宙的网站是三维空间的，电影是三维空间的，游戏是三维空间的。元宇宙微信（社交平台）也是三维空间的。所以，元宇宙里的所有东西都需要以三维的方式创造出来，而其中核心工具就是三维制作软件和引擎。第二，元宇宙的信息量会远远多于手机的。举个最简单的例子，我们通过手机来学习英语和到英国乡村去学习英语，大家可以对比一下二者的效果和差别。显然置身于英语国家中学习英语的效果会比用手机看视频高十倍、百倍，这就是元宇宙身临其境的信息威力。第三，元宇宙的产业规模远远大于手机产业，就如同手机产业规模远大于电脑一样。它们的差距大致可以用这样的方式量化出来，即对于人的感知能力延伸越多，人的需求和依赖就越强，产业规模也就越大。拥有穿戴和体感等能力的元宇宙终端显然远远超过了手机对人的能力的拓展和延伸。

　　综上，我们不难发现元宇宙是一个全新的、广阔的领域，元宇宙也可以做动画、做游戏、做电影、做微信，但如此巨大的领域如春笋般刚刚破土，有远见的人才能洞察其价值和意义。图1-9是笔者及团队制作的中国经典文化遗产系列元宇宙内容中的场景。从中，我们可以看到近乎完全真实的人物雕像和环境。

图1-9

5.数字人

数字人是当前基于虚幻引擎、MetaHuman等数字人软件发展起来后配合某些特殊的需求，如形象展示活动、传统公司借助科技讲述故事或者公司在视频平台为博取流量制作的动态视频等，形成的一种独特的应用领域。我们结合多年对数字内容产业的研究经验认为，当前的数字人是一个阶段性现象。而真正产生像初音那样的数字明星的空间并不大。

图1-10是笔者及团队制作的个人数字人截图，可以看到其中的模型、质感、贴图、渲染效果及毛发、皮肤细节与真人几乎无异。

图1-10

三、三维角色制作流程及相关软件

1.三维角色制作流程及相关软件

根据不同的应用领域，三维角色制作流程略有不同，但其核心环节是一致的。由于本教程的定位是在Unreal Engine 5中进行应用，因此其可以无缝地应用于以下领域：一是游戏制作，二是基于Unreal Engine 5的影视动画制作，三是数字人制作，四是元宇宙VR内容制作及其他涉及虚幻引擎的各种应用。进行本流程的三维角色制作主要经过以下流程：前期准备（角色设计）—在Maya中制作三维基础模型（中低模）—在Maya中展开UV—在ZBrush中制作高模—

在Marvelous Designer中制作服装布料—在Substance Painter中制作材质贴图—在虚幻引擎中实现即时渲染三维角色效果。

如果最终不是在Unreal Engine中进行使用，而要在Maya中进行动画影片的制作渲染，则在以上流程的最后一步有所区别，即不是将在Substance Painter中制作的材质贴图导入Unreal Engine，而是应用Maya的流程输出Maya关联贴图，然后回到Maya中进行后续流程制作。

2.本流程涉及的常用软件

（1）Maya

Maya是Autodesk公司旗下的专业三维制作软件，该软件在电影特效制作、动画电影制作中使用率极高。在游戏制作、元宇宙虚拟现实制作及数字人等领域也有广泛的应用。

与Maya具有类似功能的三维软件有3D Max、Blender等。关于Maya、3D Max和Blender，这里做一下简要介绍。Maya、3D Max都是十几年前被自动化桌面巨头Autodesk公司收购的公司。收购的目的是进行垄断，实现最少的投入和最大的产出。被收购后，研发投入减少，近十年几乎很少有革新性的功能加入，保持停滞不前的状态。Blender是近几年发展起来的全新公司，相比Maya、3D Max而言，有更大的生存压力和发展渴望，因此出现了更多创新工具，甚至将二维的功能、雕刻的功能及引擎的功能创新性地整合进来。看起来Blender似乎能够完成我们流程中几乎所有功能，但事实未必如此，因为我们要求Blender不能做游戏，不能独立完成元宇宙VR内容，它要导入Unreal Engine、Unity这样的引擎中才能进行，所以本质上它也是为引擎制作模型、贴图及动画这三类素材。最终将这三类素材导入虚幻引擎中进行后续环节制作。此外，目前大公司几乎没有只用Blender来做动画电影、游戏、元宇宙VR项目的。

（2）ZBrush

ZBrush是Pixologic公司开发的一款专门应用于细节雕刻和绘画的软件。强大的功能和直观的工作流程彻底改变了整个三维行业，颠覆了过去传统三维设计工具的工作模式，解放了艺术家的双手和思维，告别过去那种依靠鼠标和参数进行笨拙创作的模式，采用数字绘画和雕刻的模式进行随心所欲的创作。

ZBrush能够雕刻高达10亿多边形的模型。当然，我们也要做好死机的准备，尽量不要把模型分得太细，同时注意保存文件备份。

（3）Marvelous Designer

Marvelous Designer是一款专业的三维服装设计软件，是三维服装设计行业最为知名的服装设计软件，它可以快速帮助用户在软件中制作精美的虚拟服装，并且尽可能逼真地模拟服装穿着效果。该软件还可以实时进行服装修改和试穿，同时也能与Maya、3Dmax及Unreal Engine等进行较好的兼容。但需要说明的是，Marvelous Designer的服装制作方式与Maya和ZBrush是完全不同的。Maya和ZBrush通常是靠艺术家的直觉进行感性设计和制作，如人物脸部的眉弓若高了就向下压一点儿，鼻梁若短了就拉长一点儿。而Marvelous Designer是严格遵循服装制作过程中的布料裁剪方式，然后将裁剪的布料缝合起来，最后穿到模特身上。因此，使用者在使用Marvelous Designer前需要适当了解服装裁剪，才能制作合体的服装。但其优势也很明显，就是服装穿在模特身上后，能够快速地模拟近乎真实的服装穿着及布料变形效果。

（4）Substance Painter

Substance Painter是一个专门进行3D模型的材质、纹理、贴图制作的软件，该软件拥有高效且准确的模型烘焙功能，并提供了大量的画笔、材质及智能材质。智能材质可以根据烘焙出来的法线贴图等模拟出丰富的表面效果。Substance Painter的画笔、图层、蒙版及特效等功能能够帮助我们高效制作丰富的材质和贴图，并配合NVIDIA的Iray渲染器及相关后期效果功能渲染出高质量的模型、材质、贴图和光照效果。

（5）Unreal Engine

Unreal Engine是一款专业的游戏制作引擎，同时也是优秀的元宇宙VR内容制作引擎。随着全新的Unreal Engine 5正式版面世，其两大革命性功能——Lumen（动态全局光照）和Nanite（虚拟几何体系统），使其能即时渲染高质量的动态全局光照，同时能够处理数十亿多边形。很多电影制作公司已经开始使用Unreal Engine 5进行虚拟拍摄及特效制作，部分动画公司开始使用Unreal Engine 5进行动画片制作。当然，除了制作影片，Unreal Engine的主要工作是制作游戏的游戏引擎，所以制作游戏、制作元宇宙VR内容是其本身的特长。

四、本教程主要内容和学生学习要求

本教程包含从三维基础建模到细节雕刻、服装布料及材质贴图制作，再到在 Unreal Engine 中实现即时渲染的三维角色效果的全部流程。

教程以全流程贯穿为重点，对制作高质量三维角色软件的具体工具进行案例应用讲解，但并不对每一个软件基础工具进行深入全面解说。

由于本教程在设计之初面对的是没有三维基础的新人，所以对于学习本教程并不要求有额外的三维制作基础能力。但是，我们要提醒大家注意的是，任何人都不可能一口吃个大胖子，也不可能躺着就可以飞上天。如果您确实想在这个短短的课程之内就能把这么多软件学会，并制作出具有专业水平的三维角色。那么我们需要努力！需要坚持！需要自信！我们作为本教程的作者，作为从教十几年的教师，作为行业项目制作十余年的从业者，对你们有充分的信心，因为过去我们让绝大部分的同学都学会了使用这些方法，并制作出了满意的作品。

五、本教程适用对象

第一，在校学生。本教材的适用对象为游戏设计、动画、数字媒体、虚拟现实设计等及相关专业学生，包括高校学生或职校学生。本书与本系列其他书共 7 本，组成了数字媒体、游戏设计、虚拟现实设计等专业方向的应用设计核心课程，作为游戏设计、虚拟现实设计及数字媒体等专业建设、专业核心骨干课程供学习者使用。

第二，有志于从事虚拟现实、元宇宙、游戏设计等领域的其他人员。

第三，专业爱好者。

希望本教程能帮助学习者系统认识、学习、掌握专业流程和核心技术。

第二章　一个完整三维制作流程练习

第一节　运用 Maya 创建项目

我们工作的对象不是一个文件，而是一个项目，包含一系列模型、贴图及相关资源的复杂文件管理包。学习三维制作，首先必须懂得和擅于管理项目文件，以便之后更科学地存储和管理项目文件。要注意是项目文件，而不是一个单独的文件，如图2-1-1所示。

名称	修改日期	类型	大小
assets	2022/5/20 20:37	文件夹	
autosave	2022/5/20 20:37	文件夹	
cache	2022/8/8 21:13	文件夹	
clips	2022/5/20 20:37	文件夹	
data	2022/5/20 20:37	文件夹	
images	2022/8/8 21:13	文件夹	
movies	2022/5/20 20:37	文件夹	
renderData	2022/8/8 21:13	文件夹	
sceneAssembly	2022/5/20 20:37	文件夹	
scenes	2022/9/6 13:23	文件夹	
scripts	2022/5/20 20:37	文件夹	
sound	2022/5/20 20:37	文件夹	
sourceimages	2022/9/11 11:03	文件夹	
Time Editor	2022/8/8 21:13	文件夹	
workspace.mel	2022/5/20 20:37	Maya Script File	3 KB

图 2-1-1

建立项目文件夹的方法如图2-1-2所示。

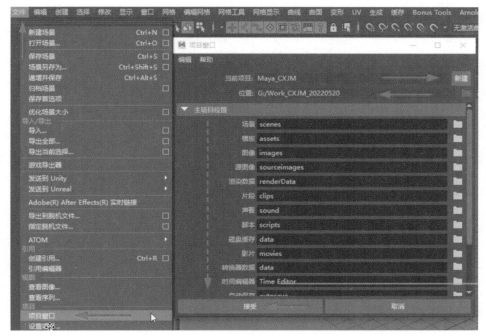

图 2-1-2

需要有"项目"的概念，在调用文件、设置、编辑、存储等操作时都在项目文件夹中操作；当拷贝文件到另一台电脑中进行编辑时，要将整个项目文件夹拷贝。

1. Maya 基础操作

利用率较高的主要快捷键有 1234567，QWERT，"Alt 健+鼠标左、中、右键"，Shift+，Ctrl-，F 键，空格键。

（1）1234567——显示模式

1：正常显示模式；2：正常与光滑叠加模式；3：光滑模式；4：网格透明模式；5：默认材质模式；6：贴图模式；7：光照模式。

比较常用的显示模式：1 是最标准的显示模式；3 在做复杂人物的时候会用到，查看最终的光滑效果；4 在选择物体模型时为了看到隐藏在后面的顶点时会用到；5 用来查看模型效果。

（2）QWERT——操作模式

Q：点选操作；W：移动操作；E：旋转操作；R：放缩操作；T：最后一个操

作（可修改参数）。

W键移动，按照选定的轴向在正交坐标上移动，如按住中间方块可以在空间中任意移动。

E键旋转，按正交坐标沿X轴、Y轴、Z轴旋转，按住中间不放则任意旋转。

R键放缩，按住中间是等比例放缩，按住任一个轴则是沿当前轴向放缩。

要注意正交操作和任意操作的不同，进行任意操作的时候一定要谨慎，注意规范。

（3）"Alt+鼠标左、中、右键"——视口控制模式

"Alt+鼠标左键"——旋转视口。

"Alt+鼠标中键"——移动视口。

"Alt+鼠标右键"——放大、缩小视口。

同时按"Alt+鼠标键"不放进行相应操作。操作的熟练程度直接影响作业速度，建议新手多做练习。

（4）Shift+/Ctrl-——选择方式

"Shift+鼠标左键"，选择点、边、面的时候，加选。

"Ctrl+鼠标左键"，选择点、边、面的时候，减选。

点、边、面的选择对后面的建模操作非常重要。

F键：将选择的画面进行最大化显示。选择对象并按F键，将选中的物体放大为画面主体。

（5）空格键的三种功能

放缩视口：短按空格键，最大或缩小视口，鼠标移到哪个视口，空格键放大哪个窗口。

显示浮动菜单：长按空格键，显示浮动菜单，配合鼠标点选可以直接选择工具。

简洁模式："Ctrl+空格键"（高手模式），在更大的窗口中查看模型对象。

（6）还原默认设置

如果新手在使用过程中进行了一些未知的操作，导致以上快捷操作方式失灵，可以使用还原默认设置，位置如图2-1-3所示。

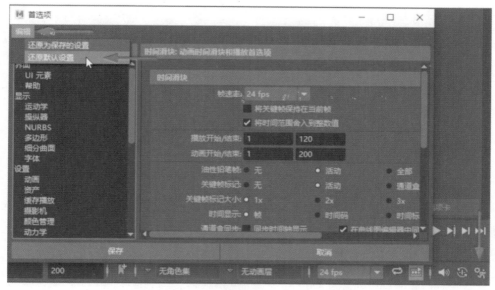

图2-1-3

以上是Maya的基础操作。

2. Maya模型制作——斧头低模

斧头低模制作的方法及流程：先做一个基本的方块，调整它的边数至恰当数量，编辑顶点，逐步调整方块的造型；有了大概的造型后，拉出相应的厚度，再逐步调整外部轮廓边及内部结构边、点、位置细节，使之接近斧头的形状。

晶格工具可用于进行斧头形状的整体调整。大的造型建立之后，然后进行倒角等细节调整，以使模型精致。

为了达到准确的高度，需要使用菜单中的测量工具：创建>测量工具>距离工具。点击起点（下端）和终点（上端），在场景中创建测量工具，如图2-1-4所示。

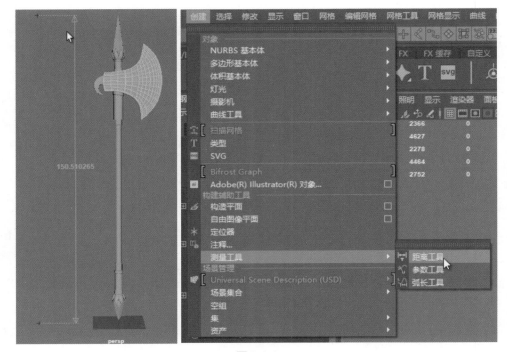

图2-1-4

首先建立一个方形的面，在参数面板中设定长宽边的细分数，宽度细分参数为5，高度细分参数为6，将长度和宽度调整为接近斧头侧面的大致形状，如图2-1-5所示。

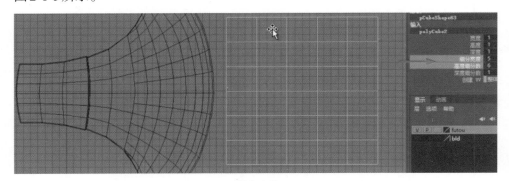

图2-1-5

参照斧头的侧面调整新建的面的形状，选取、插入循环边工具，在需要的地方增加边，选择相应的顶点、边、面进行位置调整，细化斧头侧面不同部位的造型，如图2-1-6所示。

在选择点模式下进行移动放缩，调整轮廓。选中整个面片，沿着Z轴拉出斧头的厚度，继续调整造型。

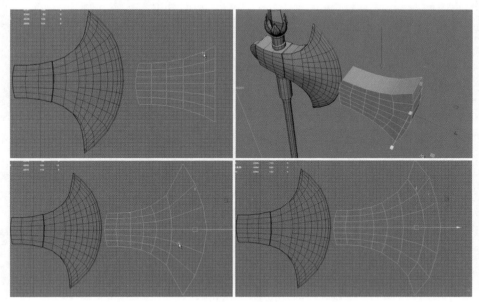

图2-1-6

如图2-1-7所示，选中斧头前面部分的所有面，然后在菜单中选择晶格工具，整体调整斧头刃部模型形状，选中晶格顶点进行整体收缩调整厚度，使斧头前刃的两条轮廓边接近贴在一起。

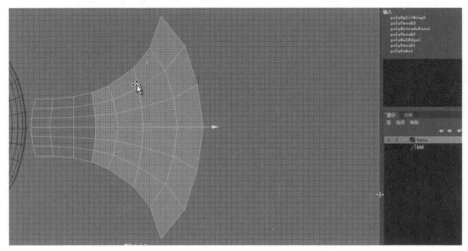

图2-1-7

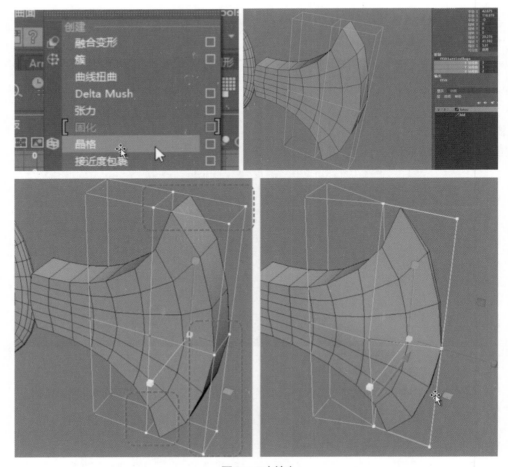

图2-1-7（续）

　　操作取消晶格，如图2-1-8所示，在斧头模型轮廓边、顶点进行细微调整。最后使用导角工具优化转折面的细节。增加必要的转折面结构。注意，用两条边才能锁定一个面。完成斧头低模的制作。

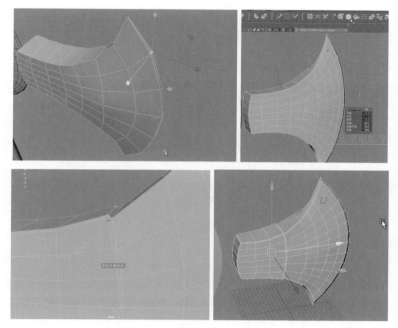

图2-1-8

3. UV展开

从菜单中点击 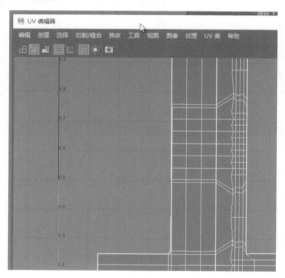，调出UV编辑器面板，如图2-1-9所示。

图2-1-9

在UV菜单栏里点选建立一个平面，如图2-1-10左图所示，在平面映射选项面板中选择Z轴（蓝色轴），对应斧头模型上最大的侧面，点击应用键，建立斧头模型侧面在UV坐标中的映射，得到斧头模型基本的UV。

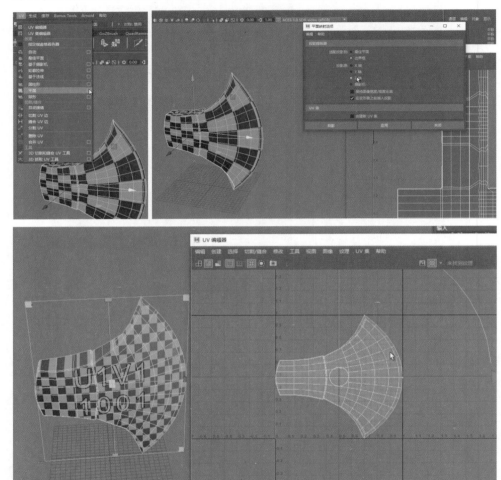

图2-1-10

在边模式下编辑斧头模型，双击选中斧头模型背部的转折边（确保选中的是连续并围合的轮廓线），沿着这条边剪开UV壳。在UV编辑器中，在工具菜单调出UV工具包，点击剪切，将模型沿着选中的连续边剪开，在对象模式下可见轮廓边变成白色。选中剪下来的斧头背部UV壳，点击UV工具包中的展开，得到展开的斧头背部UV。移动并调整，尽量使表面的蓝白方块成正方形，如图

2-1-11所示。

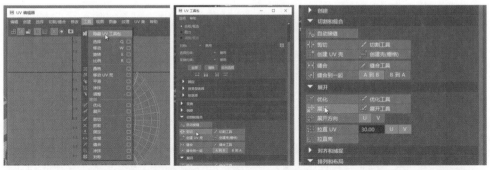

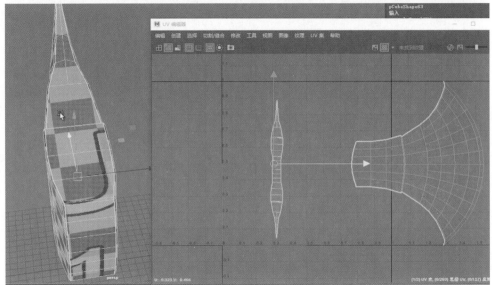

图2-1-11

　　选中斧头侧面，在UV工具包中点击展开，得到斧头侧面的展开UV。调整位置、方向和大小，将UV壳放置于象限内，并尽量占满象限的位置，完成展开UV操作，如图2-1-12所示。

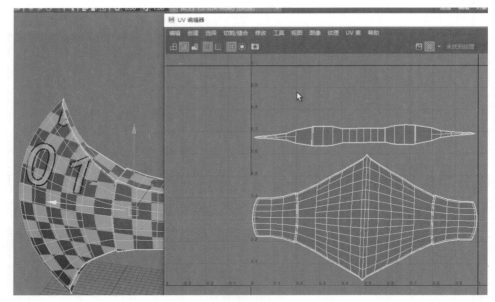

图2-1-12

保存文件为 .mb 格式。如图2-1-13所示点击文件菜单中的导出当前选择，选.obj格式，将文件导出到供 ZBrush使用的文件夹里，以供下一步使用，如图2-1-13所示。

图2-1-13

第二节　ZBrush 基础操作

我们在 ZBrush 里对模型做光滑处理，雕刻花纹，制作破损效果，导出高模文件。

1. ZBrush 的基础操作

（1）直接按鼠标左键，点击窗口空白处并拖动，旋转模型。

（2）同时按"Alt键+鼠标左键"可移动模型，在此过程中如果松开 Alt 键，能放缩模型。

（3）鼠标在模型之外时，按鼠标并点击 Shift 键，可快速回到正交角度。

2. 模型导入

点击灯箱并关闭，点击导入，导入上一步做的 .obj 格式斧头文件。细分级别调整为 7，如图 2-2-1 所示。

图 2-2-1

3. 模型细化与细节雕刻（图案、破损）

先在 PhotoShop 中制作正方形灰度图，透明底 .png 格式，白色的花纹高度凸起最高，黑色不凸起，不同灰度在 ZBrush 印制中呈现不同程度的凸起。将图片保存为 .png 格式后，回到 ZBrush，点击左边工具栏的 Alpha 笔刷打开画笔面板，导入图片为印章笔刷。点击 DragRect，打开图形印章面板，在面板中选择要用的图形印章，在模型上印制莲花纹，如图 2-2-2 所示。

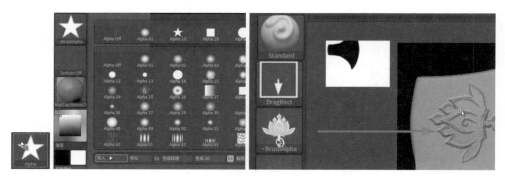

图 2-2-2

点击 Standard 调出笔刷面板，如图 2-2-3 所示选择和使用 ClayTubes 工具制作破损效果，选中后调整笔刷宽度，在模型上绘制破损凹坑。用鼠标在模型上直接绘制呈现凸起的效果，按 Alt 键绘制凹陷的图形。在绘制的同时按 Shift 键能使凹坑的轮廓变得光滑。

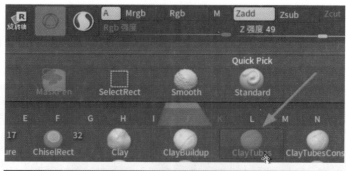

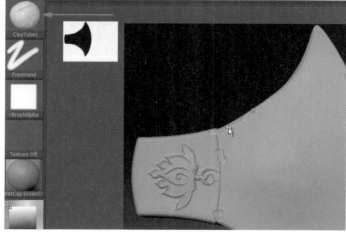

图 2-2-3

4.高模导出

绘制完成后保存和导出ZBrush文件，注意在导出的过程中尽量不进行别的操作，导出模型为高模文件，以供下一步使用。

第三节　Substance Painter 模型导入

1.基础操作

Substance Painter窗口基础操作快捷键和Maya的一样。

（1）"Alt+鼠标左键"：旋转视口。

（2）"Alt+鼠标中键"：移动视口。

（3）"Alt+鼠标右键"：放缩视口。

（4）"Shift+鼠标右键"：旋转灯光。

主要有四个工作面板：材质、遮罩、笔刷、Alpa纹理贴图资源面板，3D视口，UV面板，材质纹理细节编辑面板，如图2-3-1所示。

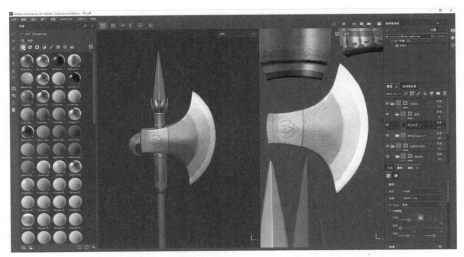

图2-3-1

进入工作流程：新建一个文件，分辨率为2048，导入斧头和斧头.obj格式高模文件。

2.烘焙高模信息

图2-3-2的操作是将高模信息烘焙到低模上。

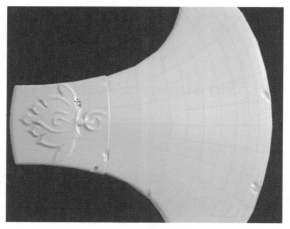

图2-3-2

先导入低模文件，在纹理集设置面板中点击烘焙模型贴图，如图2-3-3所示调出烘焙设置面板。在将低模网格用作高模网格栏中，点击右上角的添加文件按钮，添加高模文件，完成后点击右下角烘焙所选纹理开始烘焙。烘焙完成后在模型贴图面板中可见新增的数个贴图，如图2-3-4所示。

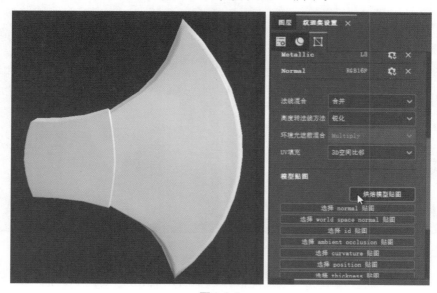

图2-3-3

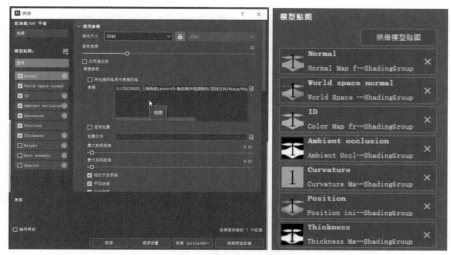

图 2-3-4

3. 制作三种材质

从图 2-3-5 示例可见，斧头柄、斧头身和斧头刃部分别是三种材质。

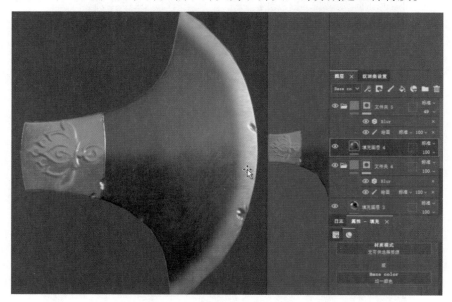

图 2-3-5

我们在图层面板中进行贴图。点击新建图层，可见增加了一个材质图层，如图 2-3-6 所示，可在填充面板中进行各种填充。

图 2-3-6

点击左边窗口中的智能材质，在此模式下软件能自动识别高低不平、坑洼等细节。图 2-3-7 将 Bronze Armor 拖到右侧图层面板中，置于顶层，黄铜色覆盖整个斧头。图 2-3-8 为展开黄铜材质层，在此关闭和删除不需要的效果，只留下需要的效果层。

图 2-3-7

图 2-3-8

完成后在材质图层上按"Ctrl+G"建立图层组，再新建一个遮罩图层，用黑色绘制需要露出的部分；或者点击左侧工具栏中的 ▢ 几何体填充，用更直观的方式在低模几何体斧头上选中需要填充黄铜材质的部分，也可以在UV界面进行操作，如图2-3-9所示。

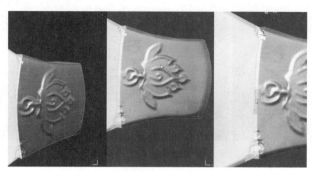

图2-3-9

复制一个黄铜材质文件夹，调整材质填充图层，关掉不需要的Dirt层，在Base Metal图层中调出斧头的冷灰色。如图2-3-10所示把这个文件夹放置在斧头柄之下，露出柄部的黄铜材质。

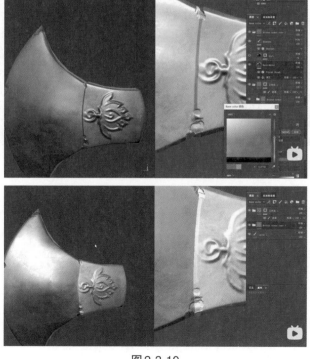

图2-3-10

如图2-3-11所示选中新的材质，拖进图层面板，置于第二层，给它建立一个遮罩，选用笔刷工具，遮罩中用黑色在斧头刃直接绘制出需要露出的银色部分。

图2-3-11

4.输出贴图，在Unreal Engine中使用

保存文件。在文件菜单下点击导出为贴图，设定输出目录为相应文件夹，输出目录为Unreal Engine 4（Packed），如图2-3-12所示，其他为默认设置。点击导出，导出4个.png格式文件，可以在Unreal Engine中使用。完成此步操作。

图2-3-12

第四节　Unreal Engine 5 模型贴图导入、基础操作、材质制作及应用、灯光设置

1.新建 Unreal Engine 项目

启动Unreal Engine后进入项目设置，选择游戏设置，默认空白，设置项

目位置和项目名称，点击创建，如图2-4-1所示。重新初始化并启动Unreal Engine。

图2-4-1

2. Unreal Engine基础操作

进入初始化页面，用鼠标上下左右拖动时，可实现窗口中的前后左右视线的移动。

导入模型和贴图。如图2-4-2左图所示，在All下的内容处点击右键点出菜单，新建文件夹，编辑文件名为"FuTou"，将斧头低模文件Futou.obj直接拖进或者导入文件夹中。如图2-4-2右图所示，导入后可见材质和斧头两个带星号的文件，点击保存所有，保存两个选中项。

图2-4-2

采用同样的方法导入Substance Painter中的3个贴图文件，点击保存所有，保存3个选中项。双击最后一个贴图，调出设置面板，如图2-4-3所示在sRGB

栏后取消勾选，点击左上角保存。

图 2-4-3

3.链接材质和贴图

　　双击默认的材质球，进入材质编辑面板。将三个材质拖进材质编辑面板，相应的通道连接如图 2-4-4 所示，保存并退出。双击斧头可查看材质贴图效果。

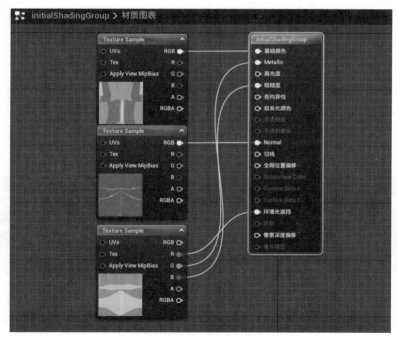

图 2-4-4

4.简单光照

新建一个全黑的场景，按住斧头将其拖进场景中。基本操作：按R键可放缩，按W键可移动，将斧头模型调整至恰当大小，放置于合适位置。

如图2-4-5所示，可尝试增加一个光源——聚光源，也可以增加一个面光源；可以调节灯光颜色区分冷暖，如图2-4-6所示，优化效果，完成基本的效果设定，如图2-4-7所示。

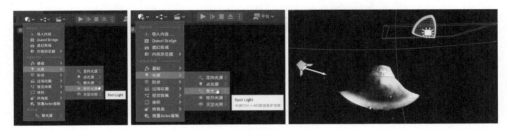

图2-4-5

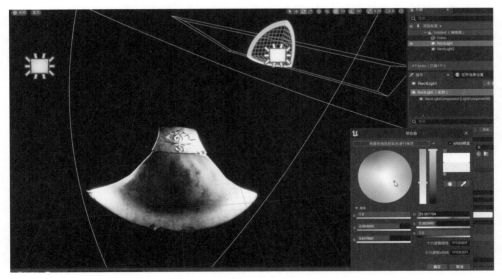

图2-4-6

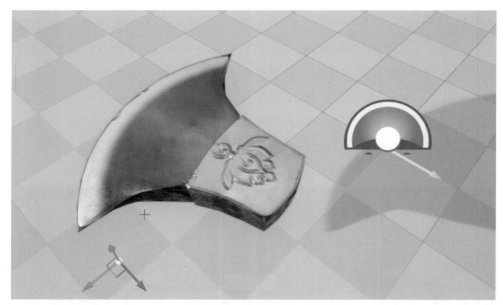

图2-4-7

点击当前关卡另存为，保存文件。

第三章 Maya 建模基础功能及建模预热

本章主要讲述 Maya 建模基础功能，在深入讲述前，先介绍 Maya 建模核心功能。首先介绍 Maya 整体界面及其调整、基础功能、核心功能，在了解基础工具之后，通过一个小的实践案例尝试制作完整的模型。

第一节 整体界面分布

Maya 整体界面如图 3-1-1 所示。

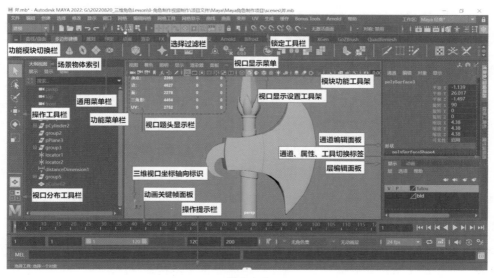

图 3-1-1

打开 Maya 后，首行菜单如图 3-1-2 所示，左起包括文件、编辑、创建、选择、修改、显示和窗口，是通用菜单功能，在任何功能模块下都会显示；然后是核心工具菜单，包括网格、编辑网格、网格工具和网格显示，后文将详细讲解。

图 3-1-2

第二行如图3-1-3所示，是不同的功能按钮，包括功能模块切换、过滤选择、锁定工具栏等。

图 3-1-3

过滤选择功能，可以根据工作进程的需要选用，过滤显示要进行操作的相应元素，如骨骼、边、面等。过滤显示功能在建模的过程中经常使用。

锁定功能在相应的对象上进行操作，如锁定网格、线、点等，在使用完成后需要关闭。

如图3-1-1所示，在默认界面左边一栏是操作工具栏，如选择、移动、旋转工具；接下来是视口工具栏，可进行相应窗口的切换、选择视图的状态及不同的布局，包括正交视图（俯视图、前视图、侧视图和透视图），建模的时候一般正面朝向前方，即朝向Z轴；在大纲视图中会以列表方式显示场景中的所有对象。靠近下面是动画关键帧面板，可以在此设定动画的关键帧，以及关键帧的相关设置，如播放设置、首选项设置；进行 MEL/Python 程序语言的切换，或调出脚本编辑器查看程序语言。最下一行是对当前操作及所使用工具的文字提示。右边栏在通常情况下是通道编辑面板、建模工具包（在建模过程中使用的工具，比较常用）、属性编辑器面板（也可按"Ctrl+A"打开，包含模型各种基本属性参数的精细设置）；右下栏是层编辑面板（对模型进行图层、对象的显示/隐藏管理）、动画图层（针对动画的图层管理）。

第二节　界面调整

模块功能工具架将常用的、核心的功能工具以快捷按钮的方式直接选用，这样可以提高工作效率。

1. 调出快捷工具图标

如图 3-2-1 所示按 "Ctrl+Shift + 鼠标左键"，单击菜单里的工具，可以在工具架上增设该工具的快捷按钮。

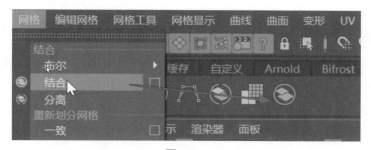

图 3-2-1

2. 自定义工具架

可以根据个人工作习惯，在工具箱选项卡中自建工具架，并保存使用，如图 3-2-2 所示。

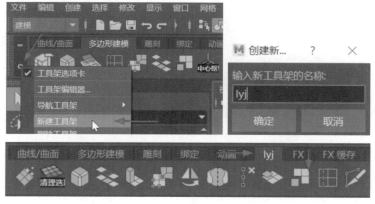

图 3-2-2

3.更改视口分布

如图3-2-3所示调整视图数量及分布方式，根据工作需要有效利用屏幕显示空间。

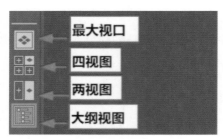

图3-2-3

4.调整工具条位置

将鼠标移动到工具栏顶部双虚线位置，按住即可拖出为面板；对于所有的工具面板而言，按住面板顶部白色的部分，可拖动到任意位置，调整布局，如图3-2-4所示。

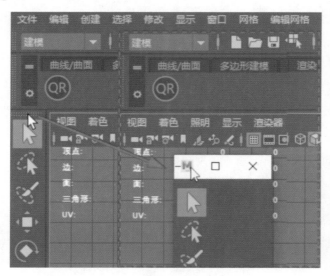

图3-2-4

5.拖动视口大小

如图3-2-5所示用鼠标按住视口边界并拖动，可调整视口大小。

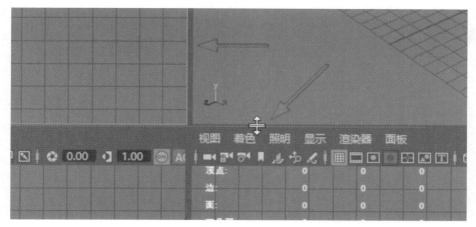

图 3-2-5

6.根据使用中的主要功能选择设置不同的工作界面

工作区的切换除了在最右上方的下拉菜单中进行选择外，也可以在窗口下的工作区下选择不同模式下的工作界面，如图 3-2-6 所示。

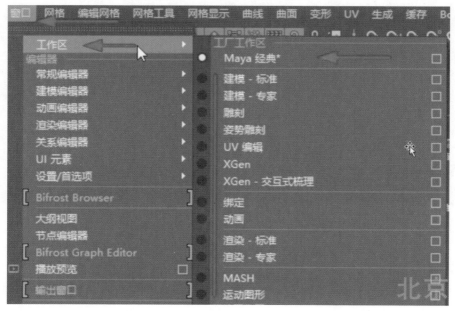

图 3-2-6

图 3-2-7 所示为建模标准模式。

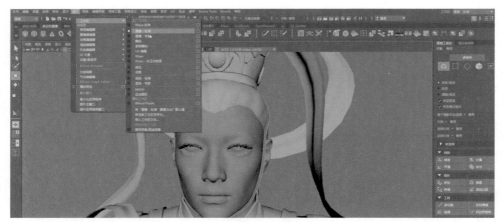

图 3-2-7

图 3-2-8 所示为建模专家模式。

图 3-2-8

图 3-2-9 所示为动画模式。

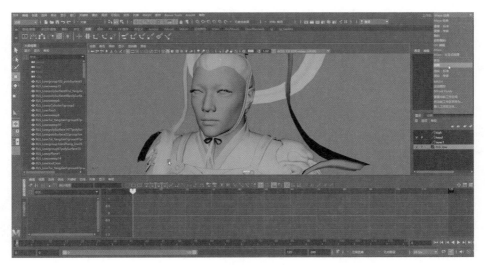

图 3-2-9

图 3-2-10 所示为渲染模式。

图 3-2-10

7. 视口菜单

在视口中，按空格键可以调用核心工具，点击热盒控件可以调出/关闭核心
显示工具。

除了用菜单和工具架，点击 "Shift+鼠标右键" 可以调出常用建模工具，
如图 3-2-11 所示。

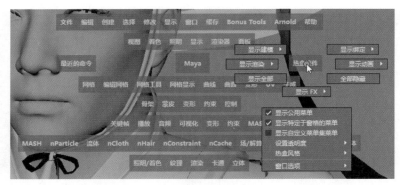

图 3-2-11

除此之外，在视口上的操作菜单和工具栏也可进行相关操作，包括不同的显示模式，如图 3-2-12 所示。

图 3-2-12

熟知操作界面是推进建模工作的必要和重要前提。

第三节 通用菜单功能

简要介绍 Maya 通用菜单中的工具，重点对制作三维角色相关的菜单功能进行适当深入讲解。

1.文件菜单

文件菜单中的重要工具：保存场景、场景另存为、归档场景、导入、导出当前选择、发送到Unreal、项目窗口、设置项目、最近的文件、最近的项目，如图3-3-1左图所示。

保存场景和场景另存为：经常存盘——养成随时保存文件的习惯，能尽量避免各种原因造成的文件丢失。

归档场景：制作复杂模型时会涉及不同种类的文件，归档场景将相关所有文件一起打包保存，完整地储存文件的所有信息。

导入：在不同软件之间对同一个模型进行不同步骤的制作时，用导入/导出进行文件的交替使用。带贴图的文件通常用.fbx格式，不带贴图的文件用.obj格式。一般在和ZBrush、Substance Painter连接时用.obj格式文件；和Unreal Engine连接时用.fbx格式，里面会包含更多的文件信息，如朝向、贴图等。

导出当前选择：建议只选中要用的部件导出当前模型，以节约性能，不建议导出全部。

发送到Unreal：主要针对Unreal Engine后期新增的一些功能，尤其是制作动画时会用到，在游戏、VR制作时使用较少。

项目窗口和设置项目：在Maya和Unreal Engine中都是需要用到的重要功能。

最近的文件和最近的项目：打开最近制作的文件和项目的快捷方式，使用率很高。

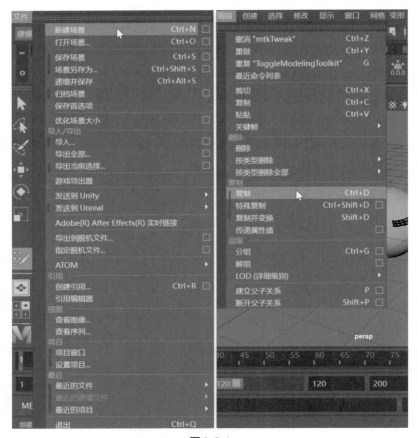

图 3-3-1

2.编辑菜单

编辑菜单中的常用功能：复制、特殊复制、复制并变换、分组、解组、建立父子关系、断开父子关系，如图 3-3-1 右图所示。

删除>按类型删除>历史：在模型经过复杂的制作时，按制作步骤删除当前历史记录以缩小文件体积、优化文件；谨慎使用删除全部历史功能。

复制>复制：直接复制，不包含历史记录。

复制>特殊复制：设置相关参数后复制，复制出的物体和原物体相关联。

分组、解组：对模型进行编组和拆分处理，以便进行编辑。

建立父子关系、断开父子关系：按 Shift 键按顺序选择两个物体，使物体间产生、解除父子关系。

3.创建菜单

如图 3-3-2 所示创建菜单中的常用功能：多边形基本体中的多种基本模型、曲线工具绘制 CV 曲线、扫描网格（在后文详细讲解）、测量工具、快速选择集。

多边形基本体中的多种基本模型：在快捷工具图标中有同样功能的按钮，如球体、立方体、圆柱体、圆环、平面等常用的或不常用的基本形体。建模时经常从基础模型中进行拓展；所有的基础模型，在右边的设置面板中都可以进行相关的参数化设置，包括通过关键帧建立动画设置。基础模型创建的方式包括点击后直接创建，或者用拖动的方式进行交互式创建。

曲线工具绘制 CV 曲线：使用率较高的绘制 CV 曲线，通过布点和切线的方式创建曲线，可调整弧度；也可以根据个人习惯使用其他方式创建曲线。

测量工具：在制作人物模型的时候用来测量身高。

快速选择集：在模型部件上创建快速选择集后，可以在选择>快速选择集下迅速找到已经建立的集，如图 3-3-3 所示。

图 3-3-2

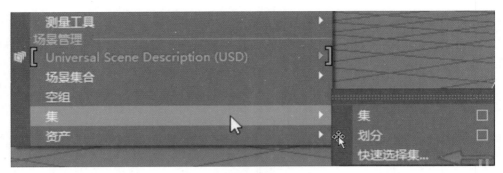

图 3-3-3

4.选择菜单

图 3-3-4 所示选择菜单中的常用功能，包括层级、反向选择、增长、快速选择集、对象/组件、组件（点、边、面、UV 等）、连续边（双击边）、转化当前选择等。

层级：上文所做的父子关系中，按多个物体间的层级次第关系进行选择。

反向选择：在选择了一个物体后，将没有选的东西选择出来。

增长、沿循环方向扩大、收缩、沿循环方向收缩：增加或减少选择区域。

快速选择集：见前文解释，和选择集相关联。

对象/组件：点击鼠标右键进入对象模式，或某种组件如边、面、顶点等模式。

组件：指点、边、面、UV 等不同组件。

连续边（双击边）：选择模型上的循环边、按同一规则存在的连续线；双击鼠标左键选择连续边。

转化当前选择：把在当前模式下的选择转化为另一种模式，如把选中的边转化为相关联的面。

图 3-3-4

5. 修改菜单

图 3-3-5 所示修改菜单中的常用工具，包括重置变换、冻结变换、匹配变换、中心枢轴、转化（多边形边到曲线、Paint Effects 到多边形）。

重置变换：用变换工具对模型进行编辑修改后，使用重置变换能使模型回到初始状态。

冻结变换：将模型的当前状态设置为初始状态。

匹配变换：在对象 B 匹配于对象 A 上所执行过的所有变换或者某种变换操作。

中心枢轴：将枢轴中心移到选中的物体中心，按+/-可控制枢轴进行精准的放缩；按Insert键可将枢轴手动拖至想放到的位置。注意区分世界坐标和对象坐标。

转化——多边形边到曲线：将在模型上选中的轮廓边提取出来作为单独的曲线使用。

转化——Paint Effects到多边形：将笔刷形状的绘制特效转换为多边形。

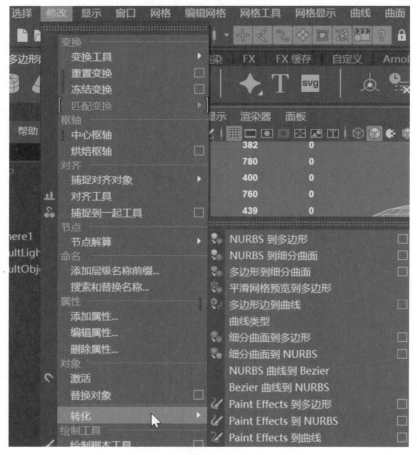

图3-3-5

6. 显示菜单

图3-3-6所示显示菜单中的常用功能包括栅格、题头显示、隐藏、显示、多边形下的背面消隐和面法线。

栅格：位于世界坐标中心的栅格辅助线。

题头显示：位于视口左上角的参数显示，主要使用多边形计数。

隐藏：隐藏当前选择、隐藏未选的对象等。

显示：显示上次隐藏等。

视口菜单中的显示>隔离选择：隐藏未选的对象。

多边形>背面消隐：显示或隐藏选定多边形上的背面（隐藏在其他面后面的多边形面）。

多边形>面法线：使法线垂直于多边形的表面（正面），可以在网格显示中的反向中进行修改。

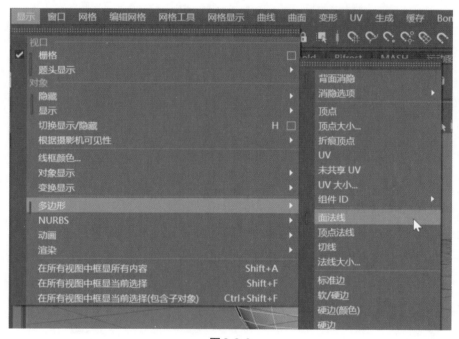

图 3-3-6

7. 窗口菜单

图 3-3-7 所示窗口菜单本身没有可执行的建模功能，主要用于工作区及各种面板的显示和调用。

工作区：可设置各种工作区显示模式，详见前文；MASH 将在后文详细讲解。

图 3-3-7

图 3-3-8 所示中首选项：首选项设置中可作单位设置，如图 3-3-9 所示。比较重要的是：设置 > 建模 > 多边形，可保持面的连接性，如图 3-3-10 所示。

热键编辑器是用于快捷键的设置，一般情况下使用通用设置；插件管理器，是制作模型时的扩展应用，可能会用到的插件，如图 3-3-11 所示。

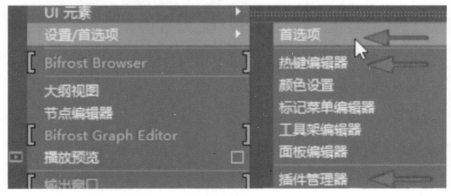

图 3-3-8

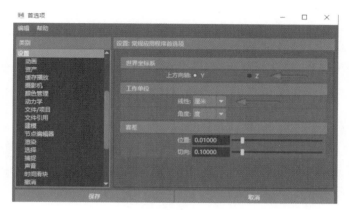

图 3-3-9

图 3-3-10

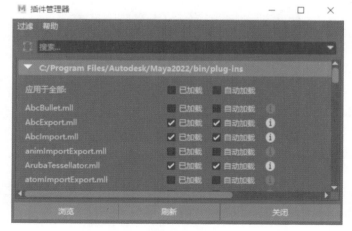

图 3-3-11

第四节　多边形建模核心工具菜单（一）
——网格

　　在Maya建模工作模式下有四个核心功能菜单：网格、编辑网格、网格工具和网格显示。Maya多边形建模工具很多，重点对制作三维角色要用到的多边形建模工具进行讲解。

　　如图3-4-1所示，网格菜单中使用率较高的功能包括布尔、结合、分离、填充洞、平滑、镜像、传递属性、清理等。

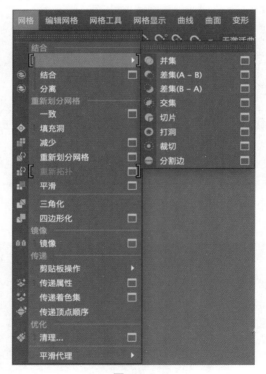

图3-4-1

　　布尔：布尔运算在制作建筑等模型时比较常用，制作人物模型等有机体时较少用。其包括三种集合方式：

　　（1）并集：两个模型相结合，并去掉重叠的部分，如图3-4-2所示。

（2）差集：在第一个模型中减去和第二个模型重叠的部分，如图3-4-3所示。

（3）交集：两个模型相结合，保留重叠的部分，去掉不重叠的部分，如图3-4-4所示。

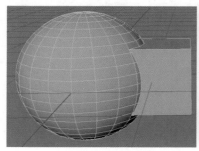 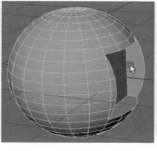 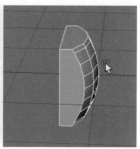

　　　　图3-4-2　　　　　　　　　图3-4-3　　　　　　　　图3-4-4

结合：将两个或数个不同的物体结合为一个物体，在制作模型时使用率较高。

分离：与结合相反，将一个物体分离为结合之前的两个或多个物体。

填充洞：将模型上缺失的面或者有开口的地方用面填充；选择缺失面的其中一条边后点击填充洞即可，可用网格显示>平均，使面平滑。

减少：在模型面数过多的时候，进行自动精简及减少面数、优化资源的一种方法；在制作要求比较高的时候，最好手动精简面数。

重新划分网格：重新划分为三角面的功能，比较少用。

重新拓扑：在高多边形的表面拓扑一层低多边形，将高模信息拓扑到低模上使用。

平滑：增加细分的程度、增加面数，使模型表面效果更圆滑。

三角化：把四边面改成三角面。

四边形化：把三角面自动更改为四边面。

镜像：在制作造型对称的模型时，用镜像的方式复制出对称的另一边。注意对合并阈值的设置；对称中心的所有点要完全与坐标中心对齐，以防出错。

传递属性：在制作数个相似的模型时，将已经做好的模型属性传递给下一个模型；此功能在传递UV属性时特别好用，如图3-4-5所示。

清理：按照清理选项面板上的选项，自动找出或修正模型上的错误，如图3-4-6所示。

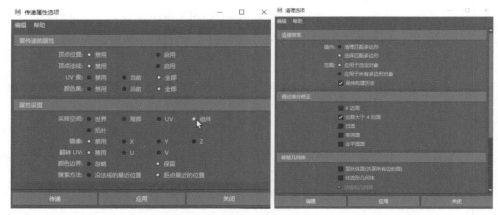

图 3-4-5   图 3-4-6

第五节 多边形建模核心工具菜单（二）
——编辑网格

图 3-5-1 所示编辑网格菜单中最常用的功能包括倒角、桥接、分离、挤出、合并、翻转、对称、删除边/顶点、复制、提取等。

添加分段：在选中的边上均匀地增加顶点，在选中的面上均匀地增加面数，用参数设定增加的数量。

倒角：在模型的面与面之间的转折边处增加更多切面，形成圆滑的转折，通过倒角选项面板及参数面板设定倒角面数和形态，如图 3-5-2 所示，较多用于无机体模型。

桥接：选中两个分离的面上各自的边线，用桥接功能连接为连续的面，可用参数设置连接的面数。

圆形圆角：把选中的方形面自动变为圆形，在此基础上可以进行挤出等操作；可在参数面板设置相关参数，如图 3-5-3 所示。

图 3-5-1

图 3-5-2

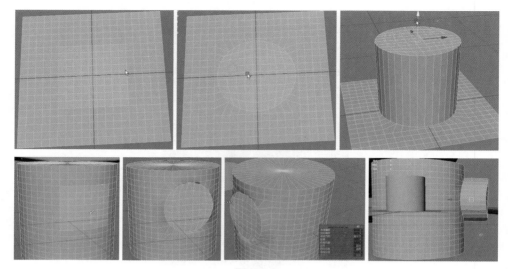

图3-5-3

收拢：选中一个面或者多个面，使用收拢功能使周围的面都朝着选中面的中心聚集，如图3-5-4所示。

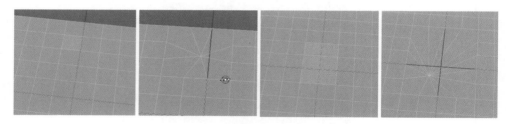

图3-5-4

连接：在选中的两个面或者两条边之间增加一条边。

分离：和提取功能相似，将选中的面从原模型上分离出来成为独立的对象。类似的功能是复制，将选中的面从原模型上复制出为独立的对象。

挤出：从选中的面、边、顶点上拉出新的多边形，或者沿着曲线路径拉出；可在属性面板中设置相关参数，对模型进行放缩、偏移、扭曲、分段、锥化等调整，做出丰富的形态。挤出是使用率非常高的功能。注意启用和禁用保持面的连接性设置，如图3-5-5所示。

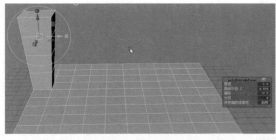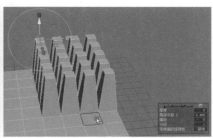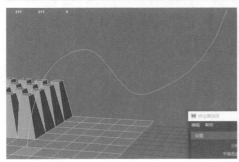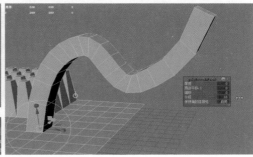

图 3-5-5

合并：将选中的顶点、线精确地合并在一起，成为一个点、线，有时可用桥接完成同样的功能。

合并到中心：将选中的点全部合并为中心位置的一个点。

变换：使变换坐标回到选中的面的轴向上。

翻转：用选定组件的镜像组件沿对称轴交换选定组件的位置。

对称：将选定组件沿着对称轴复制到相应的镜像位置。

平均化顶点：自动移动所选择的顶点位置，使多边形变得平滑。

切角顶点：用一个平面代替选定的多边形顶点，可设置参数调整这个平面的形态。

删除边/顶点：同时删除选中的边和顶点，保持模型完整，使用率比较高。

编辑边流：在编辑选中的边时，保持模型造型的曲率连续性。

翻转三角形边：变换将四边形拆分为两个三角形的边的方向，较少用。

复制：将选定的任何面（在原本的位置）复制为新的独立的对象。

提取：将选定的任何面从原模型中分离为独立的对象。

刺破：在选定的面的中间增加一个顶点及向原其他顶点的连线。

楔形：在多重模式下，使选中的面以选中的边为轴心形成一个四分之一的弧形。

在网格上投影曲线：将曲线投影到多边形曲面上。

使用投影的曲线分割网格：用投影的曲线分割多边形曲面。

第六节　多边形建模核心工具菜单（三）——网格工具

图 3-6-1 所示比较重要的功能包括建模工具包、连接、创建多边形、插入循环边、多切割、四边形绘制、目标焊接等。

显示/隐藏建模工具包：点击后在右边窗口能调出、隐藏建模工具包（见图 3-6-2、图 3-6-3），其在后文拓展工具中再进行详细讲解。

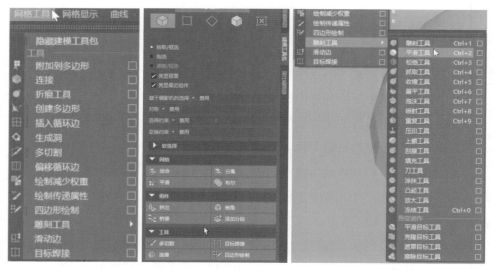

图 3-6-1　　　　　　　　图 3-6-2　　　　　　　　图 3-6-3

附加到多边形：在现有网格的基础上以边为起点增加多边形，见图 3-6-4。

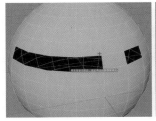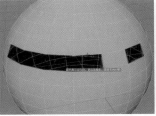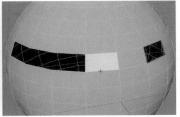

图 3-6-4

连接：在选中的两个面或者两条边之间增加一条边。

折痕工具：选择转折边，用折痕工具保持边连接的面之间硬朗的转折关系。

创建多边形：通过在场景中连续布点的方式创建多边形。其一般和多切割工具联合使用，以保持多边形为相对规范的四边面组合。

插入循环边：在多边形网格的整个或部分环形边插入一条或多条循环边。

生成洞：在多边形的一个面上创建一个洞。

多切割：连接顶点或边进行切割，对模型进行整体切割，按 Ctrl 键做类似于增加循环边的切割。

偏移循环边：在所选择的环形边两侧各增加一条循环边。

四边形绘制：锁定激活的模型表面，用布点的方式绘制四边形，在后文有详细介绍。

雕刻工具：进行虚拟雕刻的工具包，后文作为扩展工具进行讲述，见图 3-6-3。

滑动边：用于调整多边形上的边的位置。用鼠标按住选择的边，可以使之沿着与顶点相关联的垂直边滑动；按 Shift 键，可以沿法线滑动。

目标焊接：将选中的顶点焊接至目标顶点，使它们成为一个顶点。

组合使用网格工具中的各种功能，完成模型制作。

第七节　多边形建模核心工具菜单（四）
——网格显示

图 3-7-1 所示菜单中用灰色的横线对功能进行分类，网格显示中比较常用的

是法线类工具、边类工具。

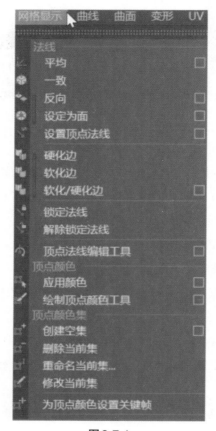

图 3-7-1

反向：反转选定的多边形上的面的法线、朝向。完成后可用网格显示>平均，使这个面和周围的面的过渡更统一和谐。

设定为面：将顶点法线设置为与面法线相同的方向。

硬化边：使模型外观面与面的转接保持硬朗，以便更好地了解布线的疏密程度。

软化边：使模型外观的转折更柔和。

软化/硬化边：通过软化/硬化边选项面板的参数设置模型外观的硬朗、柔和程度。

以上是三维人物建模主要的常用功能介绍，其余菜单功能的详细解释参见Maya官方帮助文档。

第八节　建模预热——完整斧头模型制作

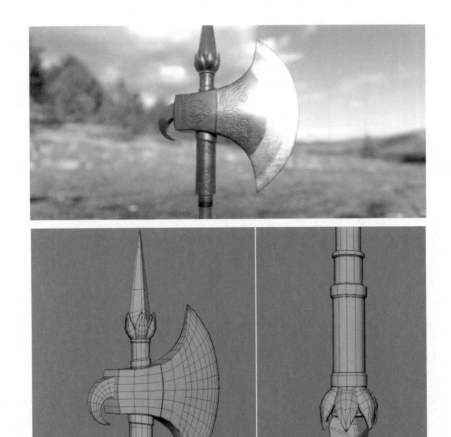

图 3-8-1

1.枪尖

首先制作小斧头顶部装饰，其为类似于枪尖的部件，步骤分解如图 3-8-2 所示。

新建一个宽度细分为 2、高度细分为 5 的立方体，因为后期会用镜像复制的方式制作，所以删掉一半，先制作一半；删掉暂时不用的两条上部的横向循环边，调整顶点位置，拉出枪尖的大致造型；增加细节的循环边，细分造型，调整厚度及变化；移至中线位置，左右用镜像的方式复制，合并阈值设为0.01；调整造型细节，完成制作。步骤如图3-8-3所示。

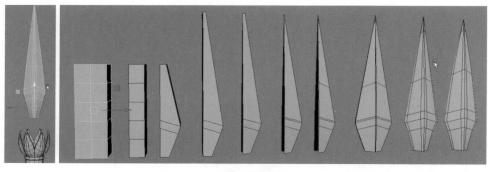

图3-8-2

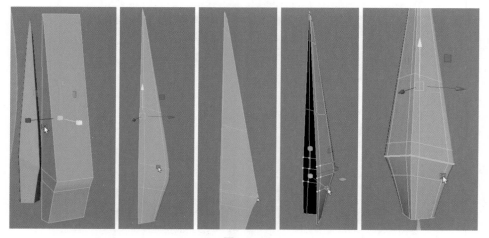

图3-8-3

2.花瓣形枪尖托

首先从一个花瓣形的部件开始制作，步骤如图3-8-4示。

新建一个平面，宽度和高度细分为4×4；调整顶点，制作出花瓣形；在3的模式下进行平滑处理；拉出花瓣左右造型的立体弧形，调整细节的角度和位置；选择轮廓边，用挤出工具拉出些许厚度，删掉下面的面。选择世界坐标，旋转花瓣至恰当角度，和枪尖放在一起。步骤如图3-8-5所示。

图3-8-4

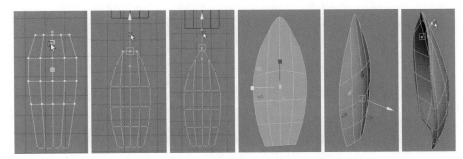

图3-8-5

3.枪杆

新建一个轴向细分数为12的圆柱体，删掉顶部和底部的面；使用网格显示>软化边；选中顶部轮廓边，向内挤出少许；增加环线，用挤出功能做出枪杆结构；调整细节。选中底部轮廓边，向下挤出枪杆的高度；同样用添加循环边和挤出工具，重复挤出枪杆底部结构；按Shift键，同时选中枪杆所有的竖向边，使用网格显示>软化边，使枪杆更圆滑。步骤如图3-8-6所示。

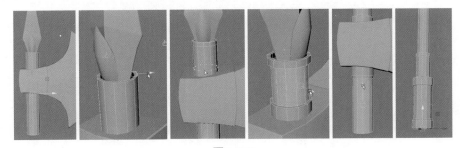

图3-8-6

4.花瓣组合

从俯视角度选中花瓣组件，按Insert键将花瓣模型的坐标中心移到枪杆的中心，回到编辑模式；在菜单编辑>特殊复制下调出特殊复制选项面板，在几何体类型中选择实例后应用，注意要选择世界坐标，使用快捷键"Ctrl+Shift+D"旋转复制出其余的花瓣模型；调整位置细节。调整初始花瓣的大小及形态时，其余花瓣也会随之同样变化，如图3-8-7所示。

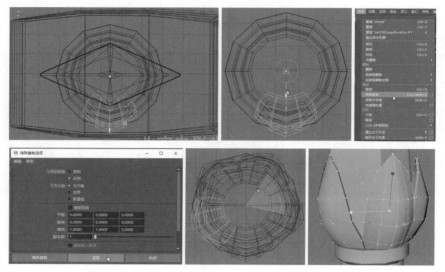

图3-8-7

完成枪尖、花瓣形枪托、枪杆制作后，选中枪尖和花瓣形枪托，按"Ctrl+G"编组，按"Ctrl+D"复制后旋转180度移到枪杆底部，调整造型细节，如图3-8-8所示。

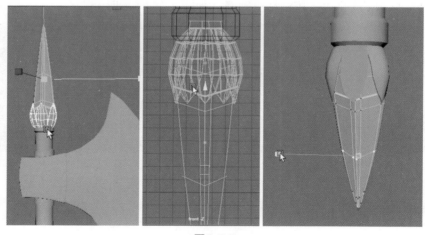

图3-8-8

5. 斧头后的小钩

选中斧头背上的4个面，选择网格>复制，按中心枢轴后将选中的四个面缩小少许；选择创建>绘制曲线>CV曲线，以这个面的中心为起点绘制一条曲线，如图3-8-9所示；先选面，再选线，选择编辑网格>挤出，在右边的设置面板中调整参数，分段为11、锥化为0.1，得到钩子的造型；删除贴近斧头的面；选中转折边、倒角，使用软化/硬化边，优化造型后即完成，如图3-8-10所示。

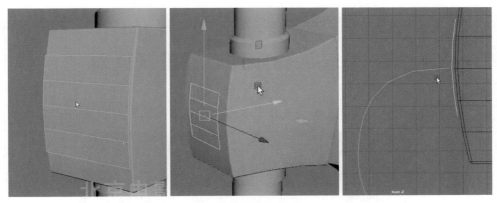

图3-8-9

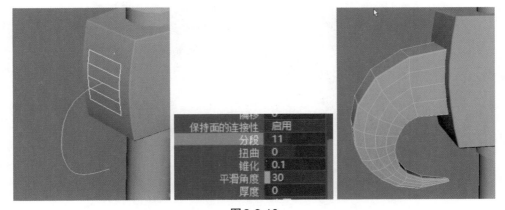

图3-8-10

尝试使用本章介绍的建模基础功能，完成斧头模型的制作。

第四章 Maya 人物服饰模型制作（一）
——上身服饰

第一节 人物服饰建模进度规划

我们把服饰建模的工作拆分为几个部分进行制作，如图4-1-1所示。

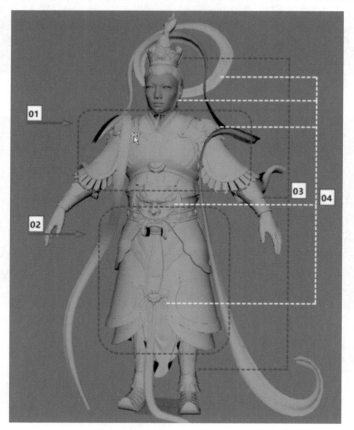

图4-1-1

第一部分，如图4-1-2、图4-1-3所示上身服饰，包括几个护甲和服装组件。

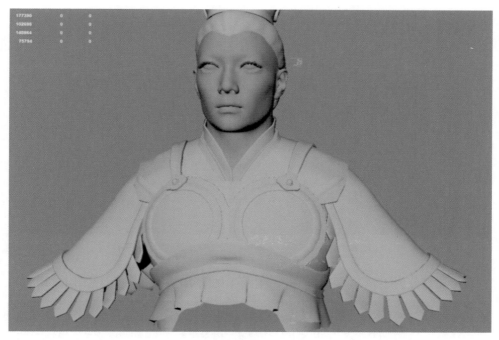

图4-1-2

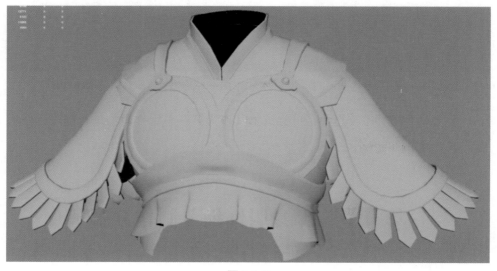

图4-1-3

第二部分为下身（见图4-1-4）和背后（见图4-1-5）的服饰，包括身体前面和后面腹部、腰部、腿部的护甲及衣饰。

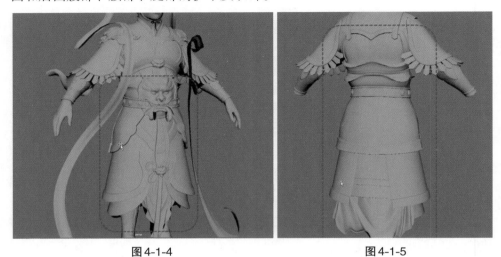

图4-1-4   图4-1-5

第三部分为手腕（见图4-1-6）、靴子（见图4-1-7）、头冠（见图4-1-8）。

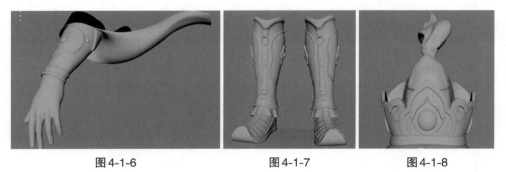

图4-1-6   图4-1-7   图4-1-8

手腕护甲相对比较简单，可尝试将其作为第一个组件模型进行制作，然后再尝试其他组件的制作。

第二节　上身服饰细节制作分解

上身服饰如图4-2-1所示。

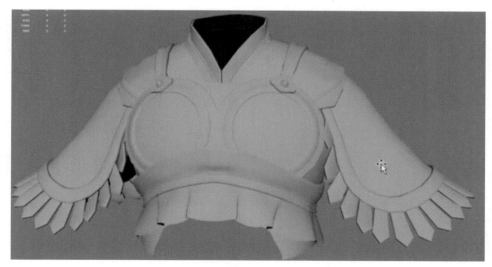

图 4-2-1

　　将上身服饰分解之后可以看到的部件，如比较复杂和重要的领部、肩部的
服饰，如图 4-2-2 所示。

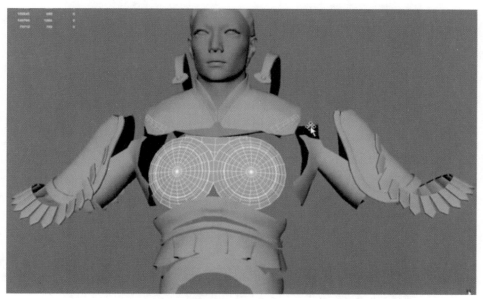

图 4-2-2

　　上身服饰将按以下顺序逐个向大家演示制作方法和过程。

　　上身服饰模型组件（一）——领部、肩部，如图 4-2-3 所示。

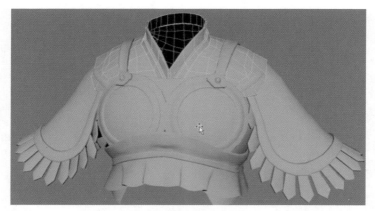

图 4-2-3

上身服饰模型组件（二）——胸甲，如图 4-2-4 所示。

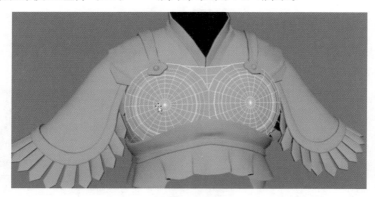

图 4-2-4

上身服饰模型组件（三）——肩带，如图 4-2-5 所示。

图 4-2-5

上身服饰模型组件（四）——上臂护甲，如图4-2-6所示。

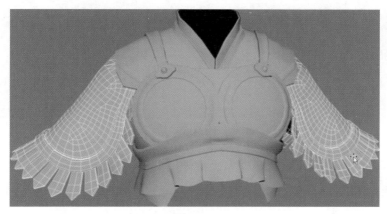

图4-2-6

上身服饰模型组件（五）——腰部，如图4-2-7所示。

图4-2-7

在本书介绍的模型建造流程中，我们将制作引擎中使用的低模/高模细分模型，然后进入ZBrush中进行雕刻。

我们会在身体模型的基础上进行服装组件制作，使制作过程中的空间感、操作清晰度更好。

以图4-2-8所示上身服饰模型组件（一）为例，它包含两个部分的内容：衣领和领子部分的结构，肩部和后肩部服饰。我们可以先制作肩部的服饰，然后再向领子扩展。

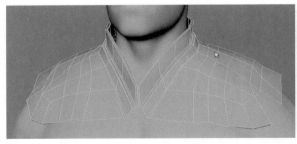

图 4-2-8

具体启动方法：导入一个模型（身体模型），在此模型的基础上新建图层进行制作（见图4-2-9）。

文件准备：新建一个场景；把刚才所建的身体模型导入场景中；将这个模型命名为Body；选中这个模型并新建一个图层：创建新层并指定选定对象（见图4-2-10），将这个图层命名为Body_，保存文件；新建一个图层，命名为M01 ShangShen，准备开始工作。

图 4-2-9   图 4-2-10

调整身体模型的高度至接近正常高度，如180厘米，调用尺工具作为参照。

此步操作需要考虑三个关键点：一是人物模型要站在地面上，脚在X轴上面；二是确保人物模型是左右对称的；三是根据VR作品的特性，考虑身体模型的尺寸，使其尽量接近真实人物的身高。

第三节　上身服饰模型组件（一）——领部、肩部

选中身体模型，点击激活按钮，激活对象（见图4-3-1），以便下一步的模型都搭建在身体模型的表面，工作效率更高，位置更准确。选择拓扑工具中的四边形绘制工具（见图4-3-2），进行绘制。

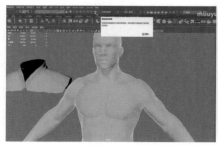

图 4-3-1 图 4-3-2

　　通过四边形顶点的逐点设置搭建点的位置（见图 4-3-3），沿着身体模型结构画出基本形状，然后再进行调整；按 Shift 键点击四边形的位置，沿着模型用拓扑的方法得到组件的原始基本形状（见图 4-3-4）。

　　也可以按住 Tab 键，点选一条边，拉出相邻的面（见图 4-3-5）。

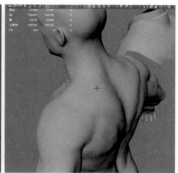

图 4-3-3

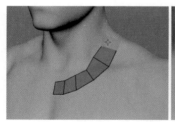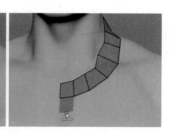

图 4-3-4 图 4-3-5

　　或者可以按"Tab 键＋鼠标中键"，以循环边为基础拉出一排连续的面，然后调整最外端点，拖到和相邻点重叠的位置（见图 4-3-6）。

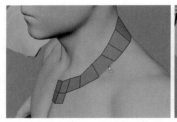 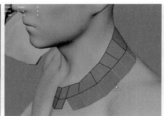 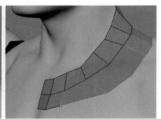

图4-3-6

先做出一半的基本形状，然后选择网格>镜像，复制出对称的另一半。

按"Tab键+鼠标中键"，选中相应的边，用挤出的方式挤出后续的面，把组件的大致形状一步步做出来，再细致调整点、边、面的位置和数量，使线的布置更平均，面更平滑。

将身体模型关闭激活，调整服饰和身体模型的交叠关系，将服饰组件放置在身体模型的表面之外。按3键预览效果。可以给对象新的材质，使之和身体模型材质有所区别。可以按"B键+鼠标左键"，使用软选择/软选择区域，进行位置的调整，确保服饰模型是覆盖在身体表面的。

调整衣领的上部结构。切换成边的模式，调整外形的边和点至合适位置，尤其注意其在空间中的位置，准备挤出衣领外形。选中靠近脖子的边，向上挤出一定高度，如图4-3-7所示稍微朝内侧调整衣领位置，注意保持镜像中线的平直，按照造型结构调整点的细节位置。选择靠颈部的边线，点击挤出工具，向里挤出厚度，如图4-3-8所示；再向上挤出如图4-3-9所示效果；从各个角度观察并优化每个点的位置；向里挤出衣领上部的厚度。

  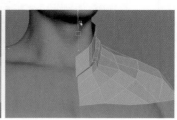

图4-3-7　　　　　　　　　图4-3-8　　　　　　　　　图4-3-9

选取插入循环边工具，增加边线（见图4-3-10），调整模型的结构和细节。注意调整服饰模型和身体模型的交叠关系。选择对应的边线、倒角，进行平滑处理（见图4-3-11）。

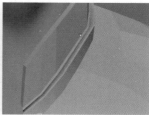

图 4-3-10　　　　　　　　　　　　　　　图 4-3-11

优化细节。如图 4-3-12 所示选择网格显示>软化边（或者软化/硬化边），优化效果，完成此部件的制作。

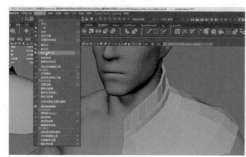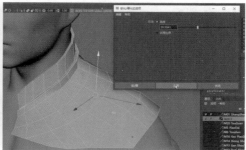

图 4-3-12

选择位于中线上、用镜像方法复制后将要合并的点，使用镜像复制工具，在前视图中沿着 X 轴正方向进行镜像复制，如图 4-3-13 所示，合并的阈值设为0.01，得到完整的上身服饰部件。对各个细节进行细致的调整，处理穿插关系，优化处理，完成这部分模型的制作。

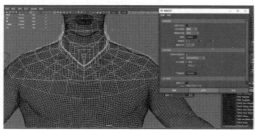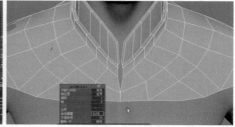

图 4-3-13

第四节 上身服饰模型组件（二）——胸甲

本节要制作的模型如图4-4-1所示。使用球体作为基本形状，进行调整后再添加上部和侧面的小结构。

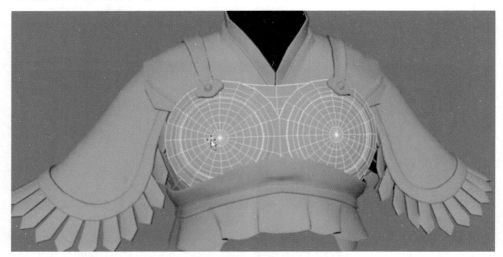

图4-4-1

调整好参照图层和制作图层，厘清制作思路，开始制作。

新建一个球体。通过调整对象的缩放比例，将其压扁为一个扁球体，选择侧面最外的环形边并删除，然后删掉扁球体后面的一半。调整剩余的胸甲形状，将其移动到一边胸肌的位置，如图4-4-2所示。

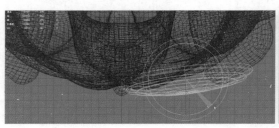

图4-4-2

调整方向使之更贴合身体造型，与模型的中心和模型的表面相匹配。选择边线，挤出厚度，如图4-4-3所示。转折面进行倒角处理。

选择稍微靠中间的一圈环形边，根据预设的造型挤出一定厚度。根据造型的需要，在内部转折处增加环形边，以保持造型的锐化感，在外部转折边进行倒角处理。

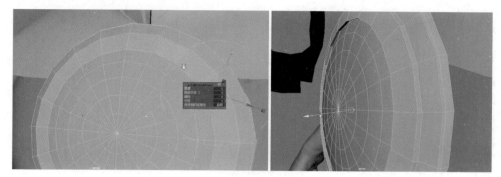

图4-4-3

移至一侧，进入点编辑模式，调整镜像对称轴，删除将要合并的位置朝内的面，使用镜像工具，合并阈值设为0.1，复制出另一边胸甲，如图4-4-4所示。调整模型的位置和方向，更加匹配身体造型。

增加能让造型更理想的边和结构，优化点和边的位置、倒角，用各种方法优化和调整细节与整体的造型。（图4-4-4右侧为合并工具）

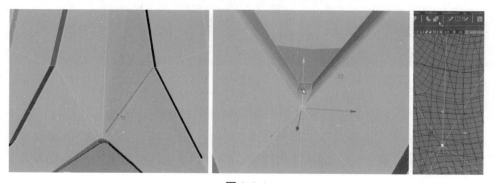

图4-4-4

选中之前做好的模型，选择编辑>按类型删除>历史，删除历史，如图4-4-5所示。此步操作可以使数据变小，电脑运行更顺畅。准备制作下一个部件。

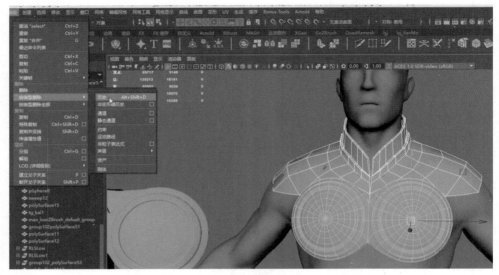

图4-4-5

选择移动工具，按V键锁定顶点，按鼠标中键将其锁定到中心，如图4-4-6所示。创建一个面，拉大，并旋转至与身体平行，调整方向和角度后删掉多余的面和边，得到一个基本形状。移动到预设的位置。

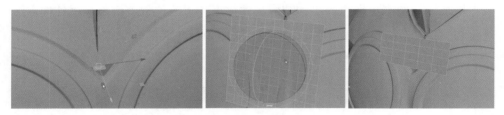

图4-4-6

按3键，在平滑的模式下调整圆弧的造型，选中相应的边，往外拉。选中最上面的连续面，向外挤出，拉出厚度、倒角，使结构更丰富。调整细节，完成此部件制作。

用拓扑的方式做贴近身体的内衣模型部分。画出核心位置的点，按Shift键，连接四边面，如图4-4-7所示得到一个基本形状，再调整位置。

按Tab键，拖动边线，得到下一层造型面；连接需要衔接的位置；做出基本轮廓，如图4-4-8所示。增加必要的边，使模型的转折处更圆润。

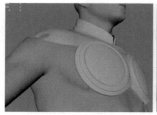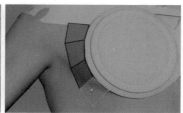

图 4-4-7

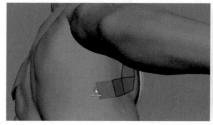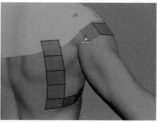

图 4-4-8

取消锁定，将模型向身体外部稍微拖出，使服饰模型尽量覆盖在身体模型之外。调整并进行优化。这一部件有一部分会被覆盖在兽头之下。

按"Ctrl+G"建立群组，将中轴坐标移动到身体模型的中间位置，然后采用左右镜像的方式复制出另外一边。在各种模式下检查和调整，完成第二部分的建模内容。

第五节　上身服饰模型组件（三）——肩带

本部分为肩带部件的制作，如图 4-5-1 所示。细节预览如图 4-5-2 所示。

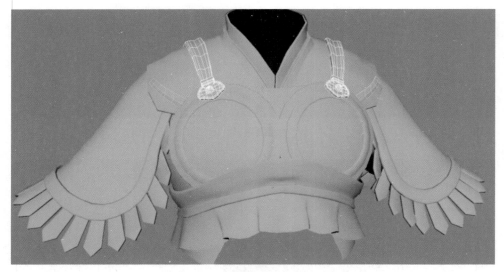

图 4-5-1

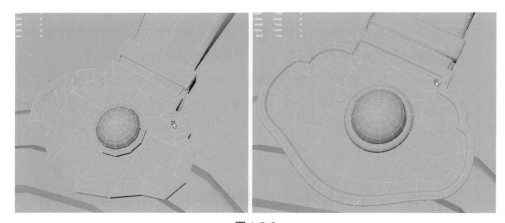

图 4-5-2

对于部件比较复杂的部分，使用绘制多边形的方法进行制作，先画出中间部分的核心基本结构，再对外挤出，挤出基本厚度。先做一半，再用镜像方式复制出另一半。

选择网格工具>创建多边形开始绘制，同时按 Shift 键能画出横平竖直或 45度的直线。按照预设的形状绘制出外部基本形状，调整细节，如图 4-5-3 所示。

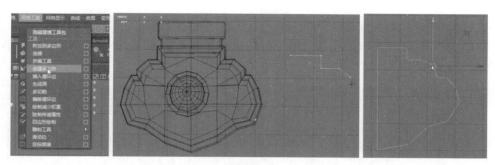

图 4-5-3

用布线工具连接内部的基本结构，如图 4-5-4 所示，尽量划分为四边面，理顺所有的布线，完成内部连接。

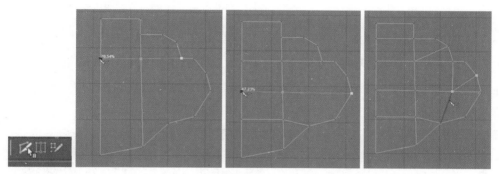

图 4-5-4

如图 4-5-5 所示双击外边线，选择外部轮廓边，选取挤出工具，向外部挤出，得到第一层外部轮廓结构，如图 4-5-6 所示。然后再对宽度进行适当的优化和调整，使宽度基本保持一致。选中左边的面并删除，如图 4-5-7 所示调整外形。

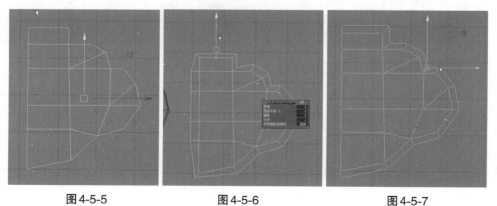

图 4-5-5   图 4-5-6   图 4-5-7

双击选择外轮廓环形边，向外挤出一圈，如图4-5-8所示。重复上一个步骤，选择左边的面并删除，如图4-5-9所示调整外形。如图4-5-10所示优化造型细节。

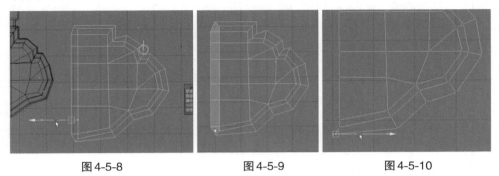

图4-5-8   图4-5-9   图4-5-10

选取中心枢轴工具，设置中心点至对象中心，如图4-5-11所示，准备挤出厚度和高度。挤出部件的厚度，注意保持法线方向为正向。如图4-5-12所示，选择并删除朝向内部的面，选择并删除朝上的面。由于之后要用镜像方法复制，选择并删除朝向左边的面（不需要的面都可以删除）。

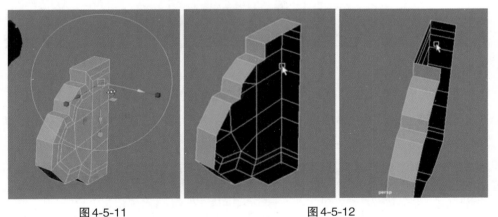

图4-5-11   图4-5-12

如图4-5-13所示，按3键进行预览。为了使造型的转折更接近设计效果，选取多切割工具，在相应的位置增加结构边，原理是边的距离越近，则锐化的程度越强、转折处越不圆滑。

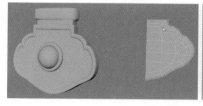

图 4-5-13

如图 4-5-14 所示选择靠近轮廓的连续面，向外部挤出一些厚度。使用插入循环边工具增加一条边，使边缘结构更清晰硬朗。选择倒角组件工具，在倒角选项中把分数设定为 1。在 3 键模式下调整、优化造型。

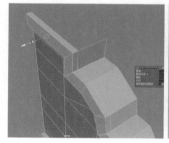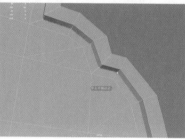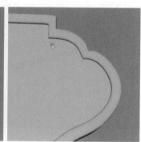

图 4-5-14

如图 4-5-15 所示将这半边组件移到对齐身体模型的中线位置，调整中线，在编辑菜单下，选择按类型删除>历史，删除历史。在网格菜单下点击镜像，复制出另一边，合并阈值设为 0.1，得到大造型后优化细节，完成这一步中最复杂结构的制作。

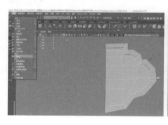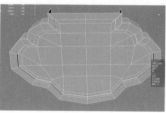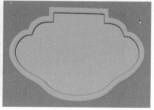

图 4-5-15

如图 4-5-16 所示用挤出工具，按 W 键，垂直向上挤出上部连接部件；选取提取工具，使这个结构从主体分离为独立组件。

如图 4-5-17 所示选取挤出工具，按步骤向不同方向挤出构件的轮廓造型。

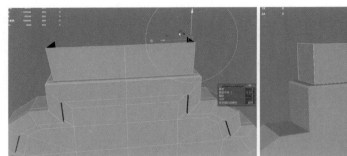
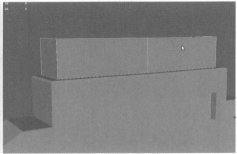

图 4-5-16

图 4-5-17

如图 4-5-18 所示，通过几步挤出操作完成顶部造型。在俯视图中检查，注意保持靠里的边线平直。对边线进行倒角处理。在网格显示中选择软化/硬化边，结构底部选硬化边。调整各部分的细节，完成这部分制作。

图 4-5-18

如图 4-5-19 所示，按 W 键，在移动工具模式下按 V 键，创建一个球体并将其锁定在上个部件的中间位置。将球体旋转 90 度直平直度方向。选择并删除球体后半部分。

如图 4-5-20 所示，选中半球体底部的一圈，向外扩大得到底座的造型，转折边做倒角处理。适当调整位置及半球体的形状，完成装饰件的造型。删除这个部件的历史。

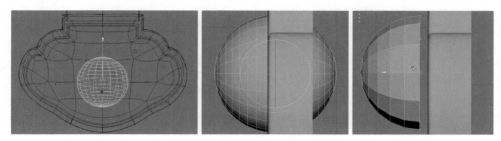

图 4-5-19

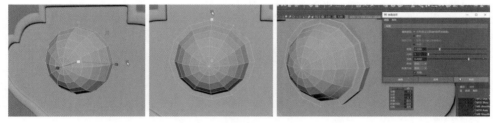

图 4-5-20

　　如图 4-5-21 所示，同时选择这几个部件，在菜单网格中点击结合，将部件合并为一个物体。将部件移动至身体模型的相应位置上，开始制作肩带。

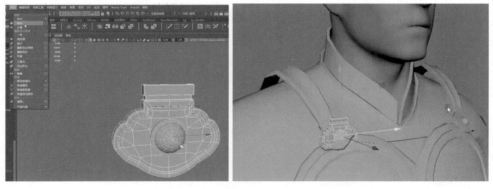

图 4-5-21

　　如图 4-5-22 所示，选择领部服饰部件，选用激活选定对象将之激活，在此基础上进行拓扑。选择建模工具包里的四边形绘制工具，画出肩带；向外挤出，做出肩带的厚度。按3键预览并调整细节、穿插交叠关系，优化造型。在隔离选择模式下删除肩带朝里的面。

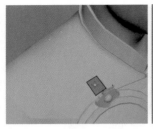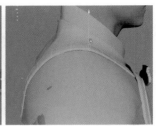

图4-5-22

如图4-5-23所示，在旋转工具>工具设置下选择对象坐标，调整配饰方向和位置，与肩带相匹配。调整细节、部件之间的穿插关系。在完成准确结构造型的基础上优化各部件的效果。

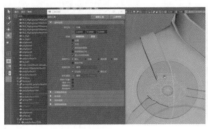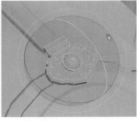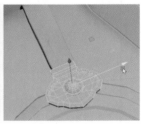

图4-5-23

图4-5-24所示为结构小饰带的制作。选择肩部服饰并激活，用四边形绘制工具画出小饰带的基本形状。按Shift键连接各个点。推出选中的多边形进行模型绘制，并锁定表面，调整造型和穿插位置。

如图4-5-25所示，选择轮廓，向内挤出厚度。选中间的边，稍向外移动做出弧线感。转折边做倒角处理，选择网格显示>软化边进行调整。按照饰带受力拉扯的规则，调整造型细节。删除历史，选择网格>结合，将左侧部件结合为一组，按"Ctrl+D"将坐标轴移至地面，完成左侧部件的制作。

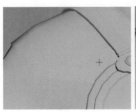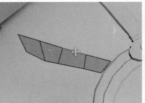

图4-5-24

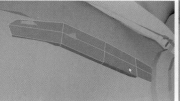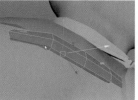

图 4-5-25

如图 4-5-26 所示，选择网格＞镜像，以 X 为镜像轴进行复制，得到另一边组件。调整细节，完成这部分模型的制作。

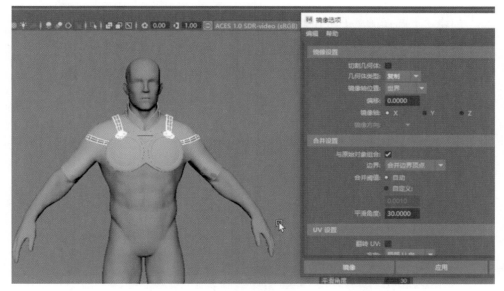

图 4-5-26

第六节　上身服饰模型组件（四）——上臂护甲

本部分为上臂护甲主体的制作（见图 4-6-1）。首先分析部件的造型特征，理顺制作方法和思路：以圆柱体为基础进行制作或以上臂为基础进行拓扑都是可行的方法。

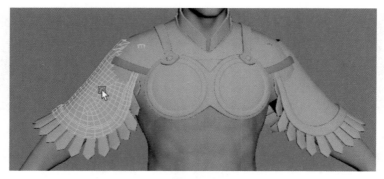

图 4-6-1

创建一个圆柱体，大概在上臂位置，选择并删除圆柱体的上下面。

旋转、移动、放缩至大致能盖住上臂。选择底部边并适当放大。

调整位置和造型。增加环形边，使造型更契合上臂。选择并删除朝下的、不需要的面，删掉一些边，调整这个部件和同一位置其他服饰的叠加关系。步骤如图 4-6-2 所示。

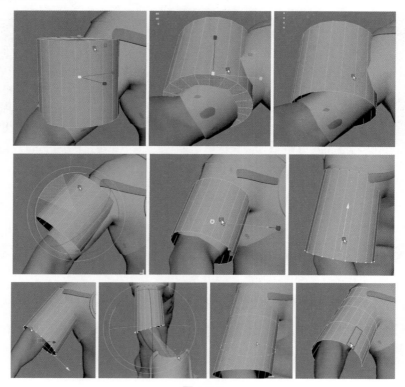

图 4-6-2

按照盔甲造型调整顶点、边、面的位置。继续调整上臂护甲侧面和后面的造型。注意从多个角度观察，必要时增加一些边，使造型更细致准确。完成这部分基本结构。步骤如图4-6-3所示。

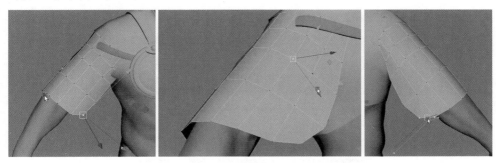

图4-6-3

如图4-6-4所示，选择轮廓边，向外挤出一圈厚度。调整造型细节后选择靠外的一圈连续的面，向上挤出盔甲边缘的基本厚度，删掉不需要的面。

如图4-6-5所示，选择转折位置的边，做倒角处理，分数可设为0.5。调整和优化造型，处理好模型的叠加关系和平行关系，完成这部分的模型制作。

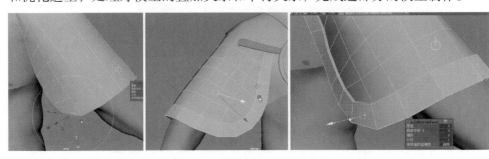

图4-6-4

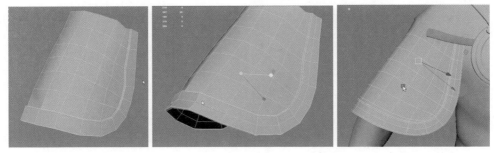

图4-6-5

在此先介绍 Maya 扩展工具 MASH 的使用方法。MASH 是常用的建模及特效工具，主要用于由程序脚本控制的动态模型视觉特效；也可以用于建模，可针对单个物体或多个物体（如下演示案例），在人物建模中使用能提高工作效率。

MASH 工具架及 MASH 编辑器如图 4-6-6、图 4-6-7 所示。

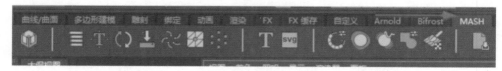

图 4-6-6

图 4-6-7

演示案例 1

单一物体的组合，如图 4-6-8 所示。

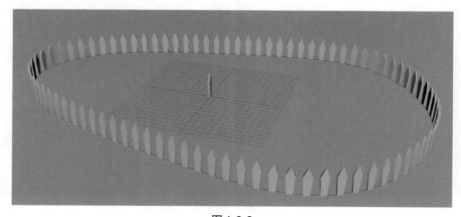

图 4-6-8

如图 4-6-9 所示，在场景里绘制需要制作的模型的外轮廓线：选择创建>NURBS 基本体>圆形，调整后得到一条项链形状的环线。如图 4-6-10 所示，绘制一个基础形状：以立方体为基础拉出一个基础形状，添加环形边并调整形状。如图 4-6-11 所示，按 Insert 键将坐标中心轴拉到模型的底部，选择修改>冻结变换，设为初始状态。

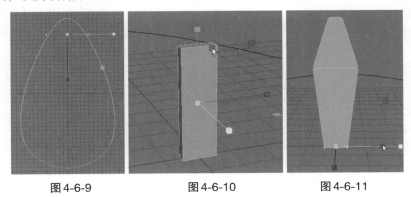

图 4-6-9   图 4-6-10   图 4-6-11

在 FX（特效）模式下，选中基础模型后，打开 MASH 编辑器，点击创建一个 MASH 网络，复制 10 个基础图形（MASH 对几何体的处理方式、分布方式，以及重新投影的应用），选择加入曲线节点，使曲线选项出现在编辑器中。在左边大纲视图中用鼠标中键拖动节点对象至右边设置面板的输入曲线栏，将曲线连接到 MASH 节点上。操作步骤如图 4-6-12 所示。

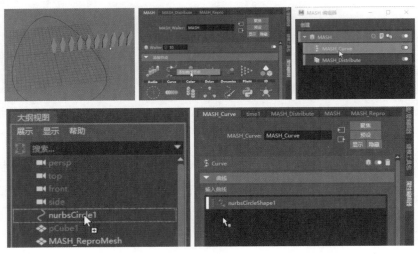

图 4-6-12

在编辑器中按MASH_Distribute，设置面板中的分布类型选择初始状态，让基础模型填满轮廓线。在编辑器中按MASH_Curve，设置面板中将步长调为100%，并进行方向、数量等各种优化。步骤如图4-6-13所示。也可以调整初始物体，通过对初始物体进行调整优化整体组合的效果。

图4-6-13

演示案例2

多个不同的物体结合形成的组合，如图4-6-14所示。

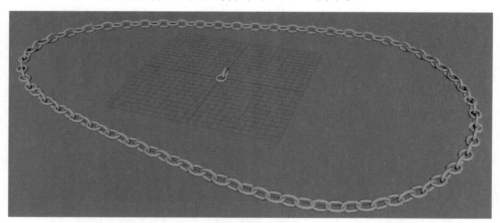

图4-6-14

新建一个图层，复制上一个案例中的轮廓线。如图4-6-15所示，绘制基本物体：绘制一个圆环并调整半径及细分数，移动圆环的顶点，将造型调整为椭圆形，复制并旋转90度，调整位置，编辑并删除历史。

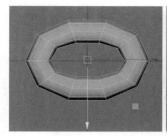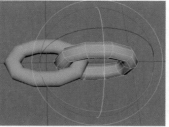

图 4-6-15

如图 4-6-16 所示，在 MASH 编辑器中新建一个工具，添加曲线节点，按住鼠标中键拖动，对基本形状进行复制，调整点数，在分布类型中选择初始状态。在编辑器中增加一个 MASH1_ID 节点，在设置面板的 ID 类型中选择线性，ID 数值为 2；在 MASH1_Curve 曲线中调整步长，在 MASH1_Distribute 节点上调整分布：点数 177，优化项链的形态，完成制作。

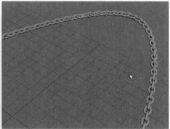

图 4-6-16

接下来继续进行护甲制作。如图 4-6-17 所示，绘制一个基本形状。进行细节调整，绘制成护甲的基本形状（盾形），删除向内的面，进行倒角处理并在网格显示中执行软化边，将护甲基本形状的枢轴调整至坐标轴中心的位置，选择修改＞冻结变换。

图 4-6-17

如图4-6-18所示，选中肩甲的轮廓边，点击菜单修改>转化>多边形到细分曲面，创建护甲的轮廓线。

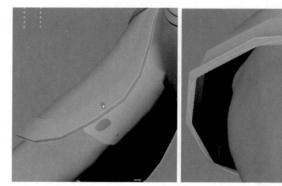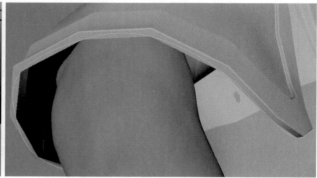

图4-6-18

如图4-6-19所示，选中护甲基本形状，调出MASH编辑器，创建一个MASH网络（按鼠标中键将曲线拖动添加到曲线面板中），添加一条曲线，将曲线的步长调为1，在分布中增加适当的点数。

图4-6-19

如图4-6-20所示，调整基础模型的方向：在大纲视图中显示当前选择，调出基础模型，将基础模型旋转至适合的方向，并调整长宽、大小等细节，使护甲整体视觉更加优化。

如图4-6-21所示，在护甲上进行具体的细节调整及优化，如基本形状中单个元素的位置、方向、倾斜度、叠放关系、相互之间的穿插结构等，使结构的表现更合理，具体的造型细节更舒适。

如图4-6-22所示，护甲的前面、侧面、后面等各个地方都要耐心地进行细节调整，尽量使模型看起来没有明显的错误——细节的处理决定作品的品质。

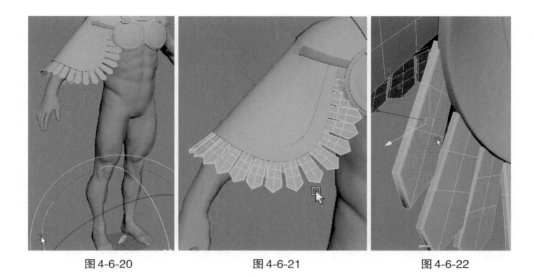

图 4-6-20　　　　　　　　图 4-6-21　　　　　　　　图 4-6-22

　　如图 4-6-23 所示，调整护甲的整体模型形状、大小、长宽等，避免和周围物件等的错误穿插，使之和手臂有合理舒适的覆盖关系。使用镜像/复制工具或"Ctrl+D"，在盔甲另外一边创建护甲的镜像，完成两边护甲的制作。

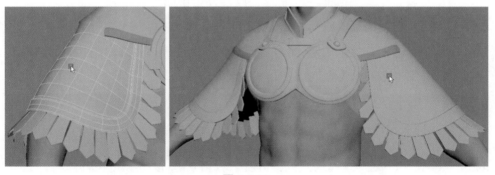

图 4-6-23

第七节　上身服饰模型组件（五）——腰部

　　图 4-7-1 所示为腰部组件。

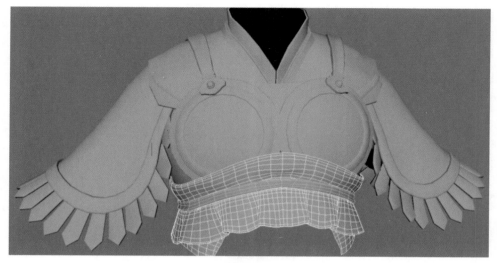

图4-7-1

首先了解腰部组件的结构，如图4-7-2所示，可以拆分为3个基本部分，最下部和兽头连接。理解基本元素之间的结构、材料等的相互关系后进行拆分，逐步制作金属护甲、外部套一层布料，以及外层中间的系带三个部分，分步骤制作。按照左右镜像制作原则，我们先做其中一侧。

在这个练习中，尝试用Maya多边形建模方式进行快速制作。其中的布料部分参照设计图中布的纹路走向。

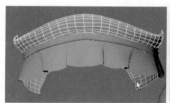 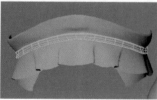 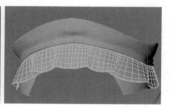

图4-7-2

如图4-7-3所示，用建模工具包里的四边形绘制工具，从模型胸部的中间点开始建立由四边形组成的带状，先做前面的基础造型，之后再进行调整、优化和连接。

如图4-7-4所示，用挤出工具从四边形面挤出高度，成为带状的立体面；用隔离工具将模型的其他部分隐藏，选中带状立体形的朝里的面并删除。

如图4-7-5所示，用倒角工具优化转折边；在带状形的中间增加一条环线，轻微调整位置，使形状更加立体好看；调整带子整体和模型身体的穿插关系，使之更合理。

如图 4-7-6 所示，准备进行镜像操作，调整带子的边线后进行镜像复制，合并阈值为 0.1，得到带子的另外一边，围合成完整的饰带。调整饰带和模型身体的位置和叠合关系。

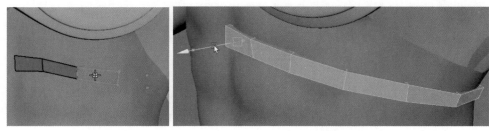

图 4-7-3　　　　　　　　　　　　　　　图 4-7-4

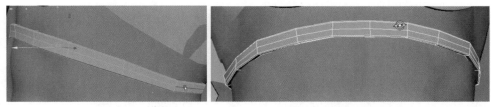

图 4-7-5　　　　　　　　　　　　　　　图 4-7-6

如图 4-7-7 所示，以饰带为基础选中靠里的边线，选取挤出工具将其挤出，形成衣饰上升部分的基本结构。如图 4-7-8 所示，选中刚才挤出的面，使用提取工具，使之和饰带分离成为两个独立的部分。调整位置并模拟布料的形状和质感，挤出一个厚度。可以同时选中两边对应的位置，进行同步的镜像对称调整。调整细节，可以手动对造型进行细节的调整，使模型更精细、更美观。

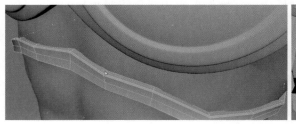
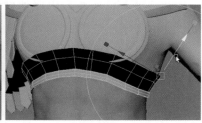

图 4-7-7

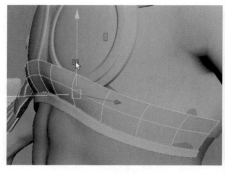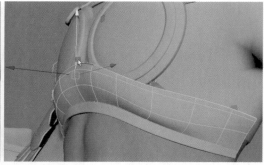

图4-7-8

制作下部连接兽头的部分。选中饰带靠里侧和下侧的边线，用挤出工具向下拉出基本形状，并再次挤出；根据自己的习惯进行左右镜像或者单边的制作，做出基础形状之后再进行调整。用提取工具使之分离为一个单独的结构；调整腹部护甲的形状细节，如图4-7-9所示。

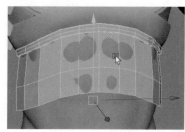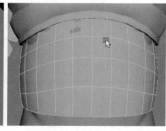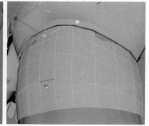

图4-7-9

制作布料感。同样先做一边，然后再用镜像的方式将其复制为另一边。

如图4-7-10所示，再次选中饰带靠里侧和下侧的边线，用挤出工具向下拉出基本形状。选中刚挤出的基本形状，用提取工具提取为单独的部件。

如图4-7-11所示，用增加循环边工具增加纵向边线，仿照布料的折叠调整边线的前后位置。如图4-7-12所示调整横向边线的位置，仿制布料的折叠摆动弧度，按3键预览布料褶皱的效果，适当增加边线，使皱褶感更强烈，在调整折叠细节的同时要考虑布料的整体效果。如图4-7-13所示优化各个边线、节点的细节，使布料的造型更丰富。注意布料结构和饰带结构的穿插关系，调整不合理的地方，使结构尽量合理。

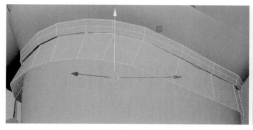

图 4-7-10　　　　　　　　　　　　　　　　图 4-7-11

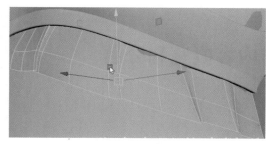

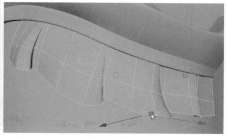

图 4-7-12　　　　　　　　　　　　　　　　图 4-7-13

　　删除历史记录，调整中线位置，然后选中这个结构并执行网格>镜像，合并阈值设为0.1，得到一个完整围合的布料，如图4-7-14所示。调整细节并优化视觉效果。

　　如图4-7-15所示，镜像的对称效果基本完成之后可以进行调整，以使模型左右两侧稍微有点儿区别，看起来更加生动。调整后完成此部分模型制作。

图 4-7-14　　　　　　　　　　　　　　　　图 4-7-15

　　在学习和练习的进程中，要经历从能做出来到没有明显的瑕疵，再到精细美观，再到逐步对模型进行优化的过程。在不同的阶段我们都能调整各个部件的细节，不断、多次进行优化，以得到更好的效果。

第五章　Maya 人物服饰模型制作（二）
——下身及背后服饰

第一节　制作内容概览和分解

本章内容主要包括制作下身裙甲（见图5-1-1），以及后背护甲组件（见图5-1-2）模型。

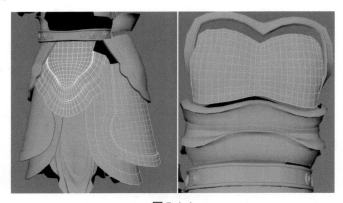

图5-1-1

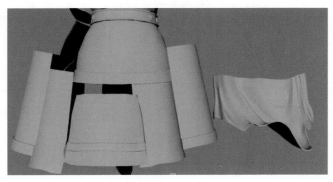

图5-1-2

第二节　下身及背后服饰模型（一）
——腰带及其组件

图5-2-1所示模型拆分为腰带、腰带上面的护甲、腰带下面的护甲。我们先做前面的部分，再做后背的部分，用镜像的方式先做一边，再复制出另一边。

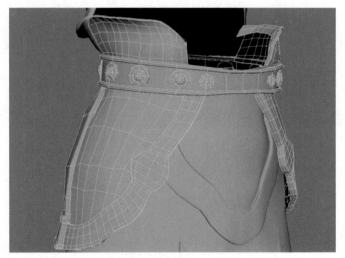

图5-2-1

1.腰带

如图5-2-2所示做一个基础的圆柱体，根据人体的结构对圆柱体的尺寸进行调整，至接近腰带的初步造型，删除圆柱体朝里的面，保留其余部分的基本形状。

如图5-2-3所示根据腰部的形状对腰带的造型进行细微调整，使之和身体的模型更为贴合、匹配。按3键进行预览。

如图5-2-4所示选择上下面，挤出适当高度，准备制作腰带上下鼓起来的造型。

在腰带的中间增加环形边，稍微往里收缩，使造型更有力度和美观。如图5-2-5所示在腰带的上下增加环形边，并挤出一个厚度，成为腰带上下鼓起来的宽度造型；如图5-2-6所示选择上下明显是转折的边线，增加参数为0.5的倒角，并删掉上下前后多余的边和面，调整造型细节。

图5-2-2

图5-2-3

图5-2-4

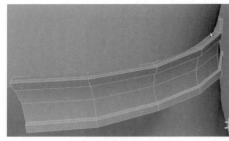
图5-2-5

图5-2-6

调整模型中线的位置，使之垂直，用镜像工具对这一边的模型进行复制，调整阈值为0.1，得到一条完整围合的腰带，如图5-2-7所示。如图5-2-8所示调整细节，使形状的宽度、厚度均衡，位置贴合身体模型。完成腰带的制作，存盘。

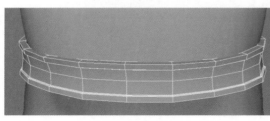
图5-2-7

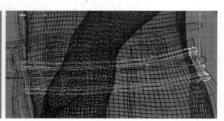
图5-2-8

2.腰带上部组件

如图5-2-9所示在腰带模型的上部选择对应的边，向上挤出，缩小并调衡为向外侧偏移的一个面形组件，再向外挤出，向内偏移。如图5-2-10所示提取，使之和腰带模型分离，得到一个基本形状。

细化调整，如增加横向、纵向的边，调整外部轮廓点的位置，使造型逐步细化，位置更合理。

选中轮廓边，往里挤出，做一个厚度，再往下挤出一个面，使组件有完整的厚度，如图5-2-11所示。检查组件各个角度的视觉效果并调整，使造型尽量有规则。按3键进行预览。

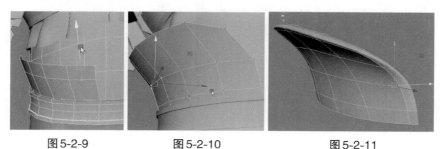

图5-2-9   图5-2-10   图5-2-11

3.腰带下部组件

如图5-2-12所示选择腰带上部组件中对应的边，向下挤出，边挤出边调整每步造型的位置。尽量不要设置太多的面，以使制作效率更高。如图5-2-13所示拉出大致的形状后增加中间的边，再对造型进行进一步的调整，调整外形的弧形轮廓线，根据身体的体形做相应的变化。

如图5-2-14所示选择轮廓边，挤出护甲的边缘宽度，稍微往内部收缩一点。

如图5-2-15所示双击选中靠外围的一圈面，挤出组件的厚度，对转折的边做倒角。把这个面提取出来，成为单独的物体，和刚才的中间组件相互独立。调整相关细节造型，里面和外面的组件都按3键进行预览。

如图5-2-16所示选中上一步制作的护甲宽边的独立组件，增加两条轮廓边，选择内部的边，往里挤出，形成护甲边缘凹下去的造型。

如图5-2-17所示选择网格>镜像，将腰部护甲组件复制到另一边。

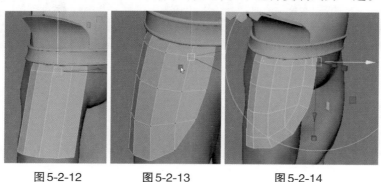

图5-2-12   图5-2-13   图5-2-14

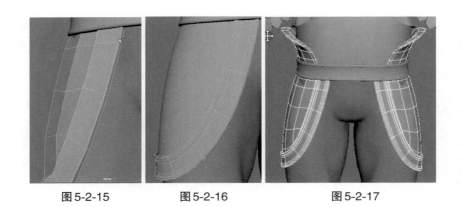

图 5-2-15   图 5-2-16   图 5-2-17

4.腰带上的半球形装饰部件

建立一个球体基本形状，将球体锁定到腰带的中间，旋转90度并锁定，球形的边减少为12。删掉球形朝里面的一半，只露出一半。用挤出、倒角工具塑造球形装饰的外部边缘结构，优化造型。完成一个基本装饰组件。步骤如图5-2-18所示。

复制该组件，调整造型，使每个装饰球都有些变化，平均分布在腰带的两边位置。将球形装饰的位置与腰带水平中心线对齐，根据腰带的朝向调整装饰组件的上下左右方向。预想将做成宝石材质及图案材质的效果。

如图5-2-19所示选择网格>镜像，完成腰带左右两边装饰的制作。对该组件整体效果进行优化调整，尽量贴身及美观。

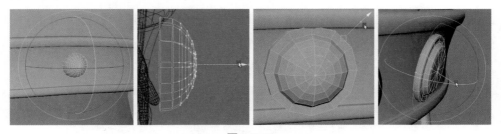

图 5-2-18

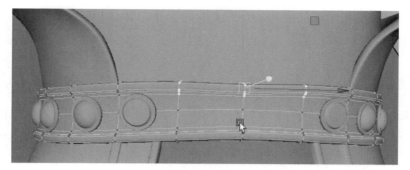

图5-2-19

第三节　下身及背后服饰模型（二）
——裙甲

1.中间的裙甲

裙甲如图5-3-1所示。

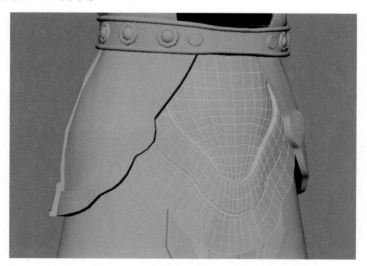

图5-3-1

如图5-3-2所示按W键锁定人物模型中间的相应位置，建立一个高度和宽度细分为6×6的面片，删掉一半，按照镜像的方式先做一半。

如图 5-3-3 所示调整面片的位置到腰带之下。选择相应的点，通过对基础结构的调整得到基本形状，可以在 3 的模式下进行预览和检测，尽量使整个面平整。

如图 5-3-4 所示选中左边的外轮廓边，挤出，注意调整组件之间的穿插位置；继续向外挤出，调整面的位置。如图 5-3-5 所示选中第二圈连续的面，向外挤出一定的厚度，选中转折的边，做倒角处理。调整挤出的面和已有护甲组件的上下穿插关系。删除被覆盖住位置的面。调整布线的细节，将造型调整得更加平顺。按 B 键用软选择工具，对造型进行细微调整，使之更贴合身体，完成左边的基础造型制作。

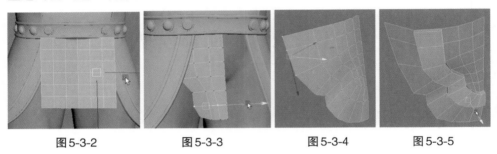

图 5-3-2   图 5-3-3   图 5-3-4   图 5-3-5

如图 5-3-6 所示调整中线，使中线平直，以方便下一步的镜像操作。

如图 5-3-7 所示选中此组件，然后执行编辑>按类型删除>历史；再选择网格>镜像，复制出右边的造型，合并阈值参数设为 0.1。如图 5-3-8 所示调整对应顶点的位置，调整护甲的平面造型，调整凹凸不平的位置，使之更为平整。对左右两边对称的点、边进行优化调整。

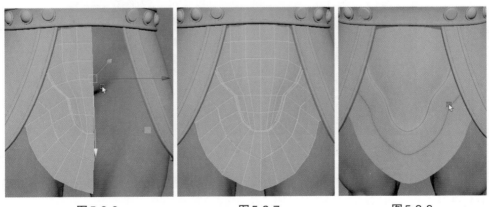

图 5-3-6   图 5-3-7   图 5-3-8

2.左右裙甲

左右裙甲如图5-3-9所示。

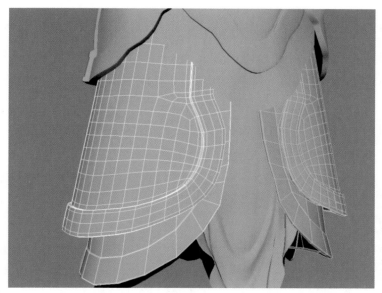

图5-3-9

如图5-3-10所示以圆柱体为基础造型，调整至适合大腿护甲的长度和宽度，删掉圆柱体朝上下的面及靠大腿内侧的面。如图5-3-11所示缩小圆柱体上部使之接近大腿宽度，扩大底部使之包住腿部模型，调整和其他护甲组件之间的上下交叠位置关系。如图5-3-12所示增加横向结构线，删除部分竖向结构线，调整外轮廓线至弧形后选择轮廓边，挤出厚度。如图5-3-13所示选中近轮廓的连续面，向外挤出，形成一定的高度，进行倒角处理，分数设为0.4。进行细节调整和优化，完成这个组件的制作。

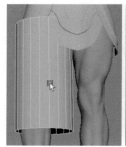  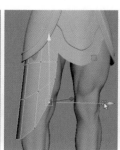 

图5-3-10   图5-3-11   图5-3-12   图5-3-13

如图5-3-14所示，按"Ctrl+D"复制此组件，以此为原型做腿甲外层的结构基础。调整与上下组件的穿插交叠关系至恰当位置，缩小并缩短外层腿甲。

如图5-3-15所示调整边线后选择外轮廓边，往前挤出另一个厚度，整理边，优化造型。选择轮廓连续的面，向里挤出一个高度，使之看起来比下层组件的高度更加明显。删除结构上多余的边线。用提取工具使腿甲主体和边缘分离为两个独立部件。

如图5-3-16所示，用B键软选择工具，调整各个护甲组件之间的上下层叠关系。检查组件前后的效果，完成一侧组件的制作。

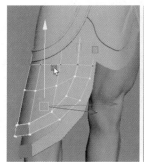 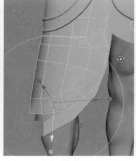 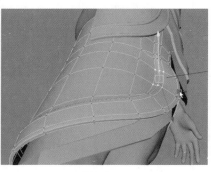

图5-3-14　　　　　　　　　　图5-3-15　　　　　　　　　　图5-3-16

如图5-3-17所示，选中3个组件，用"Ctrl+G"形成一个组合。如图5-3-18所示用镜像工具复制出另一侧。

如图5-3-19所示调整和优化各组件的细节，完成这部分内容的制作。

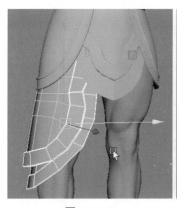 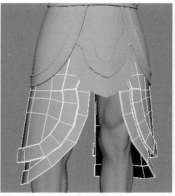 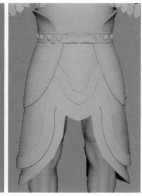

图5-3-17　　　　　　　　　　图5-3-18　　　　　　　　　　图5-3-19

第四节　下身及背后服饰模型(三)
——护甲组件结构、后腿甲组件、后背组件

此节进行如图5-4-1所示组件的制作。

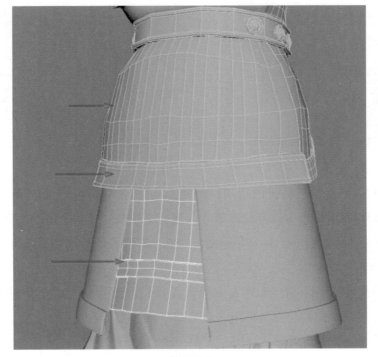

图5-4-1

1.臀部护甲从外部向里收缩的结构

如图5-4-2所示在做好的腰带组件中选择靠里向下的相应轮廓边,向下挤出两次,得到一个基本形状,用提取工具将挤出的基本形状分离为独立的组件结构。

如图5-4-3所示以中线为基准删除基本形状的一侧,保留一侧继续制作。调整组件的侧面纵向边缘位置,和前身的腿甲部件对齐;理顺横向的结构边,上部边缘的边线穿插隐藏在腰带下。选择下部轮廓线,向下挤出到预设的组件下

部边缘位置，调整上下交叠关系并将身体正面的护甲组件对齐，调整底部轮廓，完成基本结构的制作。以此为基础制作下面的组件结构。

如图 5-4-4 所示选中底部轮廓边，向下挤出至对齐身体正面的护甲组件，调整前后组件的穿插关系，检查和调整顶点位置，使整体面更平顺。增加底部细节的环形边，选中之间的连续面并向内挤出，制作边缘的装饰结构基础，调整局部及整体的造型细节。提取底部装饰边，使之成为独立的组件。

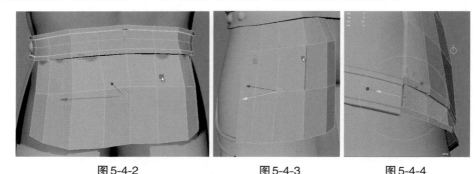

图 5-4-2   图 5-4-3   图 5-4-4

如图 5-4-5 所示在转折的边增加倒角，或增加环形边，使转折的效果更柔和。如图 5-4-6 所示选中底部轮廓边，向里挤出厚度。从多个角度检查空间中的点的对齐关系，用合并工具合并应重合的点。对细节的造型结构进行优化调整，完成这个组件的制作。

如图 5-4-7 所示，按 F9 进入点编辑模式，调整中线，确认中线平直，按"Ctrl+G"将两个组件建立为群组。点击网格>镜像，合并阈值为0.1，复制出另一边。检查从整体到局部的结构、效果，调整细节，优化造型，完成这部分的制作。

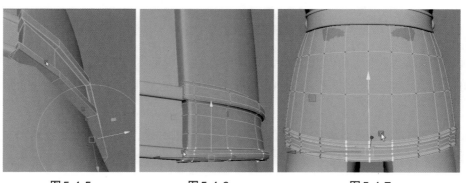

图 5-4-5   图 5-4-6   图 5-4-7

2. 后腿甲内层组件

　　如图5-4-8所示选中一侧内层腿甲靠中间的纵向连续面,点击编辑网格>复制,复制得到一个长条形状的面。把它移到靠近中心的位置,调整形状:压扁,删除内侧不需要的面,放至中心位置,调整中线至平直。如图5-4-9所示点击菜单中的网格>镜像,合并阈值为2,复制出另一边。如图5-4-10所示选择纵向中间的边,向外调整位置。调整此组件和周围组件的交叠、穿插关系,移至护甲的最里层。

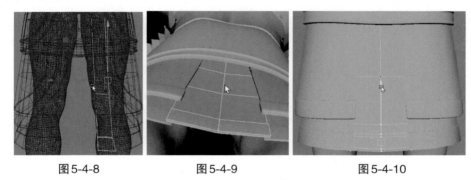

图5-4-8　　　　　　　图5-4-9　　　　　　　图5-4-10

　　调整细节,设置软化边。优化模型,整体调整造型,完成此组件的制作。

3. 后背组件

　　图5-4-11所示为背部腰带以上的盔甲组件。

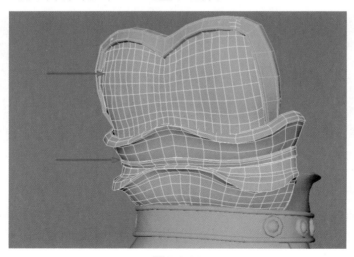

图5-4-11

后背组件拆分为两个部分进行制作。

（1）腰封背部

腰封背部如图5-4-12所示。

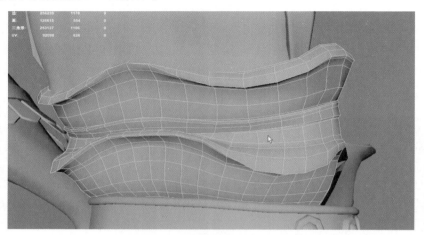

图5-4-12

后背组件与之前制作的前身服饰组件在造型和材料上有关联，与腰带组件在造型上有关联及交叠关系。如图5-4-13所示从靠近腰带的下部开始制作，逐渐往上拖出腰封造型。如图5-4-14所示选择腰带的上部轮廓边，然后选取挤出工具，向上挤出至预设造型的上部边缘高度。如图5-4-15所示选取插入循环边工具，增加边并调整边的位置。

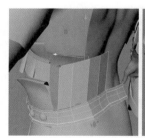

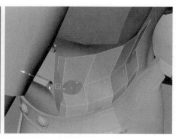

图5-4-13   图5-4-14   图5-4-15

如图5-4-16所示选中刚刚创建的基本面，选取提取工具，把这个面分离为一个独立部件，然后调整造型。如图5-4-17所示继续向前方挤出部件的侧面，位置大致和前身服饰造型衔接。如图5-4-18所示细致调整新建的点、边、面的位置，使衔接更到位。

图5-4-16

图5-4-17

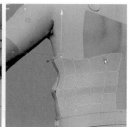
图5-4-18

如图5-4-19所示选取挤出工具，向内挤出厚度，调整造型使部件的高度和前身服饰匹配。如图5-4-20所示调整部件和身体模型的契合关系，参照设计图做好这个服饰部件的基本造型结构。

如图5-4-21所示给转折边增加倒角，分数设为0.1，调整外形的细节。

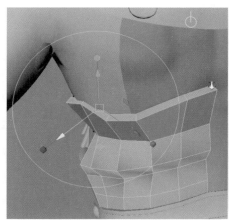
图5-4-19

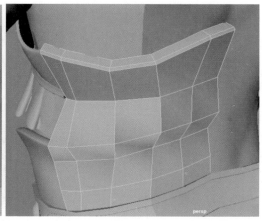
图5-4-20

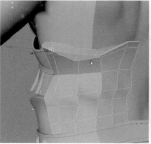

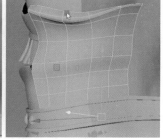

图5-4-21

如图5-4-22所示增加边并继续调整造型细节，做好上面一层的结构，在不同的模式下对效果进行预览。

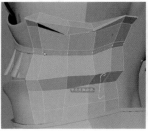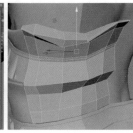

图 5-4-22

如图 5-4-23 所示在相应结构处增加边，选中新建的带状结构，选取菜单编辑网格中的复制，把此结构复制出来，作为一个单独的结构。选取挤出工具，把刚复制的带状结构挤出厚度。如图 5-4-24 所示选取菜单显示中的隔离选择，查看选定对象，单独查看带状结构。

如图 5-4-25 所示选择并删除侧面和朝向里的面。调整造型，把带状中间的边往里微收，使造型平滑并更贴合身体模型。如图 5-4-26 所示调整和前身服饰的衔接细节。调整结构并优化造型。

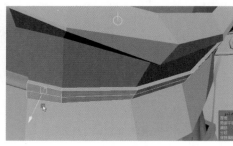

图 5-4-23　　　　　　　　　　　　　　　　图 5-4-24

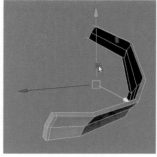

图 5-4-25　　　　　　　　　　图 5-4-26

如图5-4-27所示在下一个结构中增加边，调整新增加的边的位置，增加结构边，锁定转折位置。

如图5-4-28所示调整顶点的位置，逐步塑造出预设的造型。

如图5-4-29所示逐步增加一些边，调整边和顶点的位置，完成基本的造型。

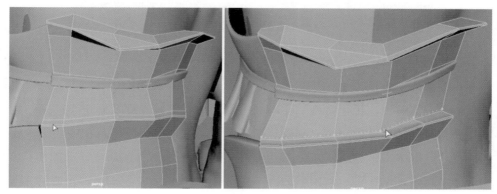

图5-4-27

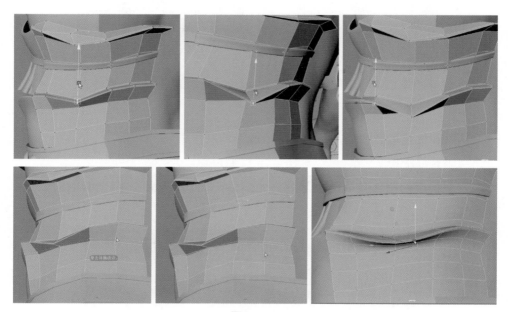

图5-4-28

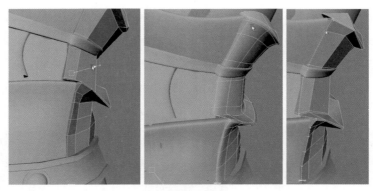

图5-4-29

调整细节位置，优化造型。在不同的模式下预览，发现及修正小瑕疵；处理好和旁边其他部件的穿插、交叠、衔接关系。处理作为镜像对称轴的边，使之平直。点击编辑>按类型删除>历史，分别删除两个部件的历史。如图5-4-30所示点击网格>镜像，合并阈值设为0.01，采用镜像方式复制出另一边服饰。

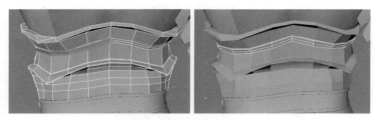

图5-4-30

调整和优化造型细节，完成这部分服饰的制作。

（2）背部护甲

背部护甲的制作分成两个部分，如图5-4-31所示先做一半，再用镜像方式复制另一半。

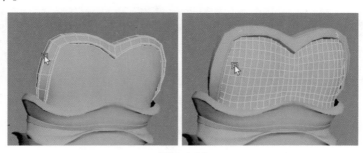

图5-4-31

点击侧视图菜单上的显示>隔离选择命令，查看选定对象，隐藏已经做好的模型。在身体模型上进行拓扑绘制。选择身体模型，点击激活工具（见图5-4-32），在建模工具包中点击四边形绘制（见图5-4-33）。

图5-4-32　　　　　　　　　　　　　　图5-4-33

如图5-4-34所示在身体模型上布点绘制，按"Shift+鼠标左键"建立面。继续布点，绘制面。

如图5-4-35所示用鼠标对准其中一条边，按"Tab+鼠标中键"，向下挤出一排面，整理好新建的边的位置，重复这个操作，建立基本形状，调整造型细节。

大致调整好造型后，再次点击建模工具包取消四边形绘制；在对象模式下点击中心枢轴，然后取消激活表面。调整新建模型的位置、造型细节、穿插关系。

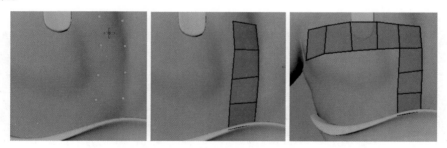

图5-4-34

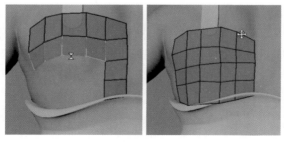

图5-4-35

如图5-4-36所示把采用镜像方式复制的对称轴的边移至身体中线位置，拉平、拉直。

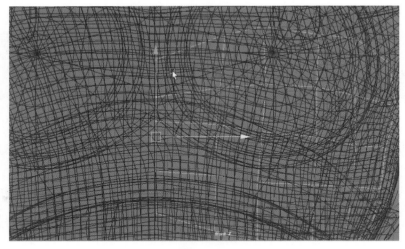

图5-4-36

如图5-4-37所示选择轮廓边，选择挤出工具，向外挤出，将边线位置向里略收。将采用镜像方式复制的对称轴的边拉平、拉直；调整处理好其他的边，以及造型细节。

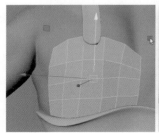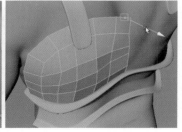

图5-4-37

如图5-4-38所示选择靠外围的连续面，挤出工具，向外挤出适当高度。

如图5-4-39所示选择插入循环边工具，增加两条结构边；选择新建的边中间相应的连续面。如图5-4-40所示用挤出工具向内挤出些许。注意，删除侧面不需要的面。

如图5-4-41所示选中4条转折处的边，用倒角工具处理，分数设为0.5。点击网格显示>软化/硬化边，查看效果。

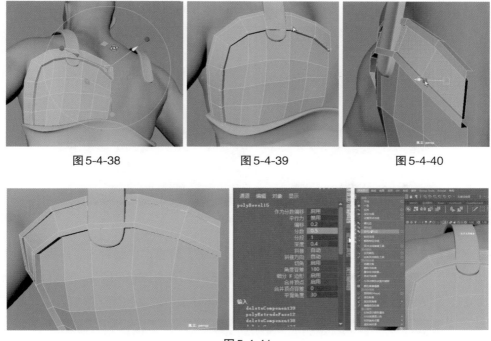

图5-4-38   图5-4-39   图5-4-40

图5-4-41

　　选择背部护甲主体部分的面，点选提取工具，将部件拆分成两个独立的部分；处理好穿插交叠关系，调整和优化造型，如图5-4-42所示。

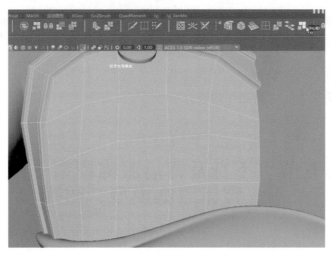

图5-4-42

　　如图5-4-43所示按B键，在软编辑模式下调整和肩带模型的位置关系，再次按B键去掉软选择。调整细节，基本完成这部分的制作，删除两个部件的历史。

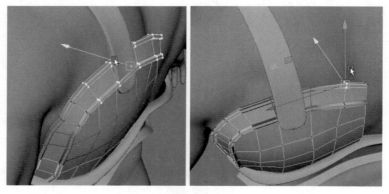

图5-4-43

按F9把采用镜像方式复制的对称轴的边拉平、拉直，移到对齐身体模型的中线位置，按F8回到物体编辑；选择镜像对象部件，点击网格>镜像，合并阈值设为0.1，完成镜像复制，如图5-4-44所示。从整体到细节调整和优化造型。

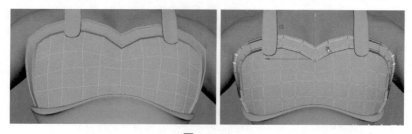

图5-4-44

点击保存，完成这部分的模型制作。显示之前隐藏的项目，查看并调整模型之间的穿插关系。可见制作的服饰部件已经逐渐覆盖身体模型。

第五节　下身及背后服饰模型（四）
——整体服饰模型、裙摆

前后裙摆是两片布料的模型，如图5-5-1所示。从模型的造型特点分析，基本形状明显具有对称的特点，我们仍使用镜像复制的方式先做一半，再复制出另一半。

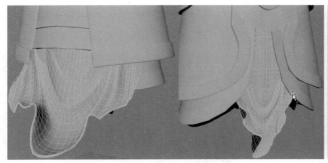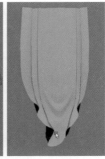

图 5-5-1

1. 整体服饰模型

为了使造型更加坚挺有力，要适当加宽下部服饰。如图 5-5-2 所示选取需要调整的所有服饰模型部件，点击变形>晶格，调用晶格工具，默认分段数为 2、5、2，整体逐层拉宽下半身服饰模型的体积。在整体拉伸调整的过程中注意控制造型的协调。

调整好之后，点击菜单中的编辑>按类型删除全部>历史，取消晶格显示。

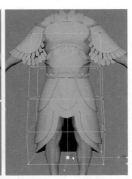

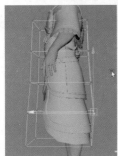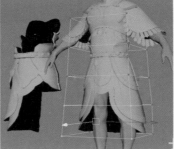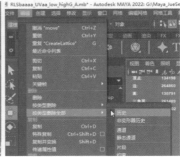

图 5-5-2

如图5-5-3所示，用同样的原理和方法选中需要调整的护甲部件，再次使用晶格工具进行整体造型调整，优化细节，使模型具有更好的视觉效果。

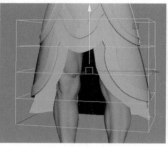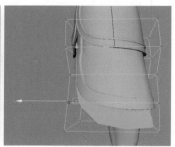

图5-5-3

2.前裙摆

新建一个平面并放大，旋转90度，移至腿部位置；因为此模型造型是左右对称的，用镜像复制的方式制作，所以选中左边并删除，剩下右边的部分。将右边模型移动至大致的位置，调整到合适的基础高度和宽度。步骤如图5-5-4所示。

在工具栏或者快捷菜单中选择编辑网格>删除边/顶点，选取删除边/顶点工具，删除过多的部分边。

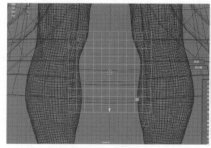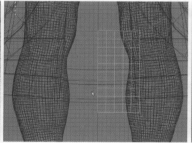

图5-5-4

分析设计稿的造型特点，调整对应的顶点位置，先拉出基本的造型轮廓。增加一条边，向前拉起，创建第一个布料褶皱基本结构。继续调整边的位置，并向前拉起，创建另一个布料褶皱基本结构。通过调整边及顶点位置，调整布料褶皱之间的穿插关系等造型细节，注意布料不要重叠在一起，以免影响后续效果。增加环线并调整细节，逐步完成右半边裙摆的制作。将中线上的点对齐后，选择网格>复制，得到完整的造型，优化细节后完成此部分制作。步骤如图5-5-5所示。

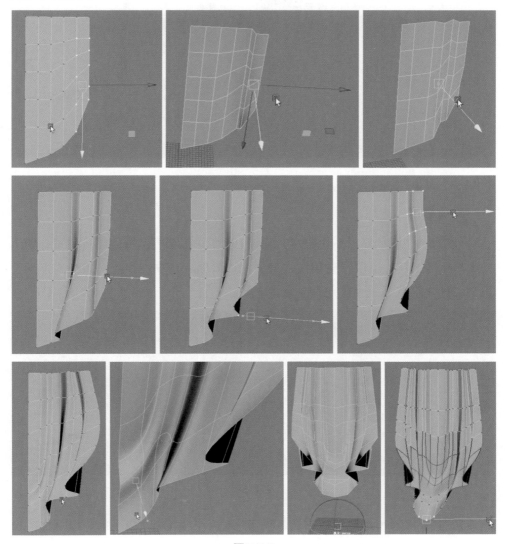

图 5-5-5

如图5-5-6所示，显示周围的护甲模型，点击变形>晶格，调出晶格工具调整裙摆造型，从空间位置上协调裙摆与周围部件间的覆盖结构关系。完成后删除历史。

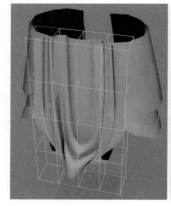 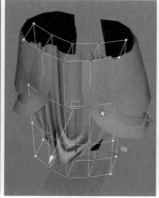 

图 5-5-6

3.后裙摆

如图5-5-7所示复制一块裙摆，旋转180度并移至模型身后相应位置；调出变形>晶格工具，逐段调整裙摆造型；完成后删除历史。在点、边模式下调整造型，优化细节等，大致完成造型制作。

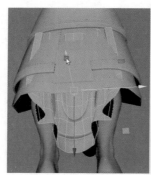 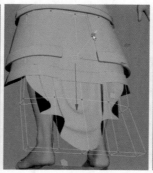 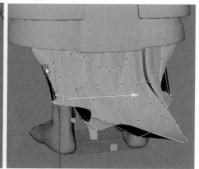

图 5-5-7

如图5-5-8所示选中前后裙摆，点击网格>平滑增加1级平滑，注意保持模型结构之间的距离，以避免穿插。选择轮廓边（除了朝上的），向里挤出些许布料的厚度，后裙摆进行同样操作。增加平滑后点击软化/硬化边查看效果，调整、优化并完成裙摆制作。

图 5-5-8

完成人物服饰的制作。

第六章　Maya人物服饰模型制作（三）——护腕、头冠、靴子

如图6-0-1中03部分所示，护腕、靴子和头冠的模型制作包括手腕处的护腕和布料质感的袖子、靴子和护腿，以及头冠。

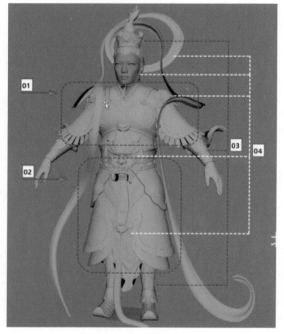

图6-0-1

第一节　护腕

护腕部件是覆盖在上臂的一个结构，比较简单快速的方法是直接在手腕上绘制。在图层面板中隐藏（Ctrl+H）不需要看到的部件。

新建一个圆柱体，轴向细分数设为12，删掉上下面，剩一个圆环面，将之移动到人体模型的手腕处，调整大小、方向、形状，使之与手腕的形状匹配。在光滑模式（按3键）下预览效果。步骤如图6-1-1所示。

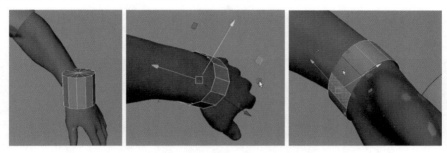

图6-1-1

如图6-1-2所示增加循环边，用倒角、挤出工具，以圆环面为基础继续制作，手动调整护腕的突起、厚度等细节。如图6-1-3所示完成后选择最上面的轮廓边，向上挤出护腕的上部结构至肘部位置，然后逐步增加边，注意前臂形状及护腕的皮革材料质感，进行调整和优化。

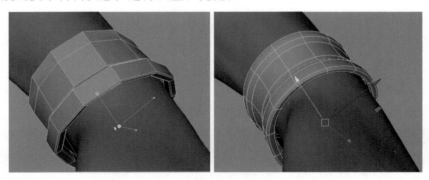

图6-1-2

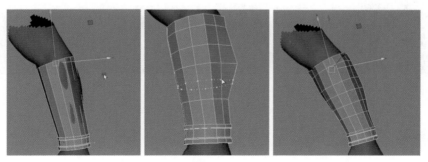

图6-1-3

如图6-1-4所示选择上部连续的面，挤出结构的厚度，进行倒角处理并调整细节，注意模型穿插的情况，调整明显有问题的关键节点位置；在不同模式下预览检查，使模型之间的距离不太远，不能有明显的穿插。这一步制作的关键是把护腕做出与手腕、手臂相贴合的感觉，而不是一个简单的圆筒。完成后存盘。

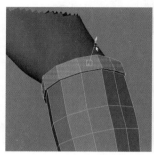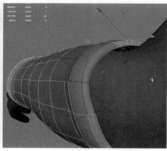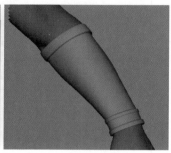

图6-1-4

如图6-1-5所示选取多切割工具 ，制作护腕上的小结构。选取相应的面，向上挤出。

在透明模式下删掉多余的面，框选重合的点，按W键再按V键进行锁定，选择合并 ，阈值设为0.01，使护腕结构成为一体。如图6-1-6所示增加环线，制作转折位置的细节，使转折面的效果更为硬朗，完成这一步的制作。

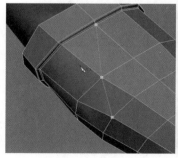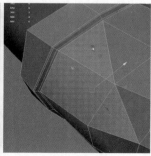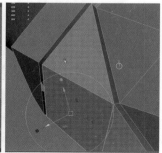

图6-1-5

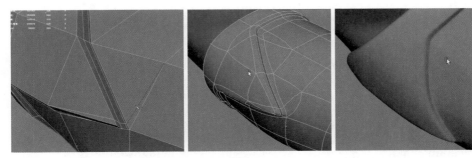

图6-1-6

在此讲一下包裹及收缩包裹工具（见图6-1-7）。

包裹的基本概念是，已经有一个物体，用纸或者布料等材料将之包裹起来。其中涉及两个物体：里层被包裹物体和外层的纸或者布料等包裹物体。

包裹的基本用法，在制作三维多边形的时候有些非常复杂的模型。我们用简单的低多边形包裹里层的复杂模型，如图6-1-8所示，通过调整外层的物体得到修改里层复杂物体的结果，可以理解成晶格工具的进一步深入和具体化。

该工具位于变形菜单下的包裹中，简单来说是用一个低多边形物体控制一个高多边形物体。

图6-1-7

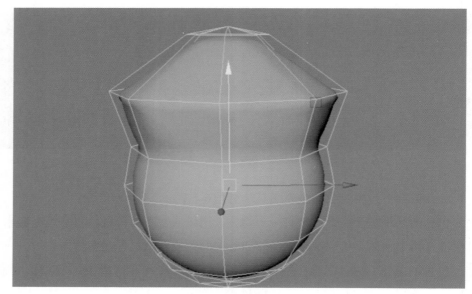

图6-1-8

收缩包裹则与之相反，是使外层的物体被里层物体所吸引，如图6-1-9所示，即用里层物体控制外层物体，达到类似于拓扑的功能——低多边形物体吸附在外层的表面，在低多边形上烘焙出高多边形的细节。

除此之外还可以进行应用拓展，如制作单个物体上缠绕复杂的绷带，如图6-1-10所示，甚至更加复杂的跨物体的缠绕，如图6-1-11所示。

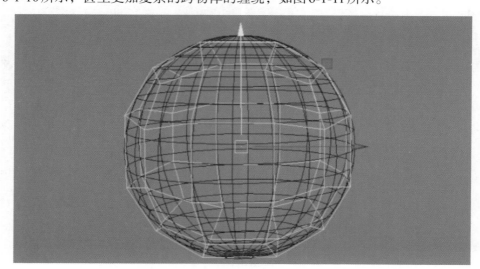

图6-1-9

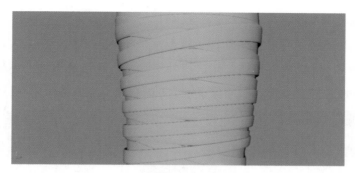

图6-1-10

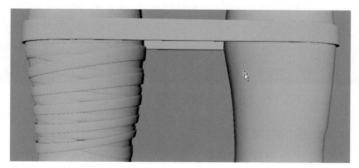

图6-1-11

包裹工具基本用法及操作步骤如下。

如图6-1-12所示，新建一个基础球体，设置为高分面数模拟高模的物体，在球体外层新建一个简单的球体，比里层球体稍大；如图6-1-13所示先选择里层球体，再选择外层球体，点击变形工具菜单，执行其中的包裹；如图6-1-14所示当编辑调整外层球体上的点、面时，里层球体会随之变动，实现对里层物体的控制效果。

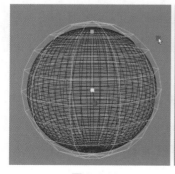  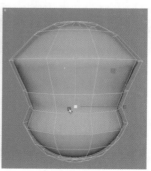

图6-1-12　　　　　　　图6-1-13　　　　　　　图6-1-14

收缩包裹工具基本用法及操作步骤如下。

如图6-1-15所示新建一个球体，模拟复杂物体，再建一个立方体盒子，细分数设置为7，模拟简单物体。先选择外层盒子，再选择里面的球体，调用变形菜单中的收缩包裹功能，收缩值设定为0.01，可见立方体吸附在球体中。

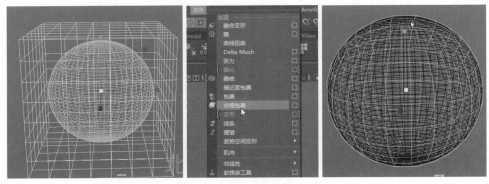

图6-1-15

拓展应用及操作步骤如下。

在复杂物体的表面制作类似绷带缠绕的效果。制作一个形状复杂丰富、有细节的不规则柱体，做平滑处理，如图6-1-16所示。

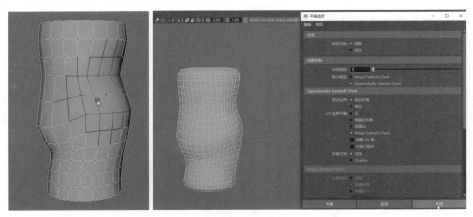

图6-1-16

如图6-1-17所示做一个圆柱体，提取其中的两块环形面，结合为一个物体；如图6-1-18所示先选择外层环形面，再选择里层柱体，把模型移到坐标轴的中心位置，点击变形菜单调用收缩包裹，实现收缩包裹的效果。如图6-1-19所示用同样的方法进行环形面方向的微调，实现另外两个环形面对柱体的包裹。如

图6-1-20所示用挤出工具分别对三个环形面进行挤出，得到如图6-1-21所示三层绷带包裹的效果。

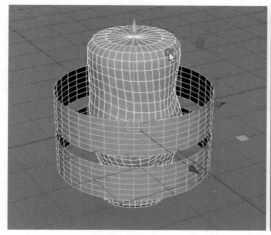

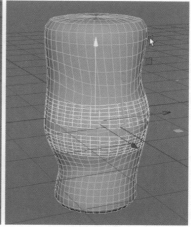

图6-1-17   图6-1-18

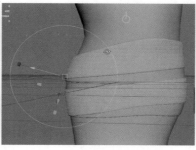

图6-1-19   图6-1-20   图6-1-21

复制这个模型，制作跨物体的连接包裹。如图6-1-22所示制作两个环形面，调整位置到更贴合里层的柱体，可以在边界上做简单调整，使交叠关系更合理。将里层两个柱体合并为一个物体。

如图6-1-23所示先选择上面的环形面，再选择里面的柱体，执行菜单中的收缩包裹；如图6-1-24所示在设置中将投影参数调整为顶点法线，得到初步的包裹效果，如图6-1-25所示。可见模型外部匹配基本没问题，我们对中间部分的包裹进行手动调整，删除多余的边，优化交叠位置后选择向外挤出，调整后得到比较好的整体包裹效果，如图6-1-26所示。用同样的方法制作另一条包裹绷带，如图6-1-27所示。

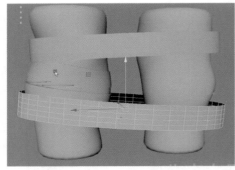

图 6-1-22

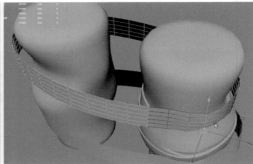

图 6-1-23

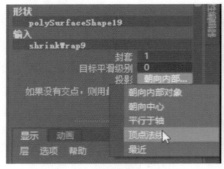

图 6-1-24

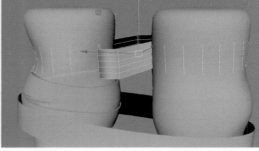

图 6-1-25

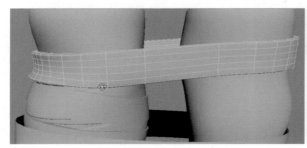

图 6-1-26

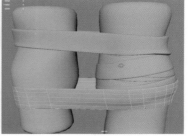

图 6-1-27

完成用收缩包裹工具进行比较复杂的绷带缠绕效果的制作。

下面进行手腕护甲部件的制作。

制作护腕上预设为金属材质、中间有宝石的圆形部件，之后用晶格工具盖到护腕上。先用绘制多边形工具，根据设计画出大致形状的一半（见图 6-1-28）。用切割工具增加横向和竖向的结构点连线（见图 6-1-29），使之在之后的结构制作上不出现问题。把这个部件移到场景的中心位置进行镜像对称复制，得到部件的基本形状，移动到护腕对应的位置（见图6-1-30）。

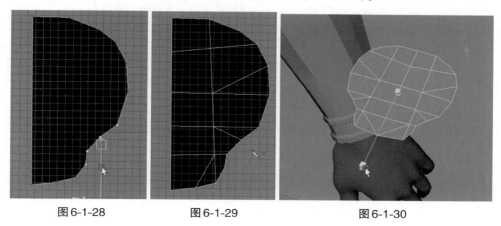

图6-1-28　　　　　图6-1-29　　　　　图6-1-30

使用包裹工具投射制作手部护腕部件。如图6-1-31所示把部件移到靠近手腕的相应位置，注意覆盖关系，调整方向和大小；将这两个模型分别冻结变化后移到坐标轴的中心位置，让投射的方向尽量朝向中心。

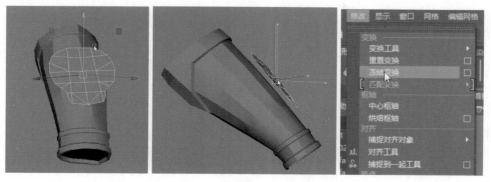

图6-1-31

如图6-1-32所示，先选小部件，后选护腕部件，调用收缩包裹，将设置面板中ShrinkWrap的膨胀和偏移系数都设为1，在编辑菜单中点击删除历史，将X轴、Y轴、Z轴位置设置为0，让部件回到原模型的手腕位置。调整位置使部件覆盖护腕模型表面，继续修改部件的厚度、结构关系。

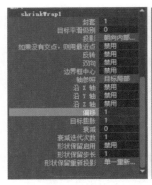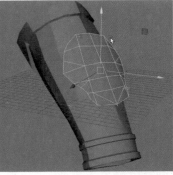

图 6-1-32

如图 6-1-33 所示选中轮廓边，向外挤出一圈，再将新的轮廓边向内部挤出，做出厚度。在调整位置和形状的过程中，调整错误并删除多余的点。也可以按 B 键用软选择进行调整。外轮廓进行倒角处理，在内部轮廓增加环线并优化细节，完成基本形状的制作。

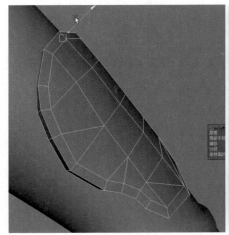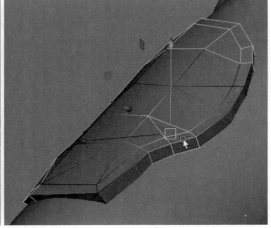

图 6-1-33

如图 6-1-34 所示复制腰带上的半球形装饰部件，移动，按 V 键将之锁定到护腕的表面上，调整方向、位置和大小，做出该有的基础结构，调整至匹配模型表面的走向，删除半球形部件的背部面；按"Ctrl+D"复制一个更小的半球形部件，放到相应位置，调好结构匹配模型位置。如图 6-1-35 所示调整整体的穿插覆盖关系、细节等，完成护腕制作，按"Ctrl+G"将护腕所有部件编组，用网格菜单中的镜像复制另一边手腕。保存文件，导出 .ma 格式文件备用。

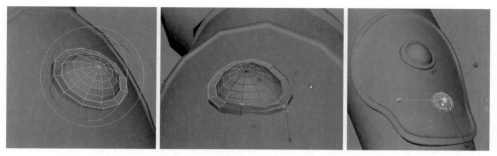

图 6-1-34

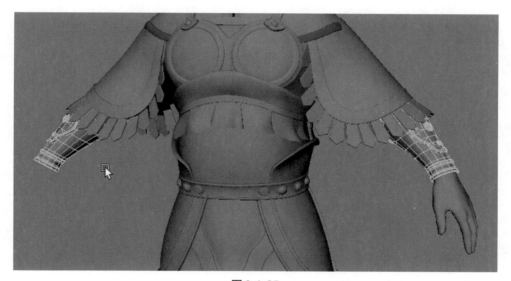

图 6-1-35

第二节　头冠

　　头冠正面可分为3个部分，侧面外圈装饰分为3个部分，还有中间帽顶，如图6-2-1所示。

图 6-2-1

1. 头冠外部结构

如图 6-2-2 所示新建一个圆柱体，按 V 键移动至模型头顶位置，删除上下面，得到一个环形，将边线向内挤出，对轮廓进行倒角处理。向上挤出一半，作为基本形状。

如图 6-2-3 所示用提取工具 取出向前的三个面。如图 6-2-4 所示参照设计样式，用创建多边形工具画出部件的大致轮廓。如图 6-2-5 所示用切割工具 连接纵横方向的结构线，优化造型后移到头冠中心位置，调出轻微的圆弧。如图 6-2-6 所示选择网格>镜像，复制得到基本形状。

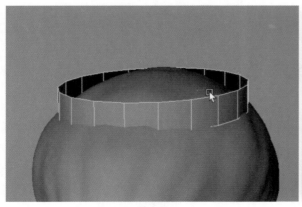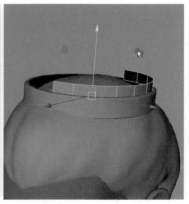

图 6-2-2 图 6-2-3

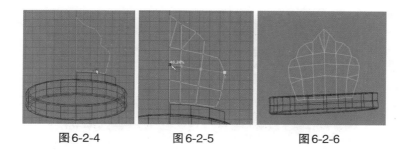

图6-2-4　　　　　　图6-2-5　　　　　　图6-2-6

如图6-2-7所示选择轮廓边向外挤出一圈，向前挤出厚度，对转折轮廓边做倒角处理。调整细节并优化，大致完成此部件的制作。

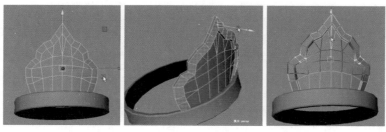

图6-2-7

如图6-2-8所示新建一个圆球，轴向细分设置为12，旋转90度，压扁并删除后半球。用放缩功能拉出最外面一圈平面。如图6-2-9所示删除中线左边的部分，在余下部分选择对应的面，分步骤挤出，调整为火焰形的装饰造型，增加必要的倒角、轮廓边等细节。

如图6-2-10所示调整后，调用网格菜单中的镜像，复制得到对称的左边，合并阈值设为0.01，调整点、布线的位置，优化造型。移至相应的位置，调整方向及大小。如图6-2-11所示调用晶格工具，调整整体的圆弧走向，完成此部分制作，如图6-2-12所示。

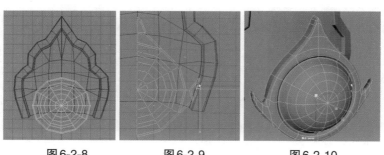

图6-2-8　　　　　　图6-2-9　　　　　　图6-2-10

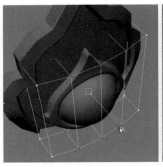 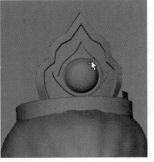

图6-2-11   图6-2-12

制作头冠的侧面部件。如图6-2-13所示选择之前制作的环形面，向上挤出，增加环线，调整位置。如图6-2-14所示，用切割工具增加必要的结构线。如图6-2-15所示选择轮廓边，向外挤出，对形状进行调整和修改；选中近轮廓的连续面，向外挤出厚度；对向内和向外转折的轮廓做倒角处理。如图6-2-16所示适当调整外轮廓的效果，使之更平滑和优化。匹配厚度后，删除历史，用镜像方式复制出另一边，如图6-2-17所示。如图6-2-18所示调整整体外形及细节，完成此部件的制作。

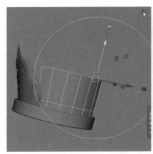 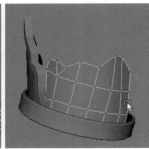 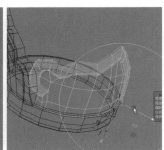

图6-2-13   图6-2-14   图6-2-15

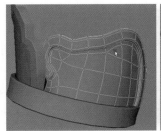 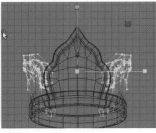 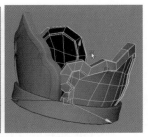

图6-2-16   图6-2-17   图6-2-18

制作头冠后部部件仍然基于对称复制的方式。如图6-2-19所示选中之前制作的环形参照面，向上挤出至相应高度，调整点的位置做出基本形状。如图6-2-20所示增加结构线，挤出左侧面，在轮廓处挤出外部基本结构。点击调用菜单创建>曲线工具>CV曲线工具，画一条曲线，如图6-2-21所示，移至头冠部件的相应位置。

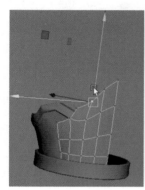 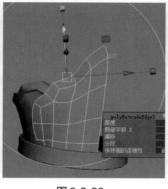 

图6-2-19　　　　　　　图6-2-20　　　　　　　图6-2-21

如图6-2-22所示选中一条边，再选曲线；点击菜单编辑网格>挤出工具，在右边的设置面板中调整挤出分段、扭曲、锥化参数，如图6-2-23所示得到基本造型后再调整。如图6-2-24所示挤出边缘厚度后进行倒角处理，调整位置、优化造型及交叠关系，如图6-2-25所示。

删除历史后，调好中轴上的点的位置，用网格镜像方式复制另一半，如图6-2-26所示从各个角度调整优化内部和外部的造型，完成头冠外部的制作。

 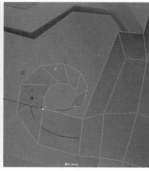 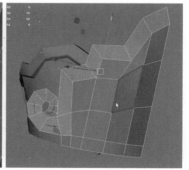

图6-2-22　　　　　　　图6-2-23　　　　　　　图6-2-24

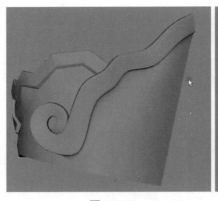
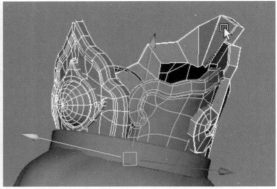

图6-2-25 　　　　　　　　　　　　　　　　图6-2-26

2.头冠内部结构

把头冠的内部结构拆分为三个部分进行制作，分别是前面的宝石形装饰、主体发髻（二者制作原理相同，此部分不赘述）和上部缨穗，如图6-2-27所示。

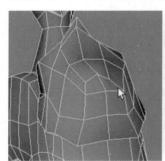

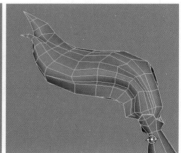

图6-2-27

（1）宝石形装饰

如图6-2-28所示新建一个立方体，宽度细分为4、高度细分为3、深度细分为2，调整大小和位置，放在头冠的中线位置，删掉左边及底面。如图6-2-29所示选择顶部的面，准备做宝石造型。如图6-2-30所示向上挤出，拖动相应的点、线的位置，塑造形态。如图6-2-31所示调整细节，增加倒角和厚度，使宝石的结构更清晰，并能和后面的部分相连接。

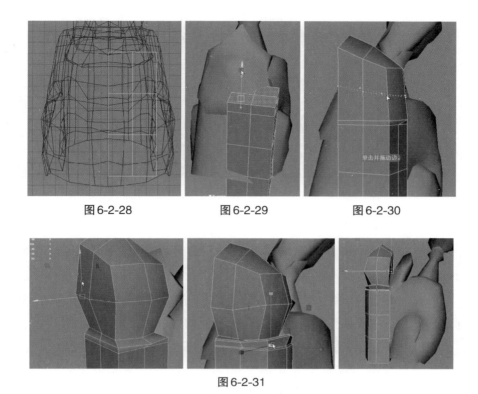

图 6-2-28   图 6-2-29   图 6-2-30

图 6-2-31

  如图 6-2-32 所示选择部件后部的面并复制出来，向后挤出几次，调整形状后，删除历史。如图 6-2-33 所示把这两个部件结合并整体旋转，得到大致的形状，删除部件内部和底部不需要的面，增加必要的倒角。如图 6-2-34 所示，选择中间的两个面，向外挤出，增加结构线并调整，大致完成外形的制作。如图 6-2-35 所示，调整宝石的结构。如图 6-2-36 所示，增加转折面使转折更硬朗，并调整细部的结构关系。如图 6-2-37 所示完成后做镜像复制，并调整和完善。

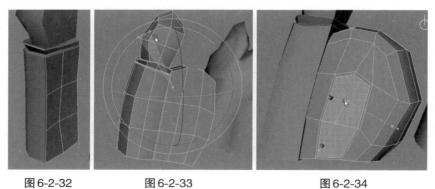

图 6-2-32   图 6-2-33   图 6-2-34

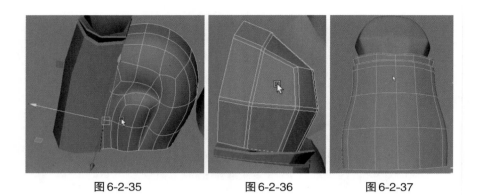

图 6-2-35   图 6-2-36   图 6-2-37

（2）上部缨穗

如图 6-2-38 所示新建一个圆柱体，细分为 12 面，删掉上下面后拉至近锥形。如图 6-2-39 所示拉出一圈底面后，向前后挤出两个面，保留做类似绑带的造型。如图 6-2-40 所示增加环线后拉出顶部造型，并向内拉出厚度。如图 6-2-41 所示得到基本形状，放置在头顶位置。选中最下面的边，用挤出工具向下挤出数次至包住后脑，得到绑带的结构，拉出轮廓边的厚度，调整绑带和发髻的交叠关系，调整造型细节并删除不需要的面。如图 6-2-42 所示大致完成此部分的制作。

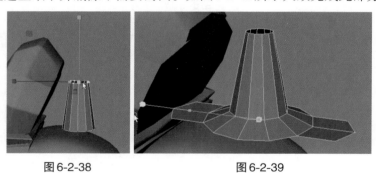

图 6-2-38   图 6-2-39

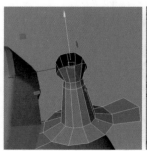

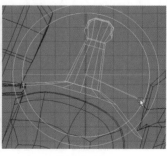
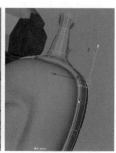

图 6-2-40   图 6-2-41   图 6-2-42

　　缨穗的造型，用绘制/创建多边形工具 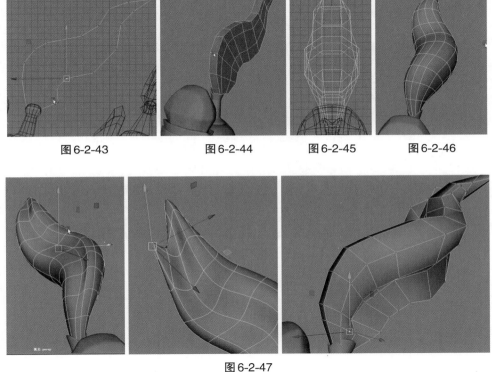 进行制作。如图6-2-43所示参照设计图画出大概的轮廓，纵向连接两边的点，横向增加结构线。如图6-2-44所示挤出厚度后移到中心位置，再调整圆弧鼓出和收缩的体块位置。如图6-2-45所示调整后调用网格>镜像，复制出左边的造型。如图6-2-46所示优化造型，可以用软选择工具，按B键按照想法做出理想的大形状，如图6-2-47所示。

图6-2-43　　　　　　图6-2-44　　　　　　图6-2-45　　　　　　图6-2-46

图6-2-47

　　如图6-2-48所示将头冠的几个部件结合为一组，把重心拉到下部并对齐底部所有的点。查看整体效果，调整各个部件的细节。

　　如图6-2-49所示制作宝石背部的金属托板模型，用复制方式得到基本形状，向外挤出厚度，调整造型细节，完成此部分制作。

　　如图6-2-50所示将完成的头冠内部模型移到头冠外部模型的中间位置，调整各部分的方向、位置、大小及穿插，完成头冠的制作，如图6-2-51所示。

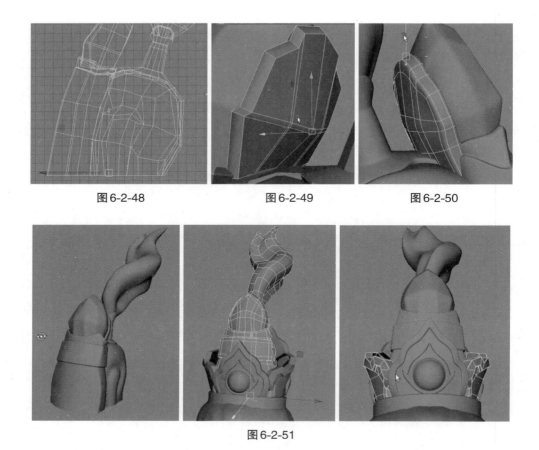

图6-2-48   图6-2-49   图6-2-50

图6-2-51

第三节　靴子

1.靴子

鞋子和护腿是分开的两个部分，中间有一段类似布料的构件，如图6-3-1所示。从护腿开始，以腿部模型为基础形状，先做右边，再对称复制，进行制作。

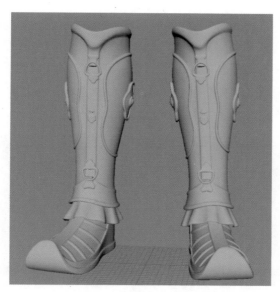

图6-3-1

　　新建一个圆柱体，轴向细分设定为20，高度为5，删掉上下面，删掉左半部并调整基本结构，删掉过多的边。拉出边缘面的厚度结构，调整点、线、面的位置，打造护腿各个方向的初步形状和细节，得到一个基本的轮廓。步骤如图6-3-2所示。

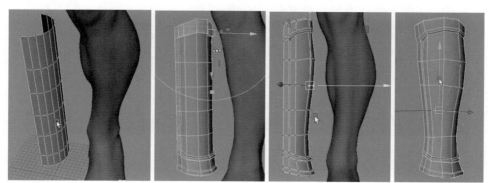

图6-3-2

　　用多切割工具，在已有的护腿基本形状表面画出装饰部件的大体形状，如图6-3-3所示选择相应的面，挤出些许高度，将转折面向内略收，删除不需要的线。

　　如图6-3-4所示整理造型后选择边缘的连续面，向外挤出厚度。手动调整造型，包括挤出面的坡度，然后对转折边进行倒角处理（见图6-3-5），得到大致的形状。

　　将镜像要用的轴线上的点对齐，删除历史，调用网格菜单中的镜像，复制出对称的左边。仔细调整各部分细节。调出腿的模型，按照腿的形状调整护腿外形，使护腿整体包裹住腿部模型。可以使用软选择，在隔离模式下进行调整。调整后完成腿部最复杂部件的制作。步骤如图6-3-6所示。

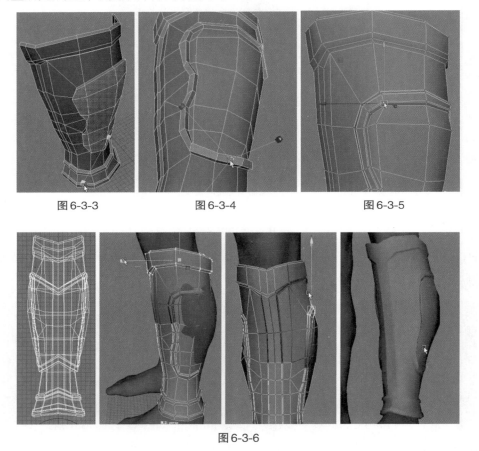

图6-3-3　　　　　　　图6-3-4　　　　　　　图6-3-5

图6-3-6

2.靴子配饰

（1）制作布料配饰

　　双击选择底部轮廓边，向下挤出后，提取部件使之成为独立的对象，优化细节。适当增加竖向边，调整位置制作布料褶皱的结构，大致整理之后向内挤出些许厚度，对鼓起的转折边做倒角处理。步骤如图6-3-7所示。

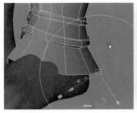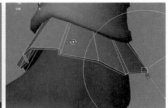

图 6-3-7

（2）制作护腿左右配饰

新建一个球体，压扁并删除一半球，从俯视角度，在上下左右边缘处向外拉伸并调整形状，保留右半边，选择相应的面向下挤出，调整后得到基本形状，删除历史，执行网格镜像复制，得到大致形状。步骤如图6-3-8所示。

在场景中心新建一个细分数为12的球体，删掉看不见的部分，选择最下的连续面向外挤出，进行倒角处理并调整大小，合并为一个物体后移到护腿相应位置。按B键用软选择工具，耐心调整配饰和护腿的穿插关系，使之贴合，步骤如图6-3-9所示。大致完成后，按"Ctrl+D"复制此配饰到护腿的另一边，调整好位置。

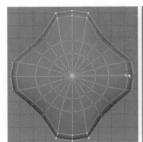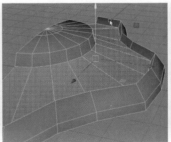

图 6-3-8

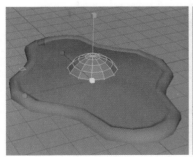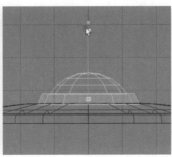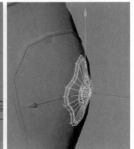

图 6-3-9

（3）护腿正面配饰

用绘制/创建多边形工具![icon]直接画出一半的基本形状，连接内部结构线，增加内部的边，整体挤出厚度，删除位于中间看不到的面，适当调整高度做出圆弧感，如图6-3-10所示。

选择最下方的面，向下挤出，并将刚挤出的3个面提取出来；继续朝相应方向逐步挤出厚度及挂钩的造型；调整造型，包括外部效果和内部结构，如图6-3-11所示。

用挤出工具拉出锁扣背面的厚度，对转折边进行倒角处理。完成后把半个锁扣模型拉到坐标轴中线处，用网格镜像方式复制得到完整的锁扣装饰，一个放置在靴子正面下部，再复制一个放在靴子正面上部。复制扣饰模型，放在靴子正面的中间处。调整造型，完成此部分制作。步骤如图6-3-12所示。

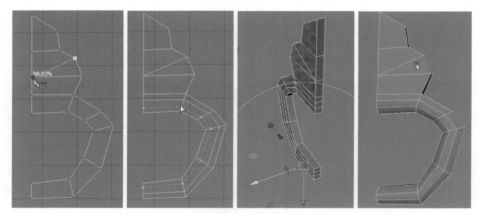

图6-3-10

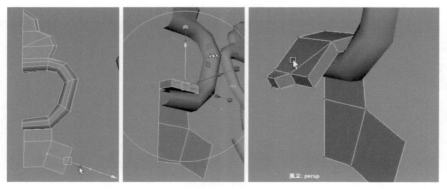

图6-3-11

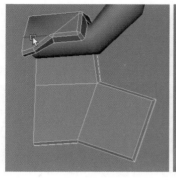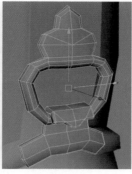

图6-3-12

3.鞋子

沿着模型的脚底，从鞋子底面开始制作。

激活人物模型。如图6-3-13所示选择创建多边形工具，沿着脚的外轮廓绘制鞋底基本形状，调整外形为比脚略大。增加内部的纵横结构线，如图6-3-14所示增加边并调整形状，拉出翘起的鞋头外形，以及角弓位置向上的弧度。

用挤出工具整体向上/向内挤出厚度。沿着轮廓内绘制一条连续的边后选择中心的面，向上挤出，调整外形后，将中间的横线提起些许。沿着脚的造型调整鞋子的模型结构——最终将脚装在鞋子里，理顺布线，做好鞋子的基本形状。步骤如图6-3-15所示。

制作鞋子的细节。如图6-3-16所示向外挤出鞋口的厚度；在鞋面两边的结构处增加循环边，模拟结构的厚度，删除多余的线，把线整理得更平滑。

如图6-3-17所示用切割工具在鞋面绘制中间的纵向饰线。如图6-3-18所示删除中线后，向上挤出高度，对转折处做倒角处理。

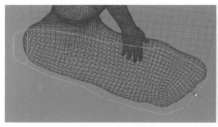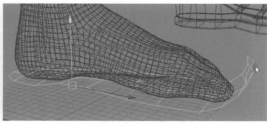

图6-3-13　　　　　　　　　　　　　　　　图6-3-14

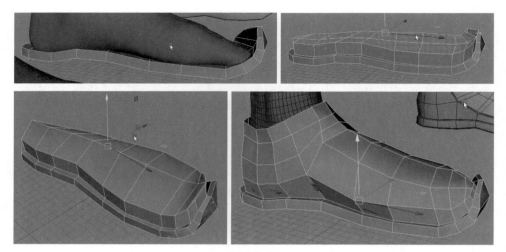

图6-3-15

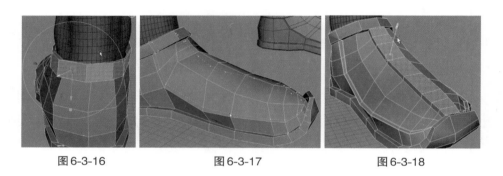

图6-3-16　　　　　　　　图6-3-17　　　　　　　　图6-3-18

　　复制鞋面左右两个面，在上面增加横向环线，调整好穿插关系后向上挤出少许厚度作为鞋面饰线并删除多余的面，用同样的方法制作另一边鞋面饰线，步骤如图6-3-19所示。调整并增加必要的细节。

　　删除历史。如图6-3-20所示将刚才做的几个部件合并，用网格镜像方式复制出另一只靴子，调整细节，完成靴子的制作并保存。

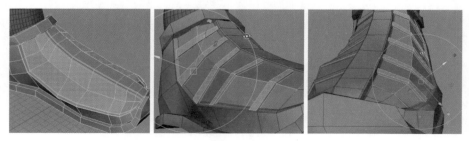

图6-3-19

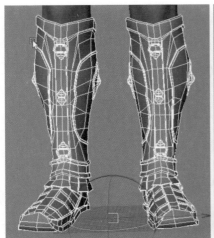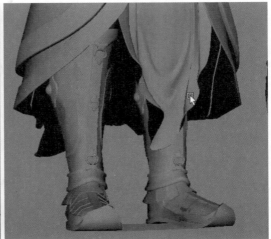

图6-3-20

第七章　Maya 人物服饰模型制作（四）
——兽头、飘带、绑带、头发

本章将带领大家制作胸甲正面的兽头（见图7-0-1）、服饰部分的飘带（见图7-0-2）和头冠连接头部的绑带模型（见图7-0-3）。

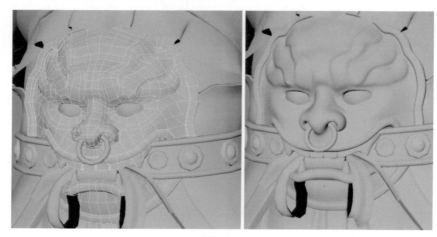

图 7-0-1

图 7-0-2

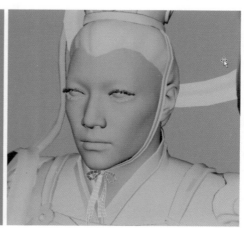

图 7-0-3

第一节　胸甲正面兽头

1.兽头的制作流程

在Maya中制作基本形状，选择它和周边关联的叠加物体，导入ZBrush进行进一步制作。兽头以圆球为基本形状，删除球体背面及上下、左半部分，在留下的部分中先从眼睛造型开始调整，在已有结构点中用挤出和推进的方法，制作嘴、脸部厚度、鼻子的基本形状，快速做出五官的基本形状后，用镜像方式复制得到兽头全脸模型，匹配到护甲上，导入ZBrush继续制作，如图7-1-1、图7-1-2所示。

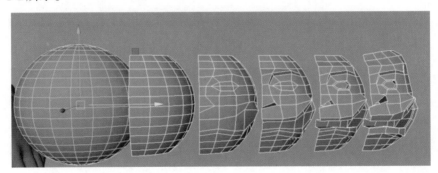

图7-1-1

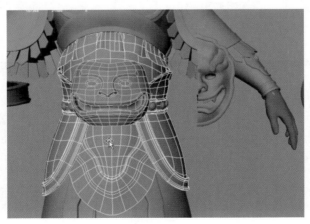

图7-1-2

导入ZBrush后发现由不完美的四边面引发的破面（见图7-1-3），回到Maya中修改破面和五边面的问题（见图7-1-4），并塑造眼球的造型。处理好后重新导入ZBrush并进行细分（见图7-1-5）。

图7-1-3

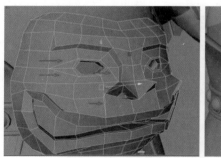 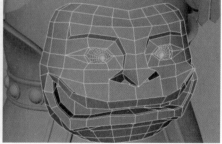

图7-1-4

图7-1-5

如图7-1-6所示,在ZBrush中进行造型细节编辑——先调大的形状和位置覆盖关系,再逐一雕刻细节。

图7-1-6

2.在Maya中制作兽头基础模型

在Maya中制作兽头模型、在ZBrush中用球体进行雕刻,或者两个软件交替使用进行制作,都是可行的办法。对新手来说,直接在Maya中进行全部制作的效率较低。在Maya中塑造五官的基本形状(见图7-1-7),在ZBrush中刻画细节、结构,混合使用能最大效率发挥软件的长处。

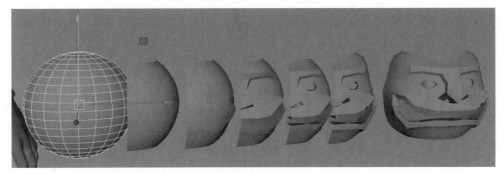

图7-1-7

如图7-1-8所示,在Maya中新建一个球体,细分数为20,删掉后部、上下部和左半部,稍微压扁。参照设计图调整线、面的位置,塑造眼睛、鼻子的基本形状。如图7-1-9所示用多切割工具在球体表面画出眼睛位置,并调整凹凸位置。

如图7-1-10所示用多切割工具画出从额头到鼻子的结构线,挤出眼睛轮廓的厚度、深度,并删除眼底位置的面。如图7-1-11所示挤出额头、鼻子的厚度并拖动调整结构。

　　如图7-1-12所示在相应位置分几步挤出嘴部基本造型。调整眼、鼻、嘴基面颊造型后，删除历史，用镜像方式复制出左边，得到正面大体形状。如图7-1-13所示用球体制作两只眼球。如图7-1-14所示保存并选择相关部件，导出兽头文件，准备进入ZBrush中雕刻。

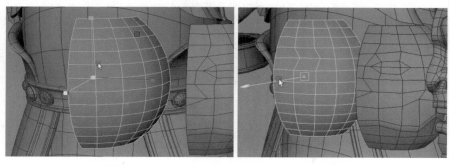

图7-1-8　　　　　　　　　　　　　　　　图7-1-9

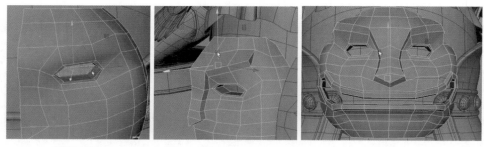

图7-1-10　　　　　　　　图7-1-11　　　　　　　　图7-1-12

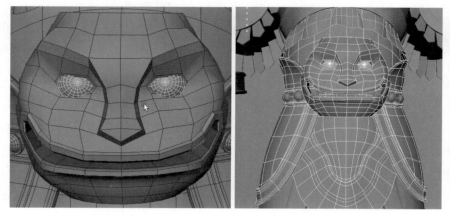

图7-1-13　　　　　　　　　　　　　　　图7-1-14

3. 在ZBrush中雕刻兽头

导入ZBrush后，增加细分网格显示（见图7-1-15），查看破面位置，回到Maya中修补调整分面：使用多切割工具，按照面部结构走向将发现的五边面改为四边面（见图7-1-16）。如图7-1-17所示，重新选择相应的部件，导入ZBrush中进行制作。

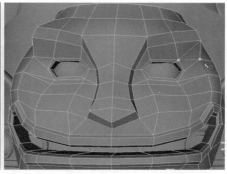

图7-1-15　　　　　　　　　　　　　　图7-1-16

图7-1-17

在ZBrush中，在细分级别2模式下，按结构调整模型效果。

在笔刷中选择最常用的Move工具，可在参数面板中调或者按中括号调整笔刷宽度，按S键可进行左右对称的调整。可参照前文的ZBrush基本操作。

如图7-1-18所示，按X键用对称的方式快速调整轮廓外形，包括兽嘴和腰带的衔咬关系，确保结构上所有的覆盖关系都在正确位置。

如图7-1-19所示，优化造型细节，用鼠标绘制时按Shift键能实现光滑的过渡效果；选择默认笔刷，绘制的同时按Alt键能实现往里推的效果；在面数较少的情况下拖出大体形状。

图 7-1-18

图 7-1-19

在细分级别4模式下刻画细节，过程中可调整细分级别查看效果。交替选用恰当的笔刷，调整笔触的半径，控制笔刷压力的强度，进行细部结构的绘制：雕刻凹陷的花纹，拉起更精细的结构，逐步塑造和表现兽头的凶猛表情，加入想要的纹理装饰，如图7-1-20所示。

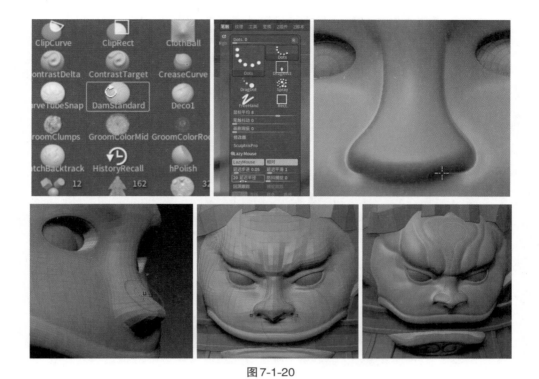

图 7-1-20

　　细分级别调整为 4，选择兽头脸部和眼球模型，保存和导出 .fbx 格式文件。在 Maya 中打开查看，继续下一步制作。

4. 在 Maya 中完善兽头模型

　　新建一个环形，移动到兽头模型的鼻孔正中相应处，做鼻环装饰（见图 7-1-21）。新建一个 5 格的面片，作为牙齿的基本形状（见图 7-1-22），按 B 键顺牙槽位置调整造型，整体向下挤出后，逐个面向下挤出牙的雏形，对转折边做倒角处理，调整好和牙床的穿插关系（见图 7-1-23）。挤出些许正中的牙缝结构，调整造型后，用网格镜像方式复制得到完整的上排牙齿（见图 7-1-24）。如图 7-1-25 所示，按 "Ctrl+D" 复制上排牙齿，旋转后放置在下牙位置，删除多余的部件，可用软选择调整造型，完成牙齿的制作。

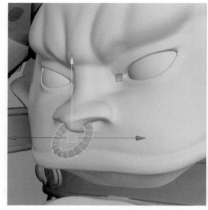
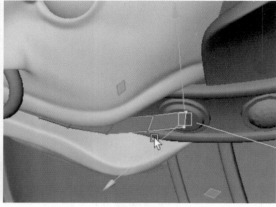

图7-1-21   图7-1-22

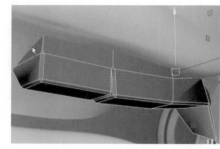
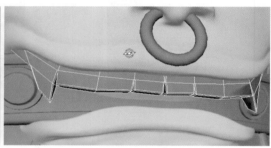

图7-1-23   图7-1-24

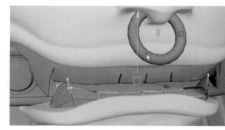
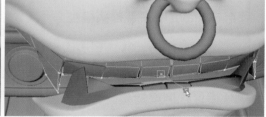

图7-1-25

　　如图7-1-26所示用建模工具包里的四边形绘制工具，沿着兽头模型边缘绘制连续的点，绘制完成后连成四边面。如图7-1-27所示模拟兽头边缘突起的装饰结构，挤出高度后稍微往里推，对朝上的转折面做倒角处理。如图7-1-28所示调整对称的中线，采用镜像方式复制，合并阈值为0.1，调整造型细节。如图7-1-29所示创建牙齿内藏的横向圆柱体，完成这部分兽头的制作。

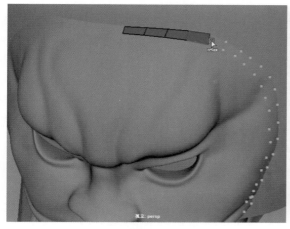

图7-1-26

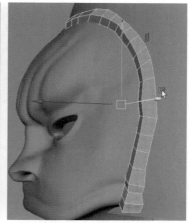

图7-1-27

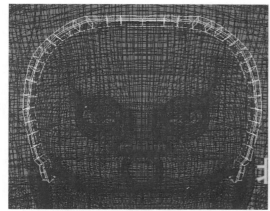

图7-1-28

图7-1-29

第二节　肩部护甲兽头

1.在Maya中制作肩甲兽头基础模型

肩部的兽头不处于人物模型的中心位置，我们选中匹配的部件后，要移到人物模型中线位置，删除无关的结构，旋转90度，进行相应制作。同时选择上一个兽头的基本形状作为制作基础，如图7-2-1所示。

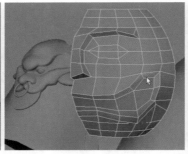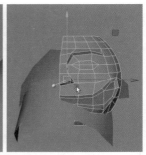

图 7-2-1

放置到大概的位置后，删除肩甲兽头不需要的面，按照设计图调整鼻孔、鼻子、眼睛、嘴、额头的基本造型，注意调整和肩甲的交叠匹配位置（见图7-2-2）。如图7-2-3所示新建一个截面半径为0.15的圆环形作为鼻环。

挤出并提取圆环中的一个面，调整为圆饼（见图7-2-4），放大后作为底部圆形部件。如图7-2-5所示用晶格工具调整造型至匹配肩部弧度，向上挤出边缘厚度，对转折边进行倒角处理，删除背面。

如图7-2-6所示新建一个轴向细分数为12的环形面，压扁并拉成圆锥形，插入环线。如图7-2-7所示分步骤调整为獠牙形状，放置于相应位置。创建一个球体作为眼球。

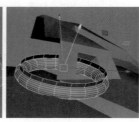

图 7-2-2   图 7-2-3   图 7-2-4

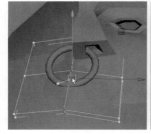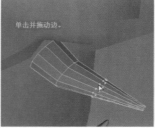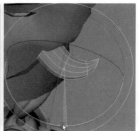

图 7-2-5   图 7-2-6   图 7-2-7

如图7-2-8所示用网格镜像方式复制得到兽头基本形状，选择相关部件，保存并导出为.fbx格式文件，准备在ZBrush中进行雕刻。

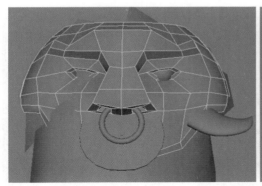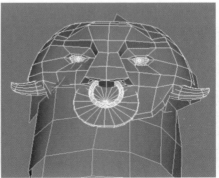

图7-2-8

2. 在ZBrush中雕刻兽头

在ZBrush中导入上一步的肩部兽头文件，检查破面。回到Maya中修复破面，将五边面切割连接为四边面，改好后重新导出，回到ZBrush中雕刻，如图7-2-9所示。

图7-2-9

在右边设置面板中的几何体编辑中，调整细分级别为1。按X键，采用左右镜像的方式进行调整。选取笔刷中的Move工具，调整兽头的交叠位置，使之覆盖肩部，如图7-2-10所示。

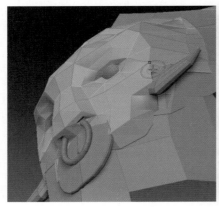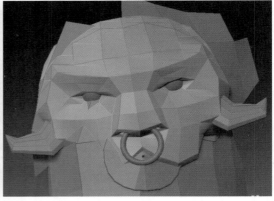

图7-2-10

调整细分级别为2，调整大体形状后，提高细分级别，刻画细节。选用笔刷中的DamStandard工具，笔触延迟半径为10—35，可随时调整，笔触越长越平滑。如图7-2-11所示尝试选取ClayTubes工具，调小笔刷，延迟半径设为30。细分级别为5，选取默认标准笔刷继续调整细节。

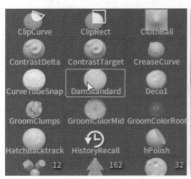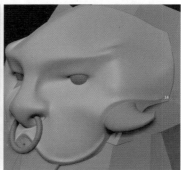

图7-2-11

用ClayBuildup调整笔刷强度和宽度，刻画眼部，如图7-2-12所示。交替使用DamStandard及Move等工具调整轮廓和结构，按"Shift键+鼠标右键"并移动使结构平滑。雕刻细节时手工制作的痕迹能增加作品艺术效果，在审美的角度有所优化，如图7-2-13所示。调整后，在ZBrush中完成肩部兽头的雕刻，细分级别为4，保存和导出.fbx格式文件。

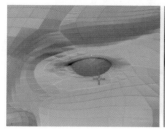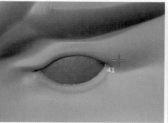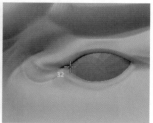

图7-2-12

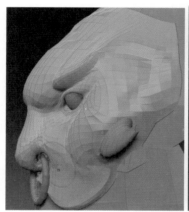

图7-2-13

在Maya中查看和调整模型，保存为.obj格式文件。将已做好的獠牙、鼻环和兽头模型移动到人物模型的肩部相应位置，如图7-2-14所示，适当调整出肩部硬朗的感觉。完成后将这几个部件编组，用镜像方式复制到右边肩甲上，如图7-2-15所示。删除历史并保存文件，完成腹部和肩部兽头模型的制作。

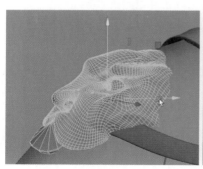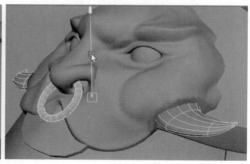

图7-2-14

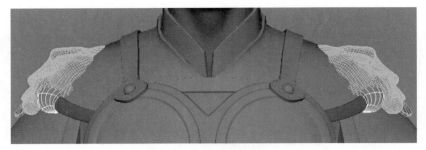

图 7-2-15

第三节　飘带

扫描网格工具在建模中的利用率非常高，如制作人物模型飘带时，可从一条曲线生成可编辑的模型，创建各种曲面形状。位置在创建菜单下拉的扫描网格中，如图 7-3-1 所示。使用时先从菜单中选择创建>曲线>创建 CV 曲线，然后在调用菜单中选择创建>扫描网格，沿着刚才创建的曲线长度生成曲面/带状模型，如图 7-3-2 所示。

调节模型的第一原则是，在边数、面数和光滑效果之间取得平衡，数据量不能太大。

作为 Maya 扩展工具的扫描网格，与其他只能执行单一功能的基础工具相比，能实现一组功能。

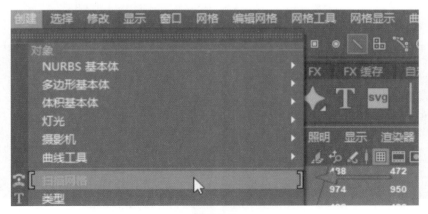

图 7-3-1

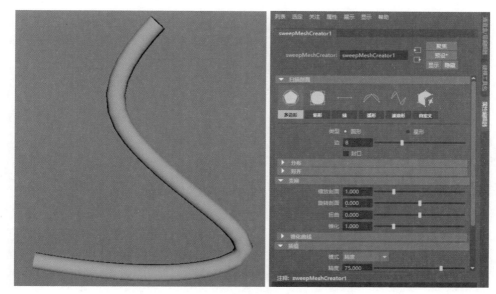

图 7-3-2

设置面板中的基本功能如下。

扫描剖面：不同的剖面形状如多边形、矩形、线、弧形、波浪形等，通过直接输入数值或滑条调节参数，如图 7-3-3 所示。

分布：包括对实例数、缩放实例、旋转实例、覆盖数值的调整。

对齐：沿着中线偏移，包括对齐参照的选择、水平偏移和垂直偏移的调整。

变换：是否在剖面上进行缩放、旋转变换等，包括扭曲和锥化数值。

锥化曲线：锥化细节调整，沿着轴心曲线的整体宽度的变化，如图 7-3-4 所示。

插值：沿着绳子的细节变化的数量。

法线：平滑数值，调整模型平滑程度。

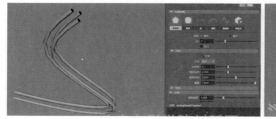

图 7-3-3

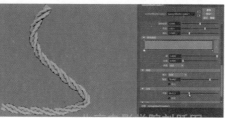

图 7-3-4

不同设置效果如图 7-3-5 所示。

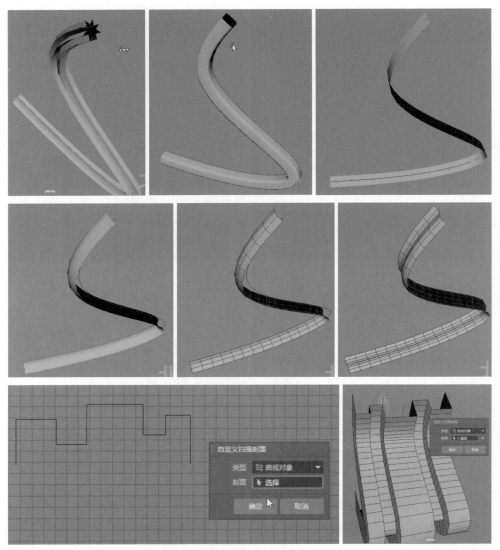

图 7-3-5

本部分用扫描网格工具进行飘带制作，包括腹部护甲兽头衔咬的飘带和长飘带。

1.腹部护甲兽头衔咬的飘带

腹部护甲兽头衔咬的飘带如图 7-3-6 所示。

图 7-3-6

　　激活身体正面相应位置的护甲兽头,在此基础上进行绘制。如图 7-3-7 所示选择创建>曲线工具>CV曲线工具,创建一条曲线。如图 7-3-8 所示调整曲线形状,移到兽头牙齿衔咬位置,顺着衔咬的形状调整曲线的节点、轮廓和结构。如图 7-3-9 所示调用创建>扫描网格,选择波浪形,调整旋转剖面参数后得到飘带的曲面基本形状,如图 7-3-10 所示调整曲面的方向和位置等细节。

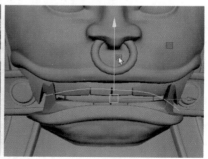

图 7-3-7

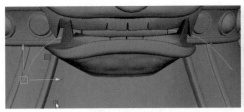

图 7-3-8   图 7-3-9

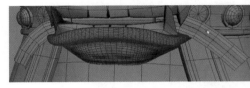

图 7-3-10

　　激活兽头模型，选择创建>曲线工具>CV曲线工具，创建一条曲线，取消兽头激活。把曲线移到牙齿衔咬位置的一边，调整好位置和形状，调用创建>扫描网格，选择弧形，调整设置面板中的相关参数，包括恰当的精度（见图7-3-11）；继续在模型上手动调整结构、造型、穿插、位置等细节，如图7-3-12所示调整好后用镜像工具复制出另一边，调整出两边飘带的细微区别。

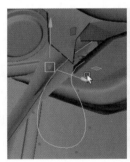

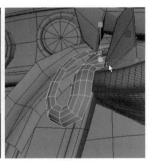

图 7-3-11

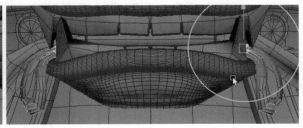

图 7-3-12

　　制作下垂的飘带。激活正面护甲，选择创建>曲线工具>CV曲线工具，创建一条曲线，调整曲线造型；选择创建>扫描网格，选择波浪形；新建一个球体于曲线底端用作遮挡；调整曲线的各项参数，用锥化曲线控制粗细变化；在模型上根据需要进行手动调整造型，如图7-3-13所示。

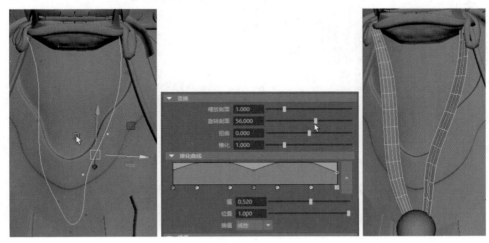

图7-3-13

　　创建一个面片并激活，选择创建>曲线工具>CV曲线工具，沿着面片表面锁定创建一条曲线。关闭、激活、移走面片后，调整曲线造型及空间关系。选择创建>扫描网格，选择波浪形，调整选择剖面，提高精度，调整锥化曲线使造型有所变化，如图7-3-14所示。

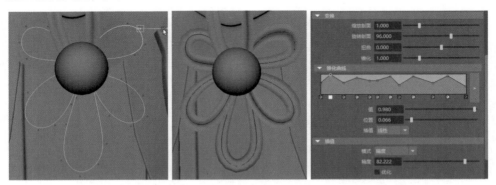

图7-3-14

　　继续使用刚才的面片制作垂落到地上的飘带。选择创建>曲线工具>CV曲线工具，将曲线在面片上锁定创建，然后移走面片。调整曲线造型和位置后，选择创建>扫描网格，选择波浪形，生成飘带，在右边面板中调整精度、锥化曲线、宽度等。调整造型，完成这部分制作，如图7-3-15所示。

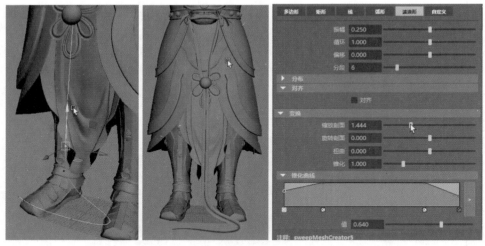

图7-3-15

2.长飘带

长飘带的造型和空间关系看起来虽然比前面的飘带复杂，但仍用同样的方法进行制作。新建一个大面片，放在中间并激活。选择创建>曲线工具>CV曲线工具，在面片上锁定创建曲线，沿着人物模型的造型绘制曲线，完成后删除面片，调整曲线造型、位置、弧线走向，着重于空间关系，调出立体的感觉，如图7-3-16所示。

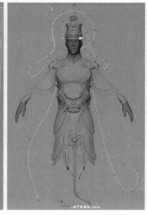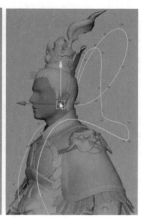

图7-3-16

选择创建>扫描网格，选择波浪形，生成飘带。在右边面板中放大剖面，旋转剖面以确保正前方大部分的面是正确的；调整锥化曲线，使飘带的起始和结尾变窄，体积感更好。在飘带模型上手动调整细节，优化造型，注意避免穿插，完成此部分制作并保存。可以在Maya里单独另存为一个飘带文件备用，如图7-3-17所示。

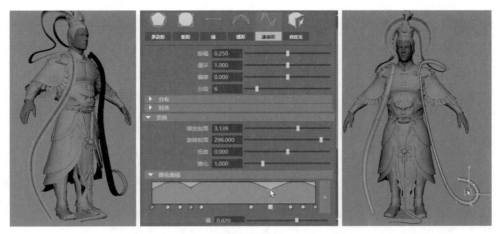

图 7-3-17

第四节　绑带

绑带包括双颊绑带、下颌蝴蝶结，如图7-4-1所示。

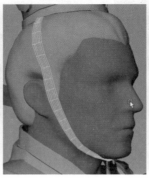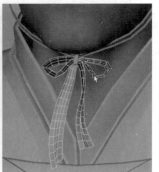

图 7-4-1

1.双频绑带

锁定并激活头部模型作为制作参考。选择创建>曲线工具>CV曲线工具，在头部模型上锁定创建曲线，沿着模型的造型，如图7-4-2所示，从头冠到下颌绘制一条曲线，取消锁定。曲线上部尽量贴合头部，下部按照重力关系稍留一点儿空间。点击创建>扫描网格，选择波浪形，生成飘带；设置调节参数，如缩小角度、缩小剖面等。如图7-4-3所示，在模型上手动调整造型细节，避免穿插，使曲线的结束点位于中线位置，准备采用镜像方式进行复制。对齐底部点到中线后采用镜像方式复制出右边绑带，合并阈值设为0.1。

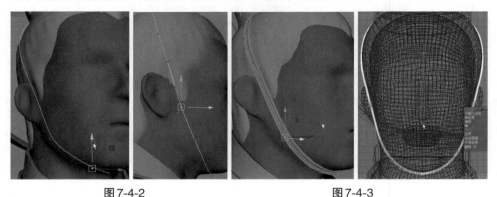

图7-4-2   图7-4-3

制作中间的小绑带结构。新建一个小圆环，细分数为10。删掉向内多余的面，中间往里收。整体压扁并拉平，设置为软化/硬化边，如图7-4-4所示。

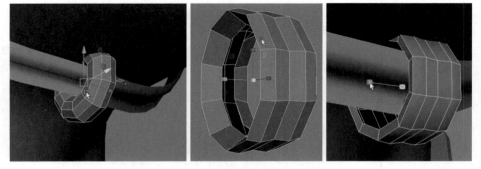

图7-4-4

2.蝴蝶结

新建一个面片作为制作参考，锁定表面并激活，选择创建>曲线工具>CV

曲线工具，在面片上锁定创建曲线，完成后取消锁定，移走面片，调整曲线造型。点击创建>扫描网格，选择波浪形，生成飘带，调整参数设置，手动调整模型细节，如图7-4-5所示。

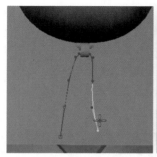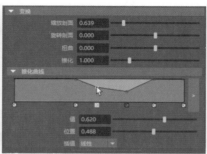

图7-4-5

制作蝴蝶结的圈形，取回面片，锁定表面并激活，选择创建>曲线工具>CV曲线工具，在面片上锁定创建曲线，完成后删除面片，调整曲线造型，注意尽量不要产生面的穿插——将曲线调整到与小绑带吻合。选择创建>扫描网格，选择波浪形，生成飘带，调整参数设置，做出系带的感觉；手动调整模型，注意系带的穿插关系，调整后完成这部分的制作，如图7-4-6所示。

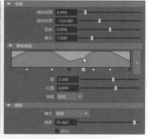

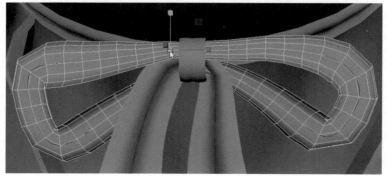

图7-4-6

基本完成人物的模型制作。在做众多组件时要有足够的耐心，可以先做出基本模型，再进行细节的调整和优化。

第五节　头发

如图7-5-1所示的头发基础模型，可以在制作头冠、飘带等模型时用作参照，也可以作为后期制作复杂发型的基础。

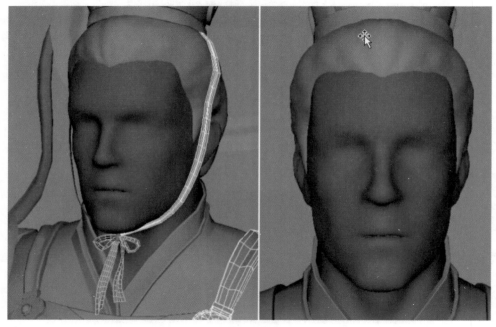

图7-5-1

制作方法分为几步：首先在头的模型上选择相对应的面，如图7-5-2所示；调整中线位置，让中线对齐对称中轴，如图7-5-3所示；删除多余的面、耳朵等，只留下用以制作头发的基础部分，如图7-5-4所示；如图7-5-5所示复制出头部模型和头发的基础形状；如图7-5-6所示导入ZBrush中进行雕刻，调整头的模型及发型；如图7-5-7所示对照头冠修改头发大的形状，绘制头发走向，最后导回Maya中。

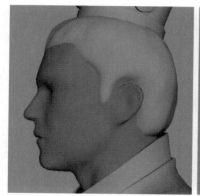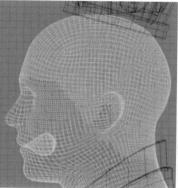

图 7-5-2

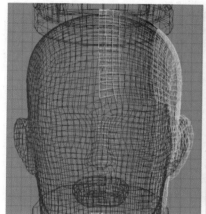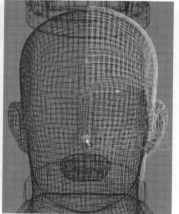

图 7-5-3

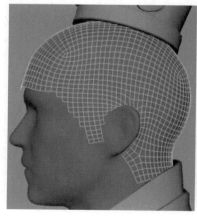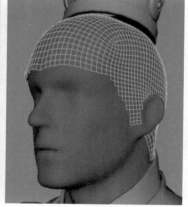

图 7-5-4

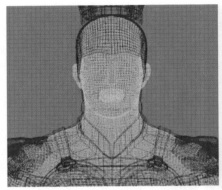

图 7-5-5

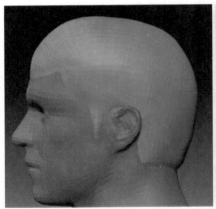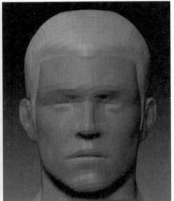

图 7-5-6

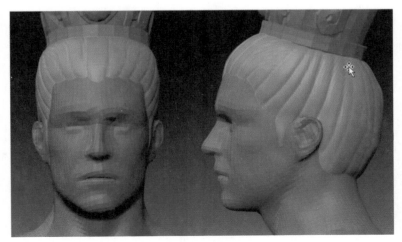

图 7-5-7

如图7-5-8所示,在Maya里切换到面的模式,点击套索工具 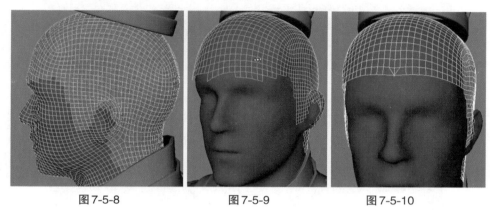，在头部模型上选择相应区域。点击编辑网格>复制,将选中的区域复制出来,如图7-5-9所示,向外拉出些许高度。如图7-5-10所示,删掉额头位置不需要的多边形面、耳朵位置的面,以及模型的左边,将中线上的点对齐中轴——镜像复制的基础。用镜像方式复制模型的另一半,合并阈值设为0.1。

图7-5-8   图7-5-9   图7-5-10

如图7-5-11所示,选择头部、头发、头冠三个模型,分别导出为.obj格式文件,导入ZBrush中进行雕刻。

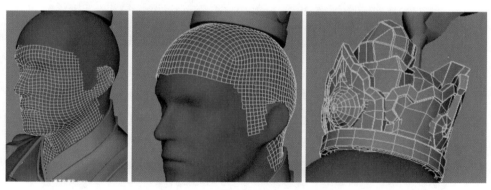

图7-5-11

在ZBrush中导入刚才保存的三个文件进行编辑,主要对头发进行修改。按X键设定为左右对称刻画。用默认笔刷从发际线开始雕刻头发。按Alt键,雕刻下压部分;取消Alt键,雕刻突起部分。操作过程中按需要调节笔刷粗细及强度,如图7-5-12所示。

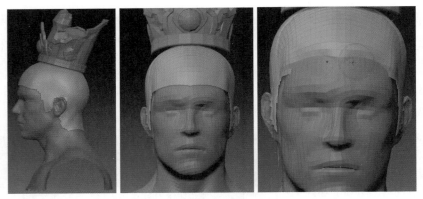

图 7-5-12

选择 Move 工具拖动结构点的位置。修改发型至适合头冠，拖出头发的厚度，需要时按住 Shift 键调为平滑笔刷，从不同的角度查看和调整，使头发厚度均匀并与头冠匹配，如图 7-5-13 所示。

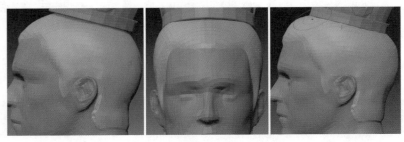

图 7-5-13

调整细分级别，在细分 4 级下调整细节。使用 DamStandard 笔刷，延迟半径设为 20 左右，按照发型走向绘制和细化头发结构。用 Move 笔刷调整细节。在细分 2 级下关闭不需要的模型，导出头发模型，存为 .fbx 格式文件，如图 7-5-14 所示。

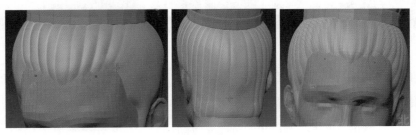

图 7-5-14

在 Maya 中导入此文件，完成头发基础模型的制作。

第八章　UV 展开基础

模型制作完成后，需要展开UV，为贴图材质的制作做准备。本章讲述UV编辑原理及所用到的工具，并展示一个简单的模型UV制作流程。

第一节　UV 编辑概述

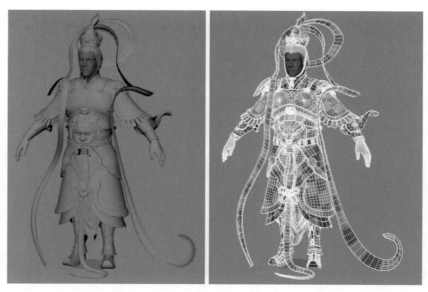

图8-1-1

1. UV是什么

UV是对模型表面贴图的坐标系统，只有展开的正确、完整模型UV，才能进行正确的贴图。如图8-1-2所示，左边是肩部护甲，右边是展开的正确、完整UV，基于此UV，才能在模型上进行正确的贴图材质制作。

图 8-1-2

2. 为什么要进行 UV 编辑?

以图 8-1-3 所示手臂护甲为例，概要说明需要展开 UV 的原因。

在制作模型时，我们通常通过圆柱体、方块、平面或者创建多边形的方式得到模型的基础，调整后最终得到想要的模型。

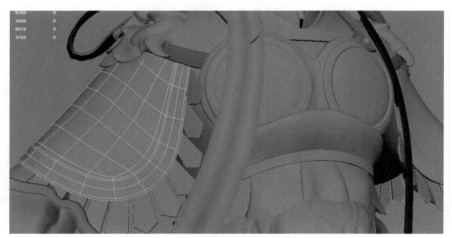

图 8-1-3

因为对初始模型进行各种编辑后，刚建好的模型表面 UV 会出现错乱、堆叠的情况，如有明显的拉伸、局部特别粗糙或者特别密集等问题，如图 8-1-4 所示，以致出现错误，所以需要用专门的 UV 编辑工具进行重新整理编辑，使模型表面 UV 完整、正确地展开并覆盖模型表面。

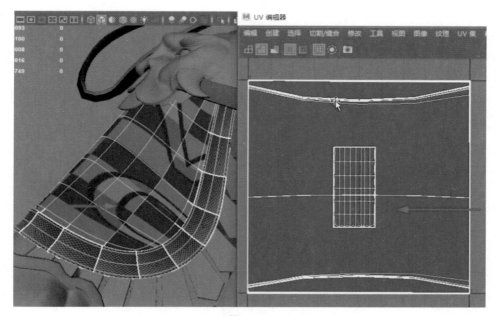

图 8-1-4

也就是规范地整理好，使它看起来是一个正确的 UV，如图 8-1-5 所示。

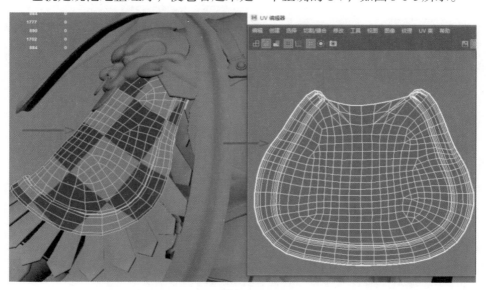

图 8-1-5

模型的表面 UV 完整、正确地展开后，就可以对其进行贴图制作，从而获得丰富的表面纹理效果，如图 8-1-2 所示。

3. 用什么工具进行 UV 编辑？

对模型 UV 进行编辑需要用到两个主要工具：UV 编辑器（见图8-1-6）和 UV 工具包（见图8-1-7）。

UV 编辑器可以理解为 UV 编辑的界面，在 Maya 中打开后可以看到操作的界面。在编辑器的窗口菜单中也有 UV 工具包，可以平铺在面板上以方便操作使用，如图8-1-6和图8-1-7所示。

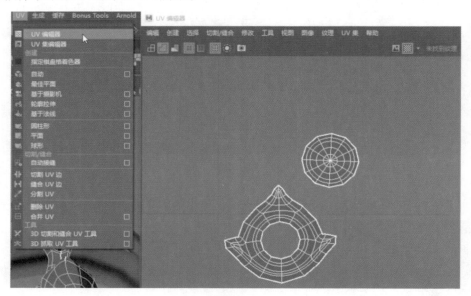

图 8-1-6

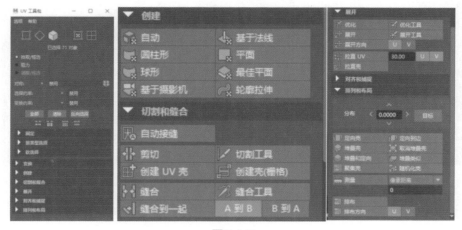

图 8-1-7

第二节　UV编辑使用基础

1. UV编辑器和UV工具包

主菜单中可见UV下拉菜单，点击UV编辑器，可见同时展开了两个操作面板——UV编辑器和UV工具包，如图8-2-1所示。

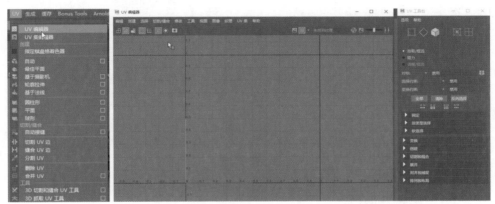

图8-2-1

UV和空间中的三维模型不同，在视觉上它是一个平面的对象，像一块展开的画布，在画布上进行贴图制作。

对于不是非常复杂的模型，通常把UV做在0至1的坐标象限里，代表简单的UV分布情况，如图8-2-2所示。对于特别复杂的对象，其也可以分布到其他象限，在后续制作，如Substance Painter的材质、Unreal Engine流程中会有不同的处理办法。

UV制作的重要原则为任何物体所做的UV均不能在坐标象限中跨线。

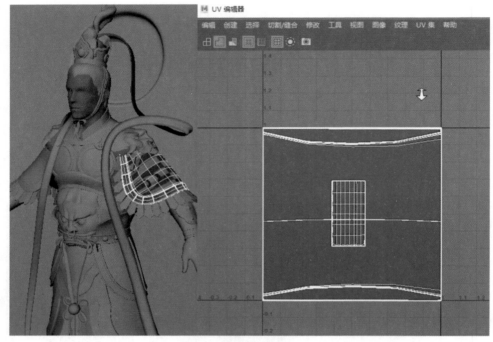

图 8-2-2

2. UV 编辑器操作

"Alt+ 鼠标中键"：移动。

"Alt+ 鼠标右键+左右移动"：放大、缩小。

有几种不同的编辑模式，包括边、顶点、面等，和外部编辑一样，如图 8-2-3 所示。

首先，最常用的是 UV，选中后可以操作编辑模型的所有点。

其次是 UV 壳，可以理解为整个 UV 的整体———一片关联在一起的 UV。两者的区别是，UV 模式下可以选择顶点，UV 壳是整体选择，选中后可以进行整体的移动、放缩和排列。

再次是边模式（见图 8-2-3 左所示），选中后可以在编辑器菜单或者右边设置面板中进行同样的切割、缝合等操作，如图 8-2-4 所示。

顶点和面相对不太常用，与外部模型的操作有对应关系。在查找如顶点、面的关系时，两者会应用到，如图 8-2-5 所示。

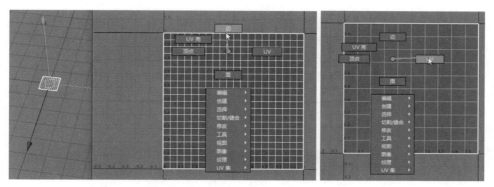

图 8-2-3

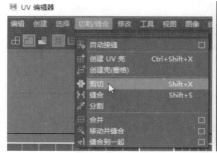

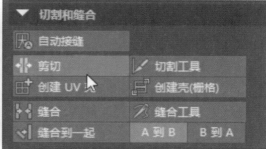

图 8-2-4

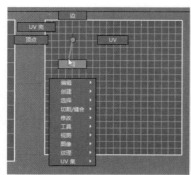

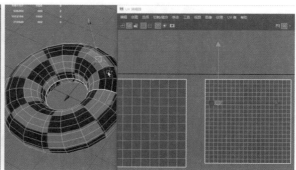

图 8-2-5

3. UV 工具包常用工具的使用

点击左一按钮线框（见图 8-2-6），可见模型和 UV 都以白线的形式显示，如图 8-2-7 所示，此显示方式有利于显示贴图比例的大小。在 UV 制作时，要确保模型上显示的黑白方块（即使是不同组件的模型）大小基本一致，如图 8-2-8

所示，确保在后期制作的时候不浪费空间。

图 8-2-6

图 8-2-7   图 8-2-8

　　点击左二按钮着色（见图 8-2-9），可见模型和 UV 增加了蓝色和红色（见图 8-2-10），两种区域分别显示对应物体表面 UV 的不同方向，蓝色是正向，红色是反向。原则上尽量让模型以正向的方式显示，但在镜像复制时，复制出来的一边会以红色显示。

图 8-2-9

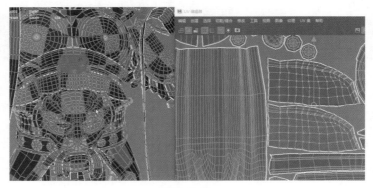

图 8-2-10

点击编辑器菜单中的修改>翻转（见图8-2-11），能解决更改方向的问题，但在Substance Painter中绘制材质贴图时，镜像复制/克隆制作的效率比较高，更容易识别绘制的对象。根据需要进行选择。

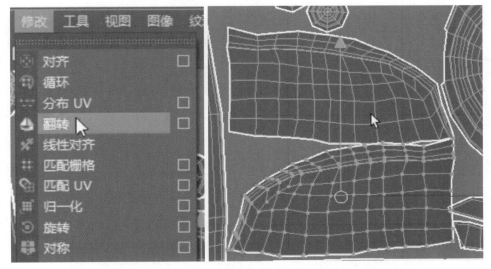

图8-2-11

UV编辑器中的空间排列通常比较紧密，通常把UV做到最大，这样空间浪费最小，并能提高游戏等的运行性能。

UV有重叠关系时会显示为更深的红色或蓝色，要注意的是一定不能出现重叠，否则模型会出错。

点击左三按钮UV扭曲（见图8-2-12），显示模型中多边形的面在UV中有没有特别大或者特别小。如图8-2-13所示，红色显示时，提示模型中的多边形面积较大，在UV中分配的面积相对过小；白色显示表明空间分配比较恰当；蓝色显示表明UV中分配的面积过大。在制作时尽量使UV空间分配偏白或者蓝，偏红时可能需要扩大相应区域的UV空间。下图中的红色区域因为是藏在腰甲模型向内的部位，本身不需要太多UV面积，所以是合理的处理。

图8-2-12

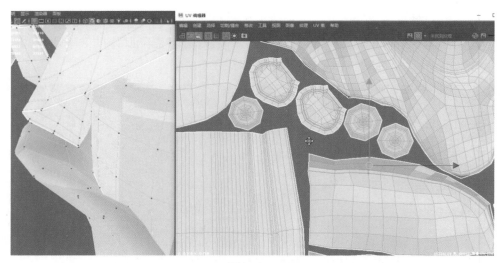

图 8-2-13

点击左四按钮纹理边界（见图 8-2-14），会以亮边的形式显示 UV 边界。

图 8-2-14

点击左五按钮壳边界（见图 8-2-15），高亮显示 UV 壳的边线（见图 8-2-17）。余下的栅格（见图 8-2-16）按钮等较少使用。

图 8-2-15　　　　　　　　　　　　图 8-2-16

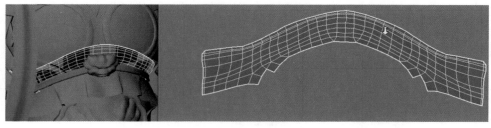

图 8-2-17

4.简单的UV制作流程

新建一个立方体，移动鼠标，理解三维模型及其在UV编辑器中展开为平面时相对应的面的位置关系，如图8-2-18所示。

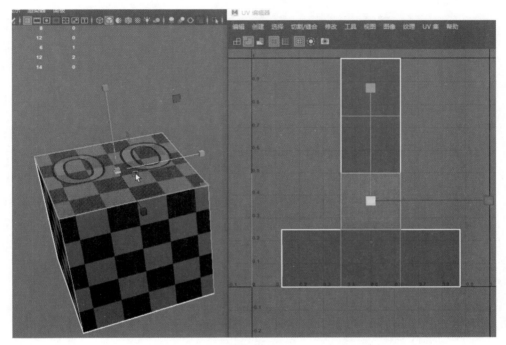

图8-2-18

使用工具中的UV快照（见图8-2-19），把当前选择的模型和在UV坐标中的UV作为快速截图输出，制作简单的贴图。点击后，出现UV快照选项面板（见图8-2-20），设置保存路径、文件格式、图像大小和默认区域后，点击应用输出保存，输出包含六个面的透明底展开平面图。

注意展开图和三维模型之间面的对应位置。在PhotoShop中打开此文件，绘制模型的正面贴图，保存为.png格式的文件，如图8-2-21所示。

图8-2-19

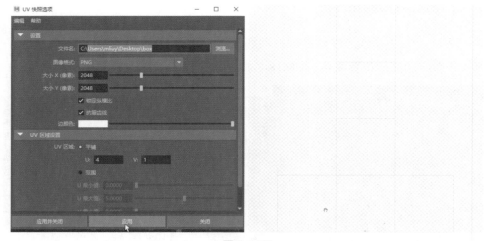

图 8-2-20

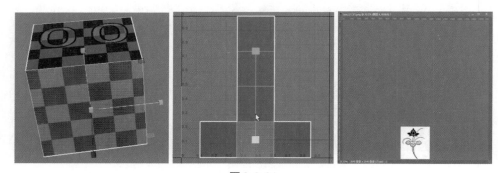

图 8-2-21

　　回到 Maya 中，将贴图赋给立方体模型。点击工具调出 Hypershade 面板，点击 Lambert 材质后选择 Lambert8 材质（见图 8-2-22）；在右边的设置面板中点击 Color（见图 8-2-23），调出创建渲染节点面板，点击文件（见图 8-2-24）；再点击右边设置面板中的图像名称（见图 8-2-25），调出打开面板，找到贴图文件后点击打开（见图 8-2-26）；用鼠标中键按 Lambert8 材质拖到模型上，按 6 更换显示模式，可见贴图显示在模型上，如图 8-2-27 所示。

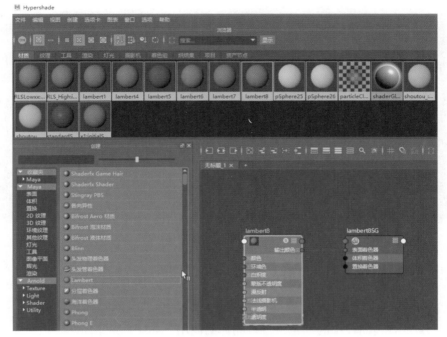

图 8-2-22

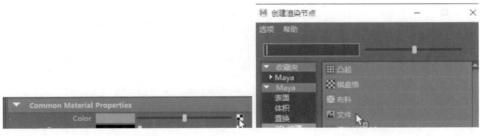

图 8-2-23　　　　　　　　　　　　　　图 8-2-24

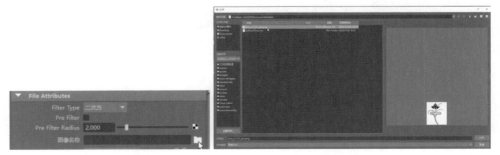

图 8-2-25　　　　　　　　　　　　　　图 8-2-26

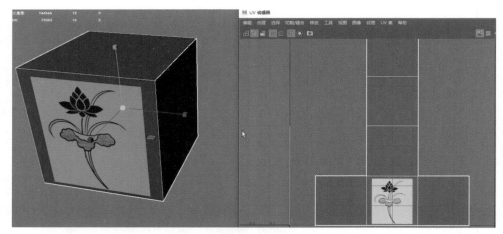

图 8-2-27

5. 基础 UV 创建——平面、圆柱、球体

基础的 UV 创建工具，可以通过点击 UV 菜单、UV 编辑器中的创建，或者调出 UV 工具包面板中的创建，进行同样的调用，如图 8-2-28 所示。

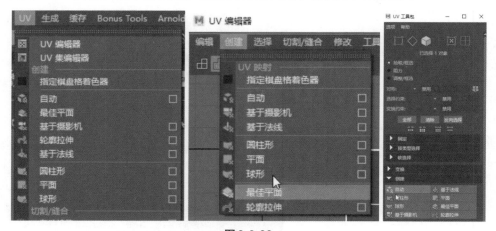

图 8-2-28

在菜单 UV>UV 集编辑器下（见图 8-2-29），可以新建不同的 UV。在默认情况下新建 UV 并命名为 map1。制作非静态物体，如不会移动的风景、建筑物、石头等会用到。

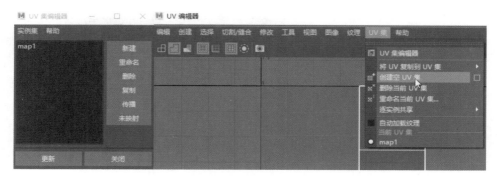

图 8-2-29

默认的棋盘格显示按钮位于 UV 编辑器右上角，如图 8-2-30 所示。

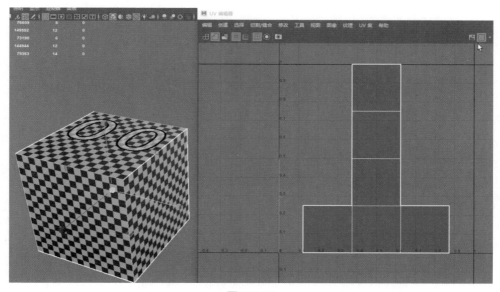

图 8-2-30

在菜单中选择 UV > 自动，给模型的各个面自动进行 UV 投影，其比较适合在展开复杂物体的时候使用，对简单物体表面的切割比较分散、琐碎，如图 8-2-31 所示。

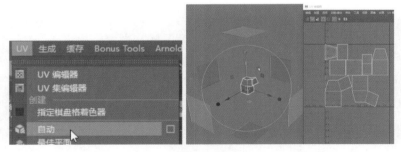

图 8-2-31

在菜单中选择 UV>最佳平面，系统会自动确定一个对模型最合适的展开平面。

在菜单中选择 UV>基于摄影机，基于直观的视角生成 UV 的方向，如图 8-2-32 所示。

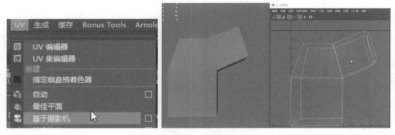

图 8-2-32

在菜单中选择 UV >平面（见图 8-2-33），其适用于类似平面的物体模型。在执行过程中，要注意投影源，即垂直方向，在本案例中的方向选择基于 Z 轴。展开的 UV 可见有明显的拉伸变形（见图 8-2-34），此时可以对 UV 进行缩放调整，确保模型上的棋盘格显示在基本为正方形，把调整好的 UV 放置在象限的一角（见图 8-2-35）。

图 8-2-33　　　　　　　图 8-2-34

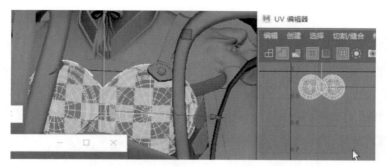

图 8-2-35

在菜单中选择 UV > 圆柱形（见图 8-2-36），其适用于类似圆柱体的物体模型。选中模型，点击菜单后出现圆柱形映射选项面板（见图 8-2-37），点击应用，可见有操作手柄的圆柱坐标，移动/旋转/放缩手柄，调整圆柱坐标至确认完全包裹住三维模型（见图 8-2-38）；调整棋盘格分布，使模型上没有错误的高亮切割线——被正确切分开；在 UV 编辑器中得到 UV 展开的效果（见图 8-2-39）。

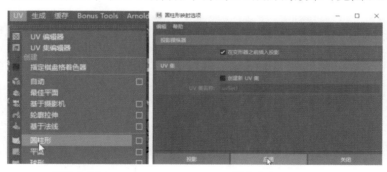

图 8-2-36　　　　　　　　　　图 8-2-37

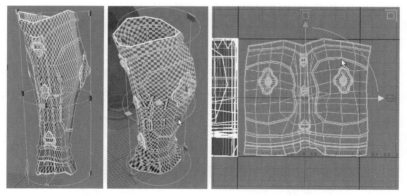

图 8-2-38　　　　　　　　　　图 8-2-39

在菜单中选择UV＞球形（见图8-2-40），其适用于类似球体的物体模型。选中球体模型，点击菜单后出现圆柱形映射选项面板，默认设置并点击应用，在模型外部出现球形坐标（见图8-2-41），拖动手柄使坐标上下、左右都完全包裹住模型（见图8-2-42），在编辑器中得到球体的UV展开图（见图8-2-43）；调整UV展开图上太过突出的顶点（见图8-2-44），对细节进行优化处理。

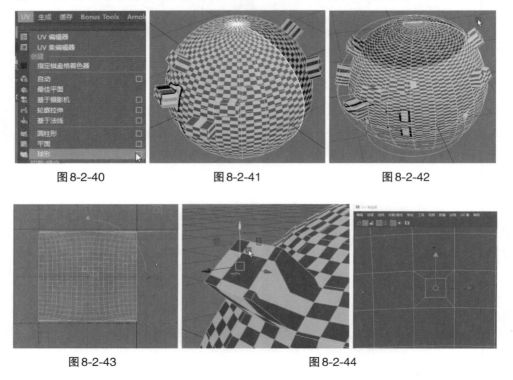

图8-2-40　　　　　　　图8-2-41　　　　　　　图8-2-42

图8-2-43　　　　　　　　　　图8-2-44

人物模型UV创建中比较常用的是平面和圆柱体。

6. 常用的UV编辑工具

UV工具包中的工具和建模工具包中的比较相似，如UV编辑中的选择工具和在建模时使用的选择工具很像。本节主要讲解在进行较复杂的人物模型制作时经常用到的编辑工具，如剪切、缝合、展开、优化、对齐和排列等。

以前臂护甲上的小部件为例。

调整至正视模型的角度后，选择菜单中的UV＞基于摄影机，可以得到一片大致的UV图（见图8-2-45）。

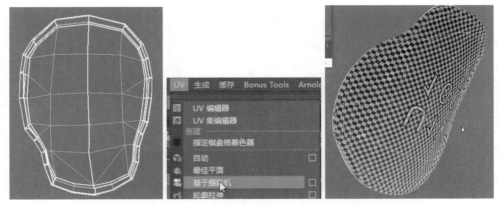

图 8-2-45

（1）剪切

若给部件不同部位赋予不同的材料，如外圈是金属的、内平面是皮质的或雕花的，则要按照不同的材质结构设置切割线。在边模式下选择材料衔接处轮廓边，点击UV工具包中的切割和缝合>剪切，可见模型分成两个不同的UV（见图8-2-46），下一步在Substance Painter中做材质时效率会明显提高。

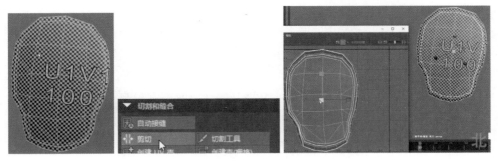

图 8-2-46

（2）缝合

在制作时如需要给两个不同的模型相同的材质，使之有连续的质感，可以使用UV编辑中的缝合功能。基本方法是选中要缝合的边，然后点击切割和缝合>缝合，原地将边线结合在一起（见图8-2-47），再用对齐功能整理对齐节点。

同样原理，选中要缝合的边，在UV编辑器菜单中选择切割/缝合>移动并缝合，直接实现移动并缝合功能，小的UV会自动吸附到大片的UV处（见图8-2-48）。

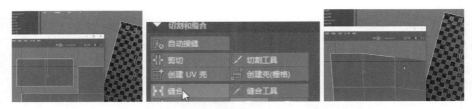

图 8-2-47

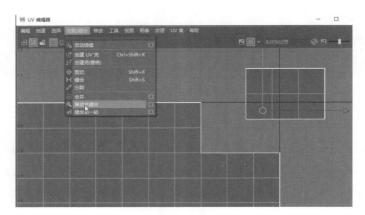

图 8-2-48

（3）展开

将模型调整至正视的角度后，选择菜单中的UV>基于摄影机，可以得到一片大致的UV图；按UV编辑器中的着色查看；选中整个UV，点击UV工具包中的展开>展开，得到近乎完美的UV展开图，棋盘格在模型上的分布也基本为没有拉伸的方块；在这个基础上再进行切割，在模型上选中进行切割的轮廓边后，点击右侧面板切割和缝合>剪切，完成切割。

（4）优化

点击展开>优化，每次对一个物体进行优化（见图8-2-49）。

图 8-2-49

　　选择UV扭曲，点击UV工具包中的展开>优化工具，点击UV表面进行局部优化，直到UV呈现基本为白色的最佳优化效果（见图8-2-50），同时按B键调整优化的范围大小。

　　选择展开>展开工具，对UV的局部进行展开。选择展开>展开方向，选择对模型做横向或纵向的展开（U是横方向，V是竖方向）。

　　选择展开>拉直UV（见图8-2-51），进行拉直（U是横方向/V是竖方向，见图8-2-52），可通过参数调整弧度。

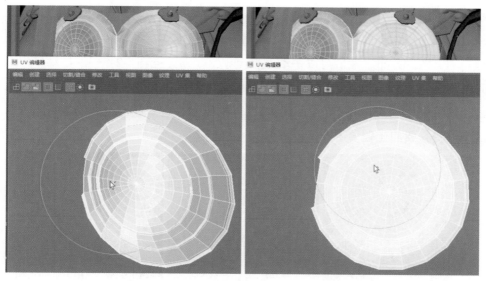

图 8-2-50

图 8-2-51

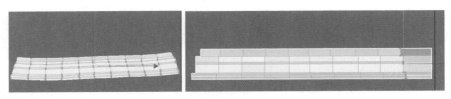

图 8-2-52

（5）排列

UV编辑的一个重要工作，是对展开的UV在象限中进行排列，尽量提高空间利用率。

全选一组未排列的UV，点击UV工具包中的排列，可见其在象限中自动进行均匀有致的分布，然后可以手动缩放至象限一角（见图8-2-53）。自动排列有时会出现不能最有效利用空间的情况，或者比例大小失调的问题，不能恰当地进行比例分配。有时我们会人为手动进行排列，对空间进行最高效的利用。为减小浪费，我们比较多手动进行排列。

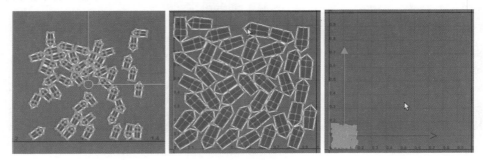

图 8-2-53

第三节　一个简单的 UV 编辑案例
——手臂护甲的 UV 展开

1. 展开 UV 模型

选择并提取要进行UV展开的模型对象，可见其分为5个部件（见图8-3-1）。UV展开分为两个步骤进行：逐一展开每个部件；把它们合并为一个物体，或对它们进行选择后再进行排列。

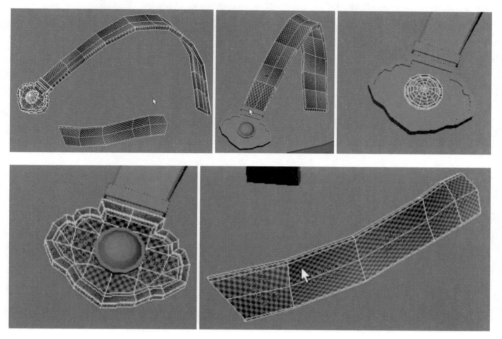

图8-3-1

首先选中带状小部件，点击菜单UV>平面，在设置面板中选Z轴，在工具包中点击展开>展开，在UV编辑器中得到已经展开的UV（见图8-3-2），把它缩小后放在象限的一边。

图8-3-2

制作肩带。选中肩带部件，用平面的方式点击展开，得到已经展开的部位，但由于边角局部容易拉伸变形，所以选中相应的转折小边线（见图8-3-3），点击切割，剪切开后的效果会更好（见图8-3-4），再次点击展开进行优化（见图8-3-5），完成后缩小放在一边。等完成所有部件后再统一缩放比例。

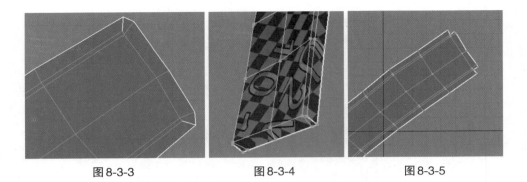

图8-3-3   图8-3-4   图8-3-5

制作肩带小部件。点击菜单UV>平面，默认设置并点击应用，然后点击UV工具包中的展开，完成自动展开，可以用对齐工具进行拉直处理，同时检查模型有没有问题，如图8-3-6所示。完成后缩小放在一边。

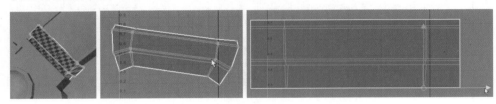

图8-3-6

制作小部件。点击菜单UV>平面，默认设置并点击应用，然后点击UV工具包中的展开，完成自动展开（见图8-3-7）；选中模型侧面的小转折边并剪切（见图8-3-8），再展开，执行优化；旋转UV的方向，使棋盘格方向更横平竖直（见图8-3-9），完成后缩小放在一边。

图8-3-7   图8-3-8

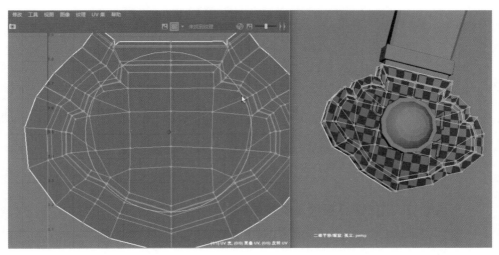

图 8-3-9

用同样的方法选中半球形饰物部件，点击菜单 UV>平面，默认设置并点击应用，然后点击 UV 工具包中的展开，完成自动展开，缩小后放在一边，如图 8-3-10 所示。

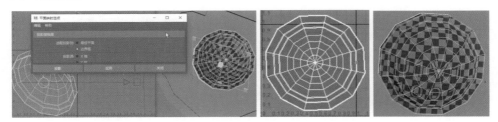

图 8-3-10

2. 调整 UV 模型比例

选中所有对象后，按工具包中的排布，可见 UV 编辑器象限中的自动排列效果，棋盘格比例基本一致，但 UV 象限中的空间浪费比较多（见图 8-3-11）。手动调整，首先让最长的模型占用足够的空间，使重要的对象占到 UV 空间更多些，其他部件调整至恰当的大小和位置（见图 8-3-12）。

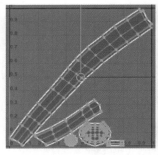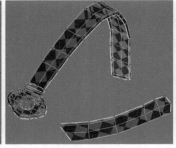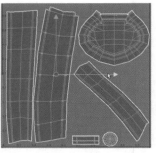

图 8-3-11   图 8-3-12

3. 展开 UV 模型注意事项及基本步骤

确保模型内部不会被看见的面删掉，以节约资源；遇到方形或者别的会导致拉伸变形的结构，用切割工具切开；执行时通常用平面方式建立 UV 坐标，然后逐一展开部件；展开完成之后执行自动排布，然后手动在 01 象限中调整并合理地排布模型，让重要的对象占用更多 UV 空间，使 UV 空间使用率更高；UV 不能突出象限，不能重叠。

第九章　全身服饰 UV 展开

第一节　全身服饰 UV 展开准备

现阶段的模型为灰色，没有纹理、质感、材质的区分，为推进下一步制作，我们为模型全部可见的部分分别做 UV 展开，包括铠甲等全身服饰部件，以及人物模型的头部、头发和手部。

在前期准备中，头部和头发已经准备好，我们用索套工具选中并复制双手的模型备用。清理桌面，清除无关的模型，选中要展开 UV 的所有模型部件，导出当前选择为 .obj 格式的模型。

在 Maya 中新建一个场景并导入刚才保存的模型。选中所有模型部件，按"Ctrl+G"将其组合在一起。新建一个图层进行制作，展开的 UV 将赋在新的图层里，如图 9-1-1 所示。

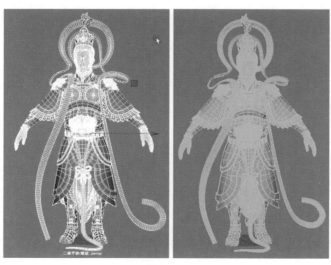

图 9-1-1

全身服饰UV展开之前的准备工作完成。接下来将按照从上往下的顺序系统地开始制作，从头冠开始到上半身模型部件，再到下半身部件。

第二节　头冠部分的UV

选中头冠部分的模型，使用菜单网格>结合，将其结合为一个物体（见图9-2-1），用中心轴工具，把对象的枢轴重置到中心位置（见图9-2-2）。新建一个图层，命名为UV，做好的UV将赋在这个图层里，以便进行管理。大的部件，如胸甲、肩甲等护甲都置于这个UV图层里，飘带、绑带等小部件先放置在临时图层里，在下一步时再处理。

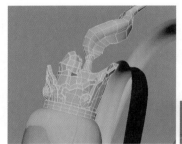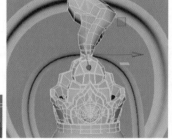

图9-2-1　　　　　　　　　　　　　　　图9-2-2

第三节　上半身UV展开与排列

1.上部胸甲

隔离要展开UV的部件，点击平面选项 ▦，调出平面映射设置面板，点击应用，选中模型前面、后面正中间的边，点击UV工具包中的切割和缝合>剪切，将模型切开为两个部分（见图9-3-1）；再分别选中右边和左边模型，点击UV工具包中的展开>展开，模型UV展开为两个平面（见图9-3-2），缩小放在一边。

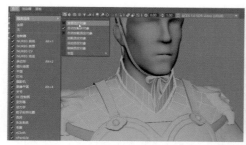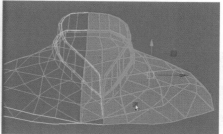

图 9-3-1

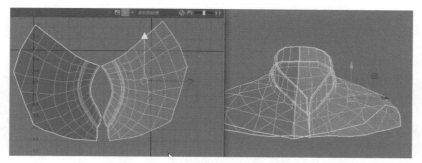

图 9-3-2

选中之前制作好的右边肩带小部件，组合为一个物体，选择网格>镜像，复制出左边（见图9-3-3）；选中左边显示为红色的部件，点击UV编辑器菜单中的修改>反转，使UV显示为正确的蓝色（见图9-3-4），完成后缩小放在一边。

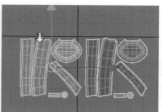

图 9-3-3

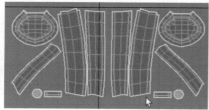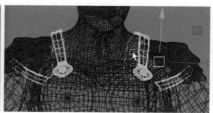

图 9-3-4

选中前胸部件，点击平面选项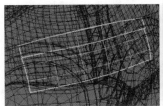建立 UV 坐标，点击 UV 工具包中的展开 > 展开，旋转调正位置，完成后缩小放在一边，如图 9-3-5 所示。

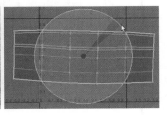

图 9-3-5

采用同样的方法展开胸甲 UV，选择平面选项，然后点击展开，完成后移出 01 象限，如图 9-3-6 所示。

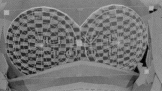
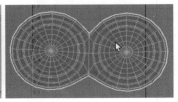

图 9-3-6

2. 上臂护甲

制作上臂护甲内平面。选择平面选项，然后点击展开，完成后调正、缩小，放到一边。选中近轮廓不同材料的交接处连续边 / 环线，用工具包中的剪切将其切割为两个部分，如图 9-3-7 所示。

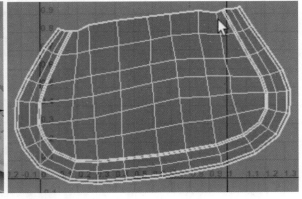

图 9-3-7

制作护甲外圈连排小部件（见图9-3-8）。先展开一个：使用菜单中的网格>分离，将部件拆开为一个个物体；选中一个部件，用平面选项建立UV坐标，选中靠背面的连续转折边，剪切，得到两个UV壳（见图9-3-9），分别选中后点击展开，得到两片展开的UV（见图9-3-10），调正方向，缩小后放至一边。

如图9-3-11所示，选中已经展开的小部件模型和下一个小部件，点击菜单中的网格>传递属性，在传递属性选项面板的属性栏中选择组件并应用。同样用传递属性的方法展开余下的小组件。完成后选择所有小组件，删除历史，逐个选中小部件模型，将叠放在一起的UV手动移开并排列在象限中（见图9-3-12），相比自动排布，能最大限度地利用空间。完成后将上臂护甲及边缘小部件结合为一组，并删除历史。

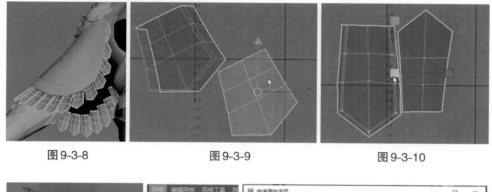

图9-3-8   图9-3-9   图9-3-10

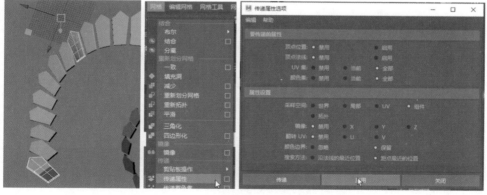

图9-3-11

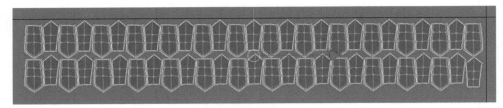

图9-3-12

完成右边部件的UV展开。选中此步骤中的部件，选择网格>镜像，复制出左边的上臂护甲。选中显示为红色的UV，点击UV编辑器菜单中的修改>翻转，修改为正确的蓝色，如图9-3-13所示。

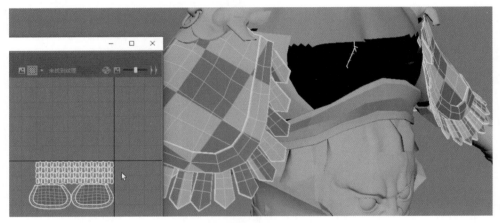

图9-3-13

3.胸部服饰

选中胸部服饰部件，用平面选项 ▇ 建立UV坐标，然后点击工具包中的展开，稍微调整方向，完成后缩小放至一边（见图9-3-14）。采用同样的步骤和方法展开下一个部件（见图9-3-15）。注意，UV的比例大小要基本接近，放置的位置不能重叠。

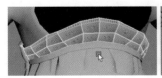  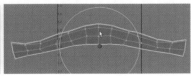

图9-3-14

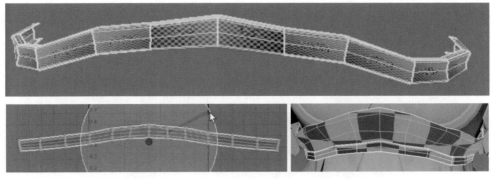

图 9-3-15

　　选中布料模型，使用隔离选择进行查看（见图9-3-16）。选择菜单中的网格＞平滑进行处理。在1模式下显示，整理模型，理顺产生模型穿插的位置关系，使模型之间不要有穿插，修改和完善模型。完成后删除历史。在工具包中基于摄影机创建UV，分别选中两个模型，点击展开（见图9-3-17）。布料UV展开。选中中线／边或者接缝／边，点击剪切将其切开两半（见图9-3-18）。采用同样方法展开肚皮护甲（见图9-3-19），此部分在模型中外露较少，可以缩小一些再摆放。

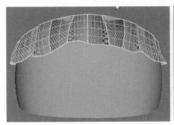

图 9-3-16

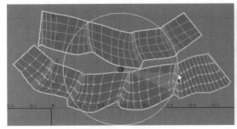

图 9-3-17

图 9-3-18

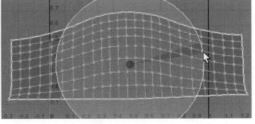

图 9-3-19

　　选中护甲部件，分离为两个单独物体（见图9-3-20）。选中右边，点击平面（见图9-3-21）；选中模型腋下和手臂上的中线／边，点击工具包中的剪切，切为前后两片，然后点击展开，将其展开为两块UV（见图9-3-22）。删除历史后，采用镜像方式复制出另一边，仍选择编辑器菜单中的修改>翻转，调整为正确的UV方向（见图9-3-23）。

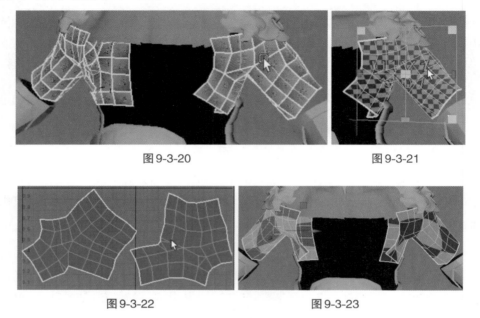

图9-3-20   图9-3-21

图9-3-22   图9-3-23

4.整理排列

选中本节制作的所有部件，包括头冠，进行UV比例调整并全部排列在象限中（见图9-3-24）。排列时尽量有效利用象限中的空间，模型上不显眼部分的UV可以缩小些。完成后按"Ctrl+G"编组，将模型移到UV图层中。

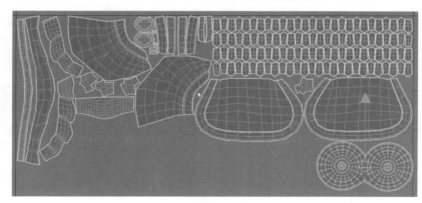

图9-3-24

第四节　手腕护甲 UV 展开

先展开右边手腕护甲，再用镜像方式复制出左边的。

查看选中的右边手腕护甲，确保只有单层外面——里层的面都被删除了。选择靠近下部的结构边线，用 UV 工具包中的剪切工具剪开，然后展开；调整 UV 方向和大小，如图 9-4-1 所示。

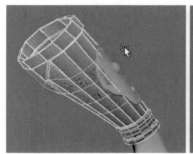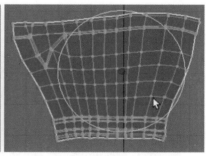

图 9-4-1

选中护甲装饰部件，基于摄影机建立 UV 坐标，然后展开。选择材质衔接处的循环边，点击剪切将 UV 切割为两部分，如图 9-4-2 所示。

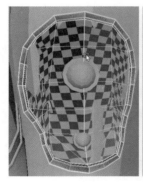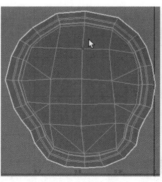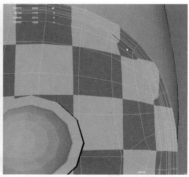

图 9-4-2

在对象模式下选中护甲上的半球形小配件，点击基于摄影机后点击展开，如图 9-4-3 所示。

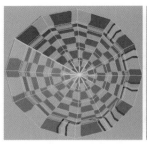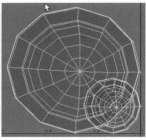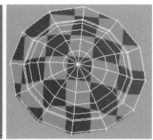

图9-4-3

完成一边手腕护甲的全部UV展开。选中所有部件，使之结合为一件并删除历史；用镜像复制出另一边，选中显示为红色的UV，选择修改>翻转。完成后将其放在一边，如图9-4-4所示。

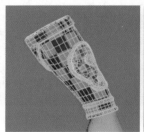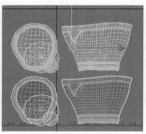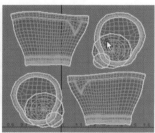

图9-4-4

第五节　腰腿护甲裙摆 UV 展开

选中腰部护甲模型，用平面选项██建立UV坐标，对两个部件都在顶部转角处选择边线进行剪切，然后点击工具包中的展开，展开后的UV放至一边，如图9-5-1所示。

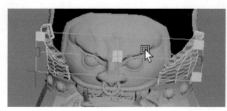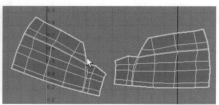

图9-5-1

　　选中腰带模型，隔离查看并调整、排除模型局部出现的问题；平面投影，选择前后的中线并剪切，将模型切割为左右两部分，点击展开，调正位置后将展开的 UV 缩小放至一边（见图 9-5-2）。

　　腰带上的半球形配件 UV 展开。首先分离为 8 个部件，选中一个点展开，将 UV 优化为近圆形（见图 9-5-3）。用同样的方法展开下一个部件，完成两个部件的展开。

　　选一个已经展好的模型和一个未展 UV 的模型，点击菜单中的网格>传递属性，完成左侧 4 个部件的 UV 展开。

　　选中完成的部件，使之结合为一个部件，用镜像方式复制出另一边 4 个部件。选中刚复制的 4 个部件，选择 UV 编辑器中的修改>翻转，调整为蓝色显示（见图 9-5-4）。完成后将其缩小并放在一边，删除历史。

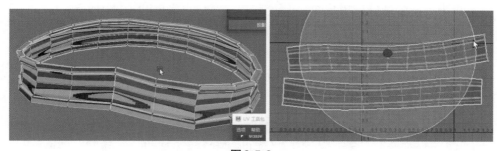

图 9-5-2

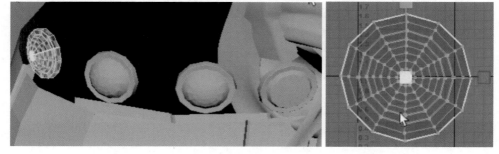

图 9-5-3

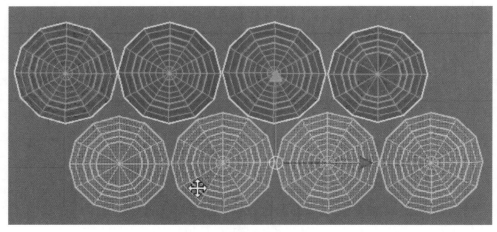

图 9-5-4

选中下一个部件，用平面选项 ▨ 映射，然后点击展开（见图 9-5-5）。

左右两边的裙甲 UV 展开。选中后使用基于摄影机。同样地，在边缘部件执行基于摄影机建立映射，左边部件 UV 展开，编组并删除历史，用镜像方式复制出另一边；选择修改 > 翻转，展开另一边的 UV（见图 9-5-6），删除历史，放至临时 UV 图层。

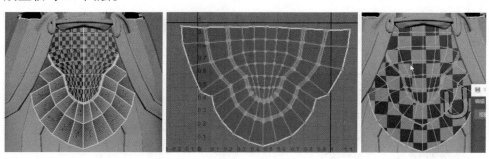

图 9-5-5

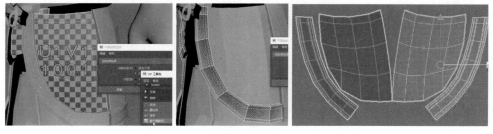

图 9-5-6

选中前裙摆模型，用平面选项 ■ 映射；选中后裙摆模型，点击平面选项，然后分别点击展开，如图9-5-7所示。

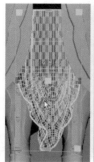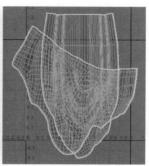

图9-5-7

左右裙摆护甲 UV 展开。先选中右边，基于摄像机建立 UV 坐标映射，点击展开，组合并删除历史；选中并用镜像方式复制出另一边，完成后放入临时 UV 图层，如图9-5-8所示。

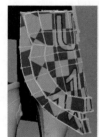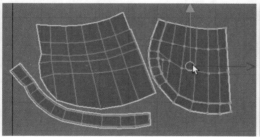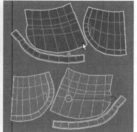

图9-5-8

第六节 小腿护甲和鞋子 UV 展开

1. 小腿护甲 UV 展开

分离本节要展开的所有模型部件（见图9-6-1），选中右边小腿护甲，点击 UV 工具包中的创建圆柱体，将映射的坐标拉至围合腿甲模型（见图9-6-2）；在 UV 上选中要剪切/缝合的边线（见图9-6-3），点击 UV 编辑器菜单中切割/缝合>

移动并缝合（见图9-6-4），得到重新切割缝合后的UV（见图9-6-5），点击展开，得到展开的小腿护甲UV（见图9-6-6），缩小后放至一边。

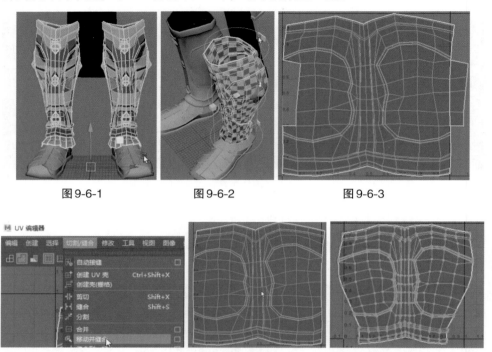

图9-6-1   图9-6-2   图9-6-3

图9-6-4   图9-6-5   图9-6-6

点击基于摄影机建立小部件映射坐标，然后点击展开。用同样的方法展开半球形小部件，UV展开后缩小放至一边，如图9-6-7所示。

如图9-6-8所示，同样点击基于摄影机、展开，展开腿甲内侧两个小部件UV。

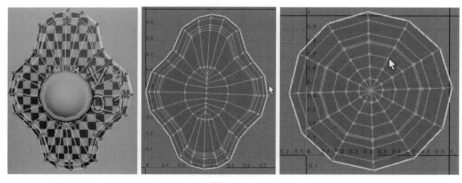

图9-6-7

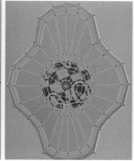

图 9-6-8

　　腿甲正面的小组件 UV 展开。点击基于摄影机建立坐标映射，选中侧面转折边后点击剪切；环形部件剪切为两个部分；完成后点击展开，如图 9-6-9 所示。

　　中间的小部件 UV 展开，同样采用基于摄影机、展开方式，如图 9-6-10 所示。

　　下面的小部件，用和上一个部件同样的方法展开 UV。点击基于摄影机建立坐标映射，找到恰当的切割边进行剪切，完成后展开，如图 9-6-11 所示。

　　完成右边小腿护甲所有部件的 UV 展开，使之结合为一组并删除历史。

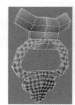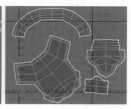

图 9-6-9

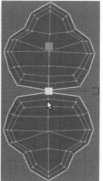

图 9-6-10

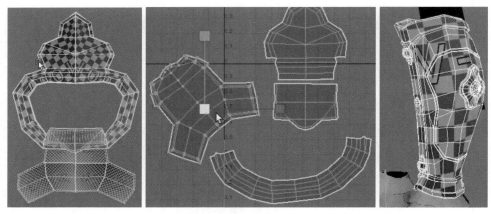

图9-6-11

布料部件UV展开。查看并调整模型的穿插关系，使之没有穿插。建立平面映射，选中前后褶皱处的边并切开，删除历史后点击展开，步骤如图9-6-12所示，缩小放至一边。

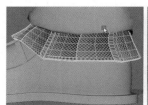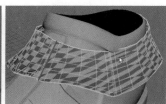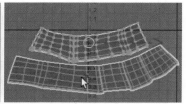

图9-6-12

2. 鞋子UV展开

选中鞋子模型，点击平滑增加细分，在1模式下查看，调整并优化模型破面，从正侧面基于摄影机建立映射。

双击选中模型脚底板的轮廓边（见图9-6-13），剪切后展开。选中鞋子材质衔接处的轮廓边（见图9-6-14），剪切后展开；选中鞋后部中线（见图9-6-15），剪切后展开。

鞋子面上的小部件，从正上方基于摄影机建立映射，全部选择后点击展开；调整模型至大小接近，排列好UV，步骤如图9-6-16所示。完成本节所有部件的UV展开。

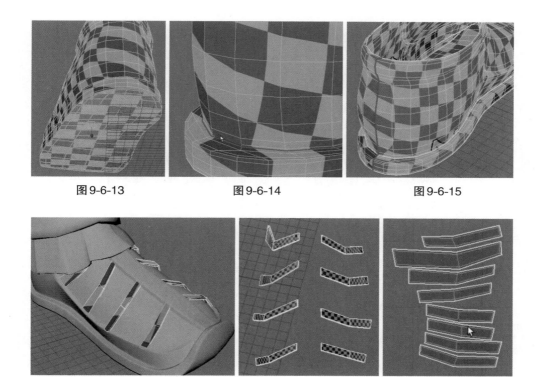

图 9-6-13　　　　　　　　图 9-6-14　　　　　　　　图 9-6-15

图 9-6-16

第七节　展开组件的 UV 排列

我们分步骤对已经展开的 UV 在编辑器中进行排列。

调整比例时，UV 缩小时模型上显示的棋盘格变大，UV 放大时棋盘格变小、变密。排列 UV 的基本原则是，优先考虑大片，并尽量使模型的所有 UV 在比例上是一致的。先调好一块，作为参照逐步调整其他。

参照模型制作的顺序，从最显眼的正前方裙摆 UV 开始调整，并从上到下处理模型 UV：缩小 UV，使模型上的棋盘格和上半身模型的棋盘格比例接近，旋转 UV 并摆正。按照左右两边裙甲—下一层裙甲的四个部件—前后裙摆—小腿和鞋子顺序逐个调整，然后调整腰部和前臂护甲。调整比例后将 UV 以尽量节省空间的方式有序排列在象限中，如图 9-7-1 所示。

图 9-7-1

第八节　后背和兽头 UV 展开

1. 后背 UV 展开

后背组件如图 9-8-1 所示。

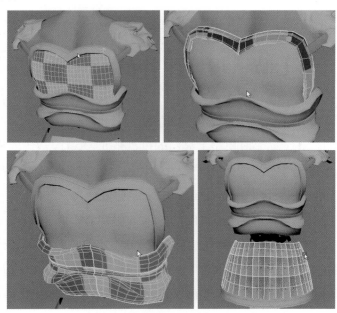

图 9-8-1

后背组件从最大块的裙甲开始展开UV。首先增加一级平滑，使它有更多的面。点击平面建立坐标映射（见图9-8-2），在编辑器菜单中点击修改>翻转，矫正为蓝色UV显示（见图9-8-3），点击展开，调整好比例后放至一边。

用同样的方法展开裙甲边缘装饰部件、中间的竖条部件，UV尺寸比例尽量统一，处于后背位置的UV可以比前面的UV小一点儿，如图9-8-4所示。

 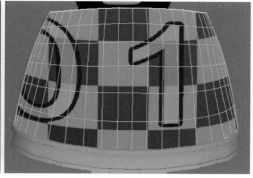

图9-8-2   图9-8-3

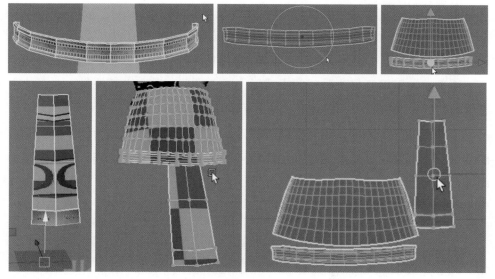

图9-8-4

腰部护甲用同样的方法，点击平面进行映射后点击展开并摆正，参照上一步展开的裙甲部件UV调整大小（见图9-8-5）。采用同样的方法展开背甲及其边缘的装饰部件（见图9-8-6），调整比例、大小等，完成这部分工作。

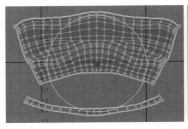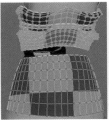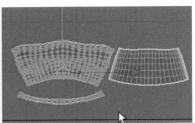

图 9-8-5

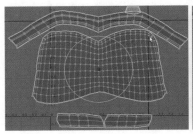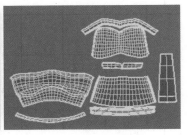

图 9-8-6

2.兽头 UV 展开

前胸甲兽头造型相对平坦，可以在正前方视角下，基于摄影机建立坐标映射，然后点击展开（见图9-8-7），参考前面的UV尺寸，将其缩小后放在一边。

用平面映射展开兽头眼球的半球形。对于鼻环，采取平面映射方法，选中靠里的连续轮廓边，剪切后展开（见图9-8-8）。

选中余下几个部件，建立平面映射，注意删掉模型看不到的面，需要时对模型进行平滑处理，复杂的部位选择恰当的循环边进行必要切割，修整模型的瑕疵，然后逐个展开（见图9-8-9）。

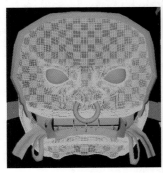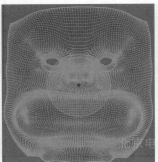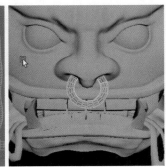

图 9-8-7   图 9-8-8

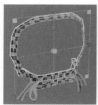
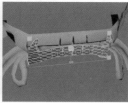
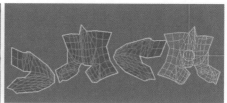

图 9-8-9

对于肩甲兽头，采用对称的方式制作。选中兽头，点击基于摄影机建立映射；将两只獠牙模型分离为单独的对象，选择内部的轮廓边进行剪切，让接缝尽量处于看不见的位置；剪切完后展开（见图 9-8-10）。对于眼球和鼻环模型，用和前胸甲上兽头一样的方法展开。展开后选中兽头部件，删除历史。

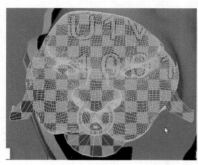
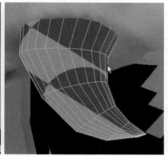

图 9-8-10

3.调整和排列 UV

隐藏不需要使用的模型部件，调出之前调整过的模型 UV 作为比例参考，显示本节制作的角色后背和兽头的所有 UV，从大块开始，逐个调整并初步排列，如图 9-8-11 所示。

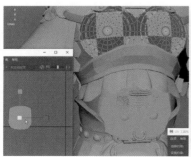
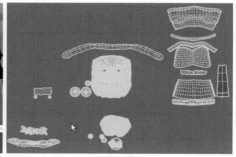

图 9-8-11

第九节　飘带和剩余组件 UV 展开

1. 飘带UV展开

在本节处理长短飘带、绑带、绳结部件，以及头部和手部模型的UV展开。选择并将这些部件从其他模型中隔离出来，如图9-9-1所示。

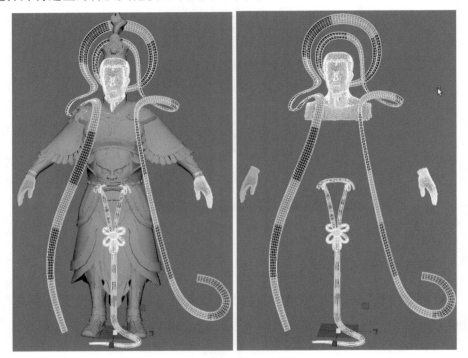

图9-9-1

使用扫描网格工具制作的飘带，已有自动展开的UV，只需要调整至恰当的UV比例即可。

在靠近双肩后面、不太显眼的位置选择两条边，将长飘带剪切为三个部分（见图9-9-2），以便调整比例。

前裙摆处的飘带和绳结比长飘带短，UV可以稍缩小，调整比例后排列整齐；对于头冠部分的绑带和绳结，把比较小的绳结部件UV缩小（见图9-9-3）。调整比例并排列整齐后，所有飘带展开UV完成。前裙摆上的球状装饰，删掉后半部分，用平面映射，剪切外圈后展开。

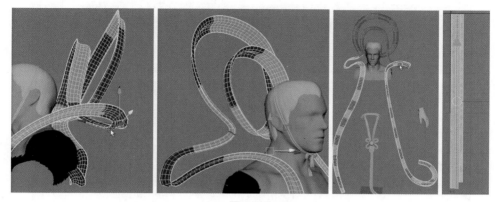

图 9-9-2

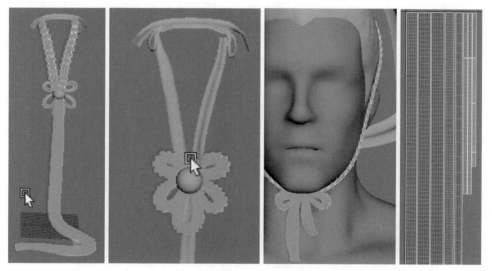

图 9-9-3

2.头部、头发和手UV展开

因为只需赋予一个颜色，不需要材质纹理，因此对头部和手进行简单处理即可。选中手的模型、头部模型，分别建立平面映射，缩小放在一边。选中头发模型，建立平面映射，在头顶中线位置剪切、展开，如图9-9-4所示，缩小后和飘带UV排列在一起。

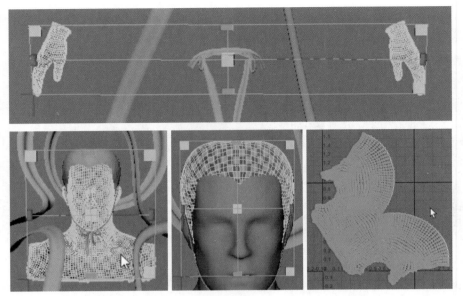

图9-9-4

完成角色模型UV展开工作，如图9-9-5所示。

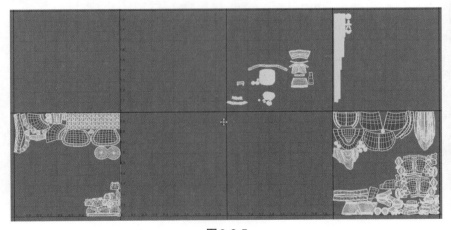

图9-9-5

第十节　角色全部部件 UV 的最后排列

将已经展开的所有UV整合排列在01象限中，为下一步工作做准备，这对于贴图处理或引擎中的性能优化都是非常有帮助且必需的。在之前的制作中，我们已经调整好模型UV的比例关系，本节仍先将所有部件UV适当缩小。

把处于人物背部的、看不到的内部模型UV置于象限外面，最后再进行排列，需要时可以适当缩小，以节约模型空间，如图10-1-1所示。

对主要部分的UV，先大致排列，然后再进行优化及空间分配，注意每个部件UV之间保留恰当距离。处于模型比较显眼位置的UV可以适当放大。

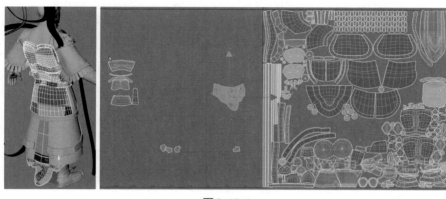

图 9-10-1

排布部件UV的工作逻辑是先把大块的、重要的排在象限中，再排小块的、零碎的，要有耐心。注意UV之间不能有重叠，并尽量有效利用空间。排布完成效果如图9-10-2所示。

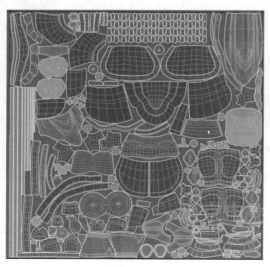

图 9-10-2

第十章　ZBrush 中进行头部细节雕刻

第一节　ZBrush 基础

1. ZBrush常用工具介绍

使用ZBrush软件能够很方便地做出细节满满的模型，这也是一款易于掌握的建模软件。

打开ZBrush界面，如图10-1-1所示，软件自带不同的文件和工具可供使用。点击灯箱按钮可关闭。

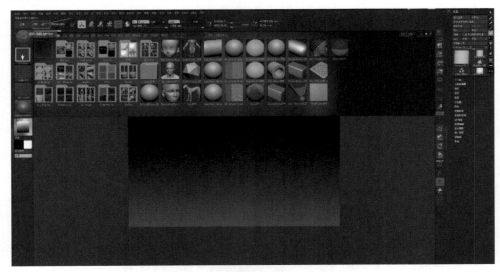

图10-1-1

如图10-1-2所示，整个界面分成中间操作视窗和周围的菜单、工具栏等。

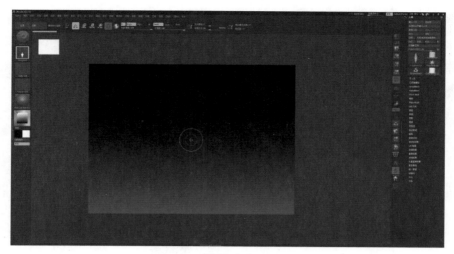

图 10-1-2

如图 10-1-3 所示，界面最上面是下拉菜单，点开后有不同的选项和设置。

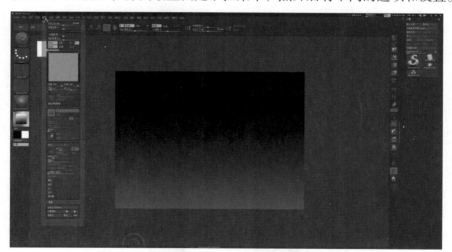

图 10-1-3

如图 10-1-4 所示，界面上面的一排按钮是雕刻或者绘制时用到的工具：编辑、绘制模型，移动、旋转、缩放模型，画笔的增减模式、大小和硬度等。

图 10-1-4

如图 10-1-5 所示，界面左边的大按钮是雕刻的各种笔刷、笔触、Alpha 图、纹理、材质和颜色选择器，是雕刻时最常用的工具。

如图10-1-6所示，界面右边的小按钮能调整观察视窗，或者让3D模型显示不同状态。上部的按钮可以滚动、缩放、100%显示视窗等。下部的按钮能最大化显示3D模型，移动、缩放、旋转观察模型，还可以以线框模式、透明模式显示模型。需要注意的是，这些操作只是便于观察模型，并不能改变模型的大小或者位置。

图10-1-5   图10-1-6

如图 10-1-7 所示，界面最右边是工具栏，能够进行载入模型、保存模型，以及复制、粘贴模型等操作。需要注意的是，这里保存的仅仅是模型，保存后的文件后缀名为 ZTL，与文档下拉菜单里保存的文件相比数据较小。下部分的文字可以点开、折叠，是针对 3D 模型的各种操作。

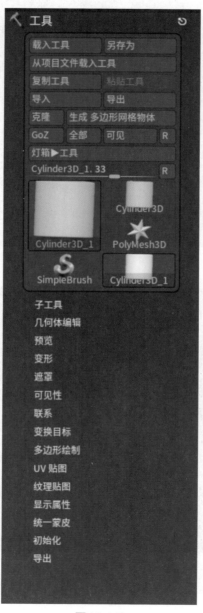

图 10-1-7

尝试点击右边的圆柱体模型按钮，如图 10-1-8 所示，在中间的视窗里用左键拖出一个圆柱体，然后如图 10-1-9、图 10-1-10 所示按上方的 Edit 编辑对象按钮。

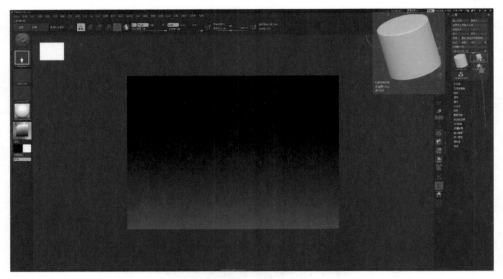

图 10-1-8

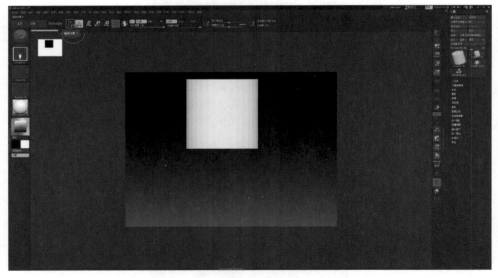

图 10-1-9

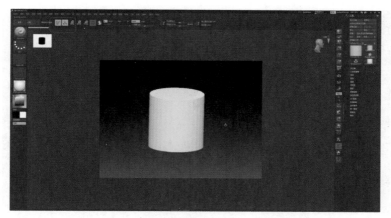

图 10-1-10

现在，就可以拖动鼠标左键旋转观察圆柱体了。按住 Alt 键的同时，拖动鼠标左键，可平移观察；按 "Alt+ 鼠标左键" 后，松开 Alt 键，鼠标左键的拖动就变成缩放观察视点了。熟练使用快捷键观察模型，可以让接下来的建模工作更加方便快捷。

2. 小练习

通过用 ZBrush 软件雕刻一个兽头门环，可以掌握软件的建模流程和方法，为之后的雕刻工作做准备。

首先，在视窗里创建一个球体，通过对球体的拉伸、挤压和雕刻来塑造模型。如图 10-1-11 所示点击右边工具面板里的三维物体，点开加载工具面板，选择球体，在视窗里拖出一个球体，如图 10-1-12 所示按下编辑对象按钮。

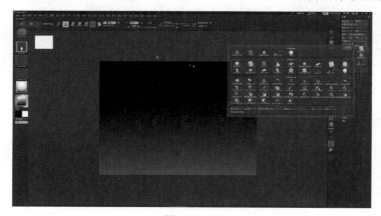

图 10-1-11

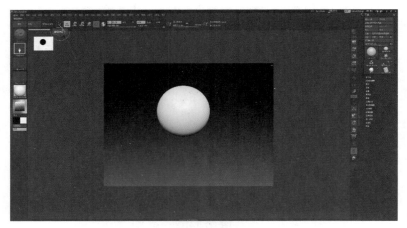

图 10-1-12

在视窗空白处拖动鼠标左键可以旋转观察球体，由于球体的形状、转动与否看不出来，可以按下绘制多边形线框按钮让它显示网格，以便于观察。现在的球体需要转换一下才能雕刻，点击右边面板上生成多边形网格物体按钮，如图 10-1-13 所示就可以在球体上用笔刷进行雕刻整形了。

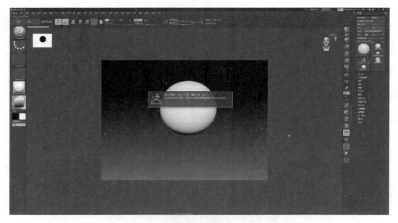

图 10-1-13

为了方便切换、调用笔刷，可以给笔刷工具设置快捷键。设置方法是点开笔刷面板，按住"Ctrl+Alt"，点击需要设置的笔刷，然后如图 10-1-14 所示会看到一行字"按任意组合键指派自定义热键……"，这时按下的任意键就会成为该笔刷的快捷键。用这个方法，按住"Ctrl+Alt"，点击 Standard/标准笔刷，按数字1，指派1为标准笔刷的快捷键。同样的操作，分别给 ClayBuildup 笔刷、

Move笔刷和DamStandard标准笔刷设置快捷键为2、3、4。设置完成后检查一下按这些数字键是否就可以切换笔刷，如图10-1-15、图10-1-16、图10-1-17所示。注意，在英文输入法的情况下快捷键才起作用，可以按Shift键切换输入法。

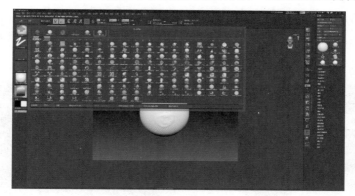

图 10-1-14

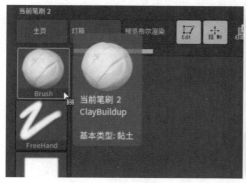

图 10-1-15

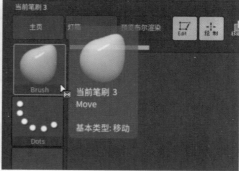

图 10-1-16

图 10-1-17

　　打开球体多边形线框模式，旋转观察球体，如图10-1-18所示，发现球体的两端有线段的汇集点，在这个点上雕刻会发现与其他地方不同，效果不好。为了解决这个问题，点开右边面板上的几何体编辑，如图10-1-19所示按下Dynamesh动态网格按钮，如图10-1-20所示球体的线框分布就均匀了。这个按钮在做基础塑形的时候会一直处于打开状态，只要在视窗空白处按Ctrl键的同时拖动鼠标左键，就可以重新均匀分布模型的网格线框。

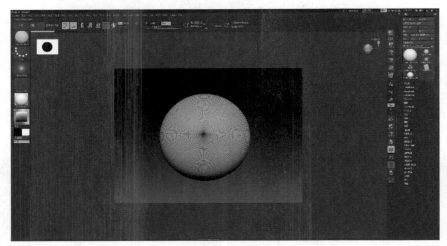

图 10-1-18

图 10-1-19

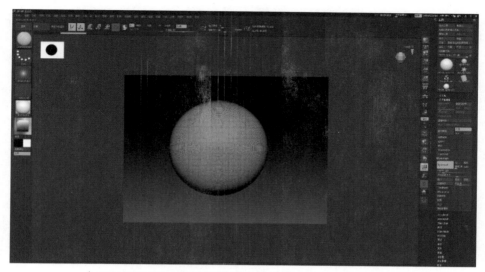

图 10-1-20

　　如图 10-1-21 所示点击右上角人头旁的坐标，把头调成正面，关闭线框显示，把鼠标放在球上，按键盘上的 X 键，打开对称雕刻模式，如图 10-1-22 所示可以看到鼠标多出来一个对称的红点。

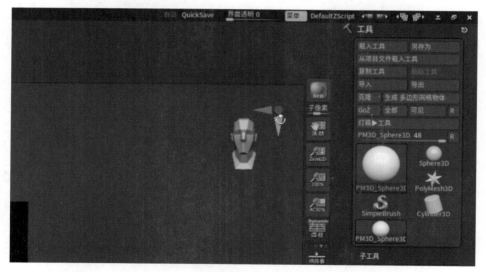

图 10-1-21

图 10-1-22

　　按键盘上的数字3换成移动笔刷，再按空格键，如图10-1-23所示调出笔刷设置弹窗，把笔刷调大一些，如图10-1-24所示在视窗里把球拉成一个近三角形的形状。

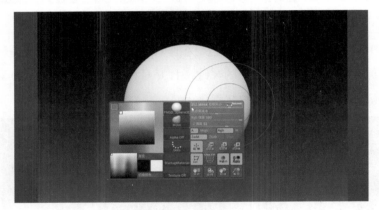

图 10-1-23

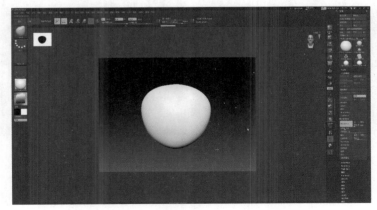

图 10-1-24

把视窗旋转到模型的侧面，调整模型侧面形状至如图10-1-25所示的样子。按住Shift键拖动鼠标左键，模型会按照45度角度旋转。

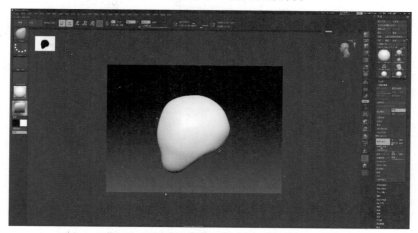

图 10-1-25

回到模型的正面，用标准笔刷把眉毛、鼻子位置画出来，按住 Alt 键画出嘴巴，如图 10-1-26 所示。按 Alt 键是反方向画笔，在正常画的情况下，画的东西是鼓起来的，但按住 Alt 键时画的东西就是凹进去的；如果正常画的东西是凹进去的，那么按住 Alt 键时画的东西就是鼓出来的。

图 10-1-26

在做了大的造型变动后，通常需要检查一下模型的线框分布是否均匀，按右侧的线框显示按钮，如图 10-1-27 所示发现模型嘴巴凹进去的部分线框比较

大，因此在Dynamesh按钮开启的情况下，按住Ctrl键，如图10-1-28所示在空
白处用鼠标左键拉一下，让线框均匀分布，效果如图10-1-29所示。

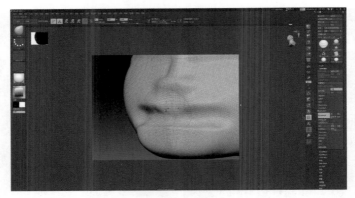

图10-1-27

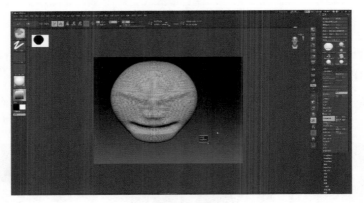

图10-1-28

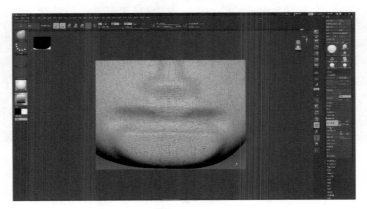

图10-1-29

使用ClayBuildup笔刷，按空格键，在调出的面板里将笔刷的焦点衰减值调成一个正数，让笔刷的边缘比较柔和。用笔刷塑形，画出眉弓、眼仁、鼻子、嘴巴、下巴、颧骨、眼眶的造型，最后效果如图10-1-30所示。

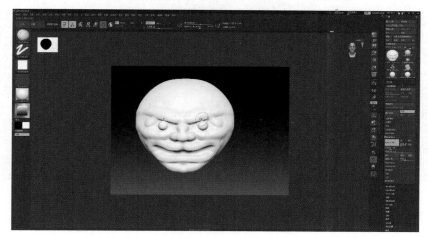

图 10-1-30

点击笔刷按钮，在弹出的笔刷面板中选择Move Topological Popup+T这个特殊的移动笔刷，如图10-1-31所示在口腔里拉出四颗牙齿。拉完记得再次调整一下布线。

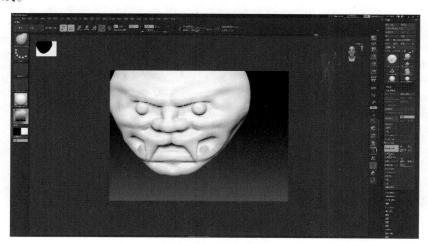

图 10-1-31

接下来给兽头配上一个圆环，将其放在嘴巴的位置，让嘴巴衔住。点开右侧工具栏中的子工具，点击插入按钮，如图10-1-32所示在弹出的面板中点击圆环。

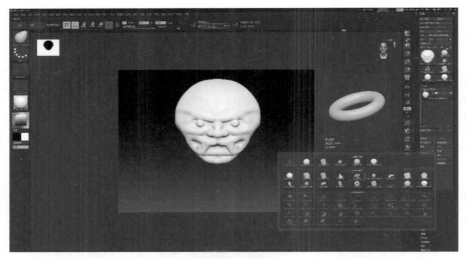

图 10-1-32

之后视窗里的兽头变灰，表明兽头没有被选中。在子工具面板里，我们看到激活、能编辑的是圆环，但是在视窗里并没有看见圆环。如果打开模型的透明显示模式，如图 10-1-33 所示，会发现圆环位于兽头的内部，圆环被挡住了。

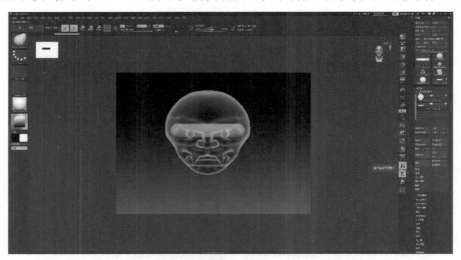

图 10-1-33

点击上方工具栏里的移动、缩放、旋转轴按钮中的任意一个，如图 10-1-34 所示进入 Transpose 模式，鼠标放在绿色的 Y 轴上，沿 Y 轴移动圆环到兽头下方。

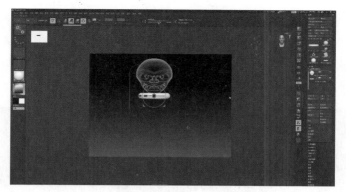

图 10-1-34

鼠标放在圆形坐标轴的中间，即如图 10-1-35 所示的红色直线上，按住 Shift 键，用鼠标左键往下拖，90 度旋转圆环。之后旋转视窗到侧视图，如图 10-1-36 所示沿 Z 轴移动圆环到兽头的嘴巴位置。

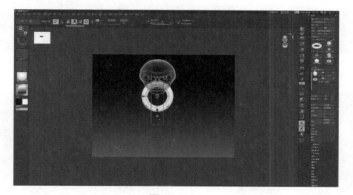

图 10-1-35

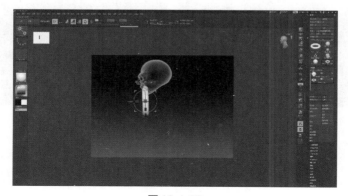

图 10-1-36

调整好圆环的位置后，关闭透明显示模式，在右边面板上点开变形，拖动对比度下的滑轨，如图10-1-37所示调整圆环的粗细。之后把鼠标放在圆环中心黄色方形坐标上等比例缩放圆环的大小，如图10-1-38所示使圆环比兽头大一些，像一个门环的样子。

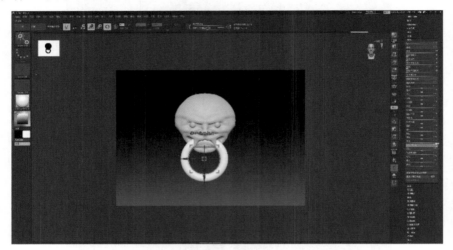

图 10-1-37

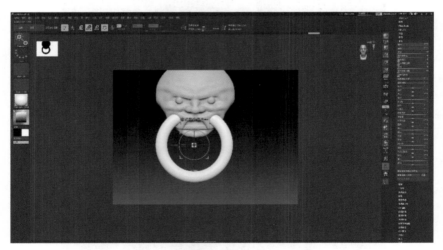

图 10-1-38

圆环调整好后，接着雕刻兽头。按住Alt键，用鼠标点一下兽头，切换选中并编辑兽头。按快捷键Q，或者点击上方工具栏里的绘制按钮，如图10-1-39所示回到绘制模式。

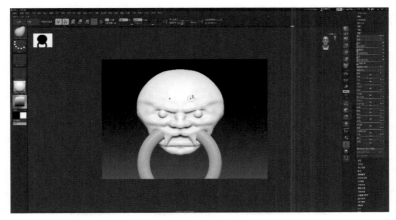

图 10-1-39

用黏土塑形笔刷绘制眉毛，将眉毛高挑到脑门，如图 10-1-40 所示在眉尾画个卷。

图 10-1-40

按住 Alt 键，在鼻子下面雕出凹陷的鼻孔。如图 10-1-41 所示用移动笔刷调整形状，在侧面调整鼻子高度，如图 10-1-42 所示。

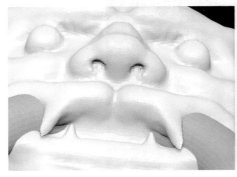

图 10-1-41

图 10-1-42

如图10-1-43所示在眼仁周围画出眼皮。

图10-1-43

俯视角度，调整鼻子的形状后，如图10-1-44所示在头顶画出卷曲的花纹。

图10-1-44

侧面也画一些卷曲的花纹，如图10-1-45所示。

图10-1-45

兽头的大致形状调整好后，用Dynamesh重新调整一下模型的布线，关闭Dynamesh按钮，点击细分网格按钮，如图10-1-46所示上面的细分级别后面出现个2，模型的点数增加，模型显得更光滑。滑动滑块，可以退回到细分1，也可以退回到细分2，模型在低级和高级细分模式下都可以雕刻和绘制，只是细节表现力不同。

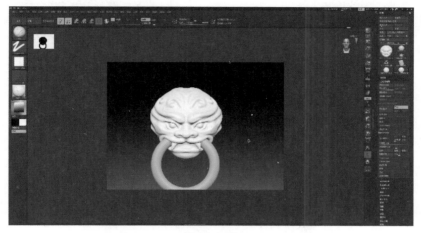

图 10-1-46

用移动笔刷调整一下大体形状。兽头一般是装在门上，如图10-1-47所示侧面可以压扁一点儿。正面也可以压扁一点儿，如图10-1-48所示。

图 10-1-47　　　　　　　　　　　　　　　图 10-1-48

继续细节雕刻。发现绘制眼皮的时候模型点数不够，显得粗糙，再点一下细分网格，如图10-1-49所示把细分级别提高到3，这样就可以流畅地给眼皮塑形了，绘制时按住Shift键，笔刷会变成平滑笔刷，如图10-1-50所示可以把一些有笔刷痕迹的地方抹平。

图 10-1-49

图 10-1-50

对于头顶的细节，用凹进去的黏土塑形笔刷凸显出花纹，用平滑笔刷抹掉笔刷痕迹，如图 10-1-51 所示。

图 10-1-51

白色的模型有时候不便于观察，点击右边的材质球，如图 10-1-52 所示在弹出的材质面板里选择 MatCap Red Wax 这个红色材质球，模型上的凹凸会比较明显，如图 10-1-53 所示用平滑笔刷修整一下。

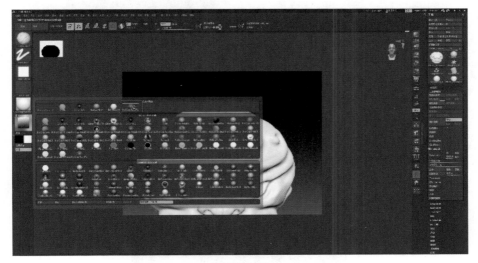

图 10-1-52

图 10-1-53

雕出更多细节后，按右边孤立显示模式，隐藏圆环，如图 10-1-54 所示只显示兽头，发现嘴巴里有没有雕到的地方。如图 10-1-55 所示，按住 Alt 键把凸出的嘴角压进去。

图 10-1-54

图 10-1-55

沿着牙齿的根部绘制出一圈牙龈，再用黏土塑形笔刷调整一下牙齿形状，雕出细节，如图 10-1-56、图 10-1-57 所示。

图 10-1-56

图 10-1-57

换到标准笔刷，如图10-1-58所示在眼仁上钻出小圆坑，再在坑中间绘制一个圆球，如图10-1-59所示形成瞳孔的效果。

图10-1-58　　　　　　　　　　　　图10-1-59

如图10-1-60所示用DamStandard标准笔刷刻画细节，把眼皮、眉弓的细节调整好。按Alt键沿着脸颊的花纹勾一下，如图10-1-61所示把生硬的地方用平滑笔刷修软一些。

图10-1-60　　　　　　　　　　　　图10-1-61

最后再微调一下，最终效果如图10-1-62、图10-1-63、图10-1-64所示。点击右边工具面板上的另存为按钮，保存模型。如图10-1-65所示在弹出的面板上修改名称、保存位置，保存文件。

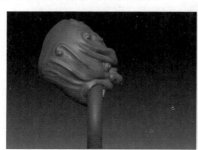 

图10-1-62　　　　　　　　　　　　图10-1-63

图 10-1-64

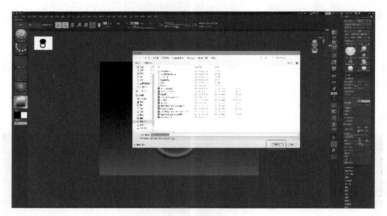

图 10-1-65

在制作过程中，随时可以保存文件。另外，ZBrush 软件也会自动保存临时文件。如果不慎丢失了文件，可以在如图 10-1-66 所示灯箱里快速保存文件夹里找到。

图 10-1-66

第二节 ZBrush 中进行头部细节雕刻

熟悉了 ZBrush 的建模雕刻流程后，可以做一个难度大些的模型——二郎神的头部模型。因为身上的衣服在专门的服装软件里制作，所以这里的模型只做到脖子。为了展示效果，建模完成后会给模型刷上颜色。

首先，如图 10-2-1 所示在 ZBrush 灯箱里找到项目文件夹下的"Head Planes"文件夹，点击选取一个男性的基础头部模型，如图 10-2-2 所示直接在视窗里会出现这个模型。

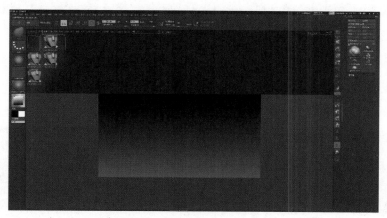

图 10-2-1

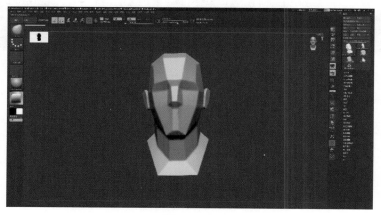

图 10-2-2

如图10-2-3所示用移动笔刷调整大体形状，缩短下巴，拉开头部两侧，与脖子连接的胸部拉开一些。调整好后按住Shift键临时切换成平滑笔刷，如图10-2-4所示把棱角处理平滑。

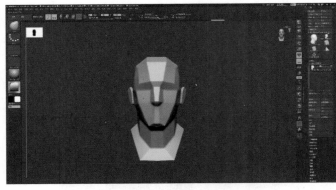

图10-2-3   图10-2-4

切换到黏土塑形笔刷，给模型增加胸部结构，如图10-2-5所示。按脖子的肌肉和筋腱走向刷出脖子的大体形状，如果需要凹陷就按住Alt键刷，如图10-2-6所示。

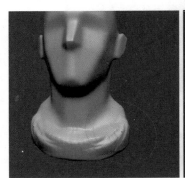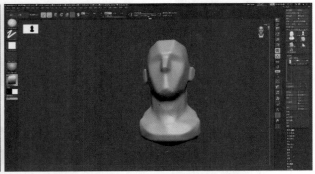

图10-2-5   图10-2-6

脸部也按照肌肉和骨骼的走向刷出结构，如图10-2-7至图10-2-10所示。

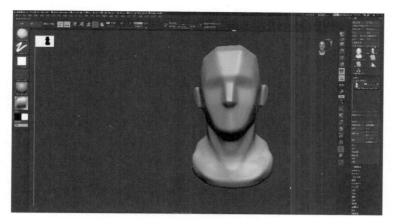

图 10-2-7

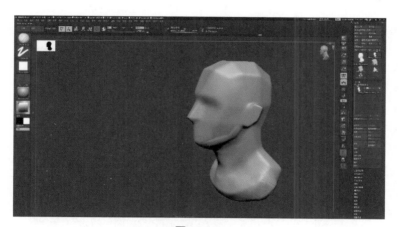

图 10-2-8

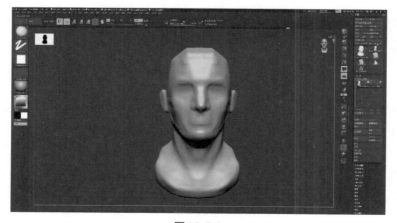

图 10-2-9

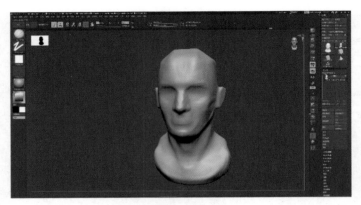

图 10-2-10

把头顶棱角刷平，再增加一些体积，让头部饱满起来，如图 10-2-11 所示。后脖颈处也刷出肌肉的大体形状，如图 10-2-12 所示。

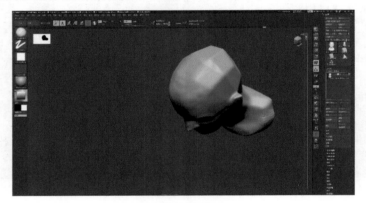

图 10-2-11

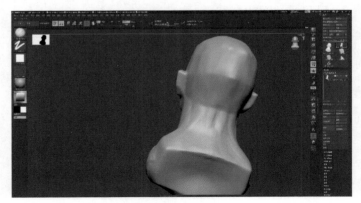

图 10-2-12

旋转观察模型，刷出颧骨和下颌骨，如图10-2-13、图10-2-14所示。

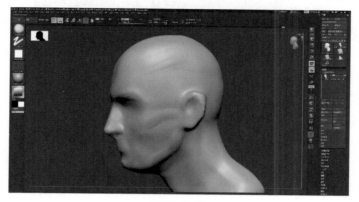

图10-2-13

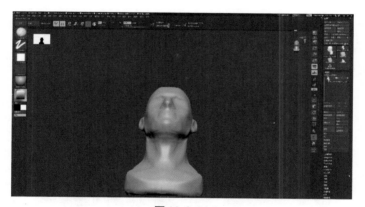

图10-2-14

刷完模型会平滑一些，如图10-2-15、图10-2-16所示能基本看出人的轮廓。

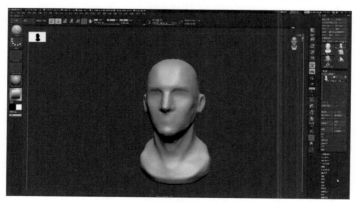

图10-2-15

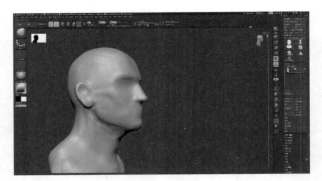

图 10-2-16

现在需要加入眼球。在右边工具面板上点开子工具，点击插入按钮，如图 10-2-17所示在弹出的面板上点击Sphere3D，如图10-2-18所示在视窗里插入一个球体，点击上方的工具栏，运用移动、缩放工具把球等比例缩小。如图10-2-19所示，点击坐标中间的黄色方框，拖动鼠标等比例缩放。眼球的大小根据人头模型的宽度调整，一般来说直径是头宽的1/5，头宽包括耳朵。

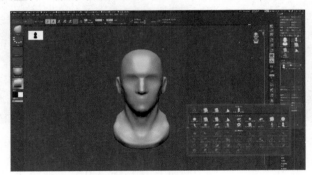

图 10-2-17

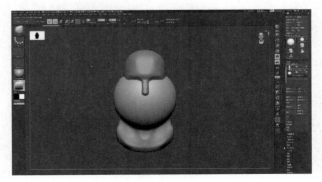

图 10-2-18

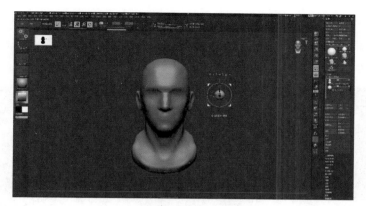

图 10-2-19

将球体移动到眼眶的位置，如图 10-2-20、图 10-2-21 所示正面、侧面都移动摆好。球体要离眉弓近一些，眉头到球体的切线是一条斜线。

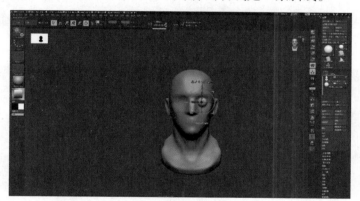

图 10-2-20

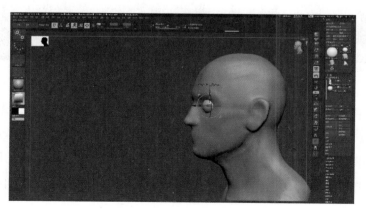

图 10-2-21

切换到正面视角，孤立显示球体。将标准笔刷下的笔触按钮点开，如图10-2-22所示在弹出的面板里选择DragRect，之后点开Alpha Off图标。如图10-2-23所示选择一个边缘虚化的圆形Alpha 01。

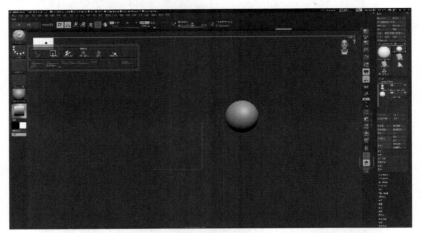

图10-2-22

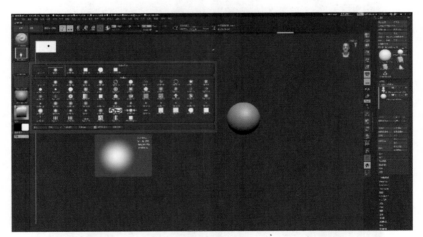

图10-2-23

如图10-2-24所示用鼠标在球体上用按住鼠标拖动的方法画出一个圆形的凸起，再转换到移动笔刷，如图10-2-25所示在侧面将圆形的凸起稍微压平一些，如图10-2-26所示正面也调整凸起的大小，最后在右边的面板上点开几何体编辑，如图10-2-27所示按两下细分网格按钮，让球体的细分级别达到3，使球体的表面更光滑。

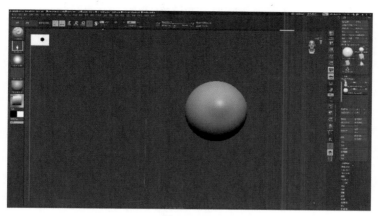

图 10-2-24

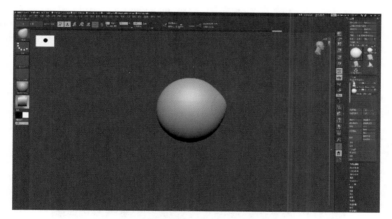

图 10-2-25

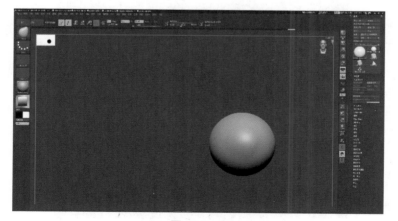

图 10-2-26

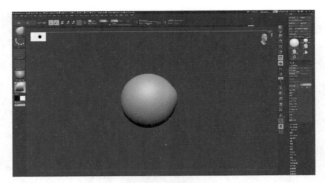

图 10-2-27

为了便于观察，给球体做一个眼球的质感。点开材质球图标，由于没有合适的材质，我们选用自己收集的材质，点击材质面板左下方的打开按钮，如图10-2-28所示在弹出的面板里找到收集的眼球材质，选好后点击打开。如图10-2-29所示球体呈现出高光反射效果。按住上方工具栏里的Mrgb按钮，点击色彩下拉菜单，点击填充对象，这样就把这个材质固定到球体上了。

图 10-2-28

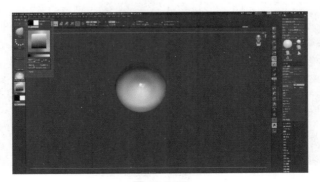

图 10-2-29

　　切换到标准笔刷，按住上方工具栏中的 Rgb 按钮，在取色器里选取棕黑色，如图 10-2-30 所示在球体凸起部分拉出一个圆形，形成一个简单的黑眼仁。当然也可以画出一个有细节的黑眼仁。

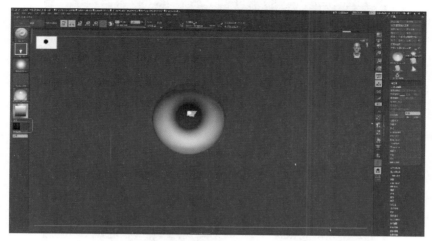

图 10-2-30

　　点击退出孤立显示按钮，把头部模型显示出来，如图 10-2-31 所示发现模型变得又黑又亮，这是因为头部模型没有固定的材质，所以会随着别的模型材质、颜色变化。切换到头部模型，如图 10-2-32 所示把材质改到 SkinShade4，这是一个皮肤材质。然后在取色器里选取纯白色，如图 10-2-33 所示，这时头部模型的颜色质感恢复正常。

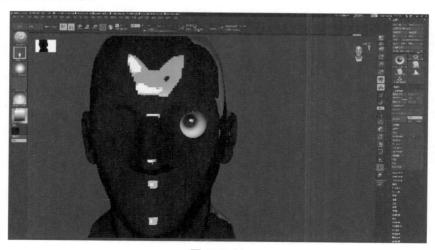

图 10-2-31

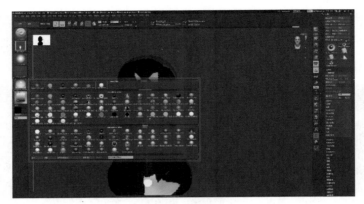

图 10-2-32

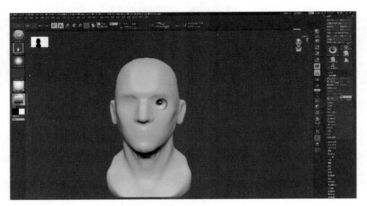

图 10-2-33

旋转球体，如图 10-2-34 所示使眼仁对着前方，再如图 10-2-35 所示用黏土塑形笔刷刷出上下眼皮。

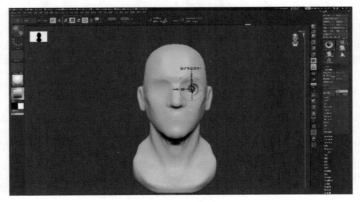

图 10-2-34

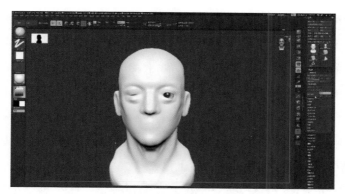

图 10-2-35

　　一个眼球不太便于观察，所以复制一个眼球到另一半。具体操作方法：在右边的子工具栏里选择球体后，点击创建副本按钮，复制出一个新的球体，如图 10-2-36 所示打开透明显示后，再如图 10-2-37 所示把一个球体移动到另一边的眼眶里。

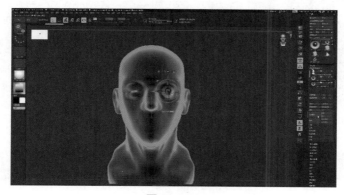

图 10-2-36

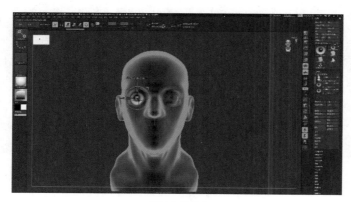

图 10-2-37

　　转动到侧面观察的时候会发现复制的球体位置不对，在右边子工具栏里点击灰色头部模型的眼睛图标，隐藏头部模型，只显示两个球体。如图10-2-38所示在顶视图发现两个球体没在同一水平线上，这是因为复制的球体坐标轴没有居中放正，所以移动的时候歪了。解决办法：点击如图10-2-39所示球体坐标上方的小锁，打开锁后再点一下右边的旋转图标，如图10-2-40所示会发现坐标轴转正了，再点击小锁，关闭。这个时候就可以沿着蓝色轴向，如图10-2-41所示把球体移动到和右边球体同一水平线上。

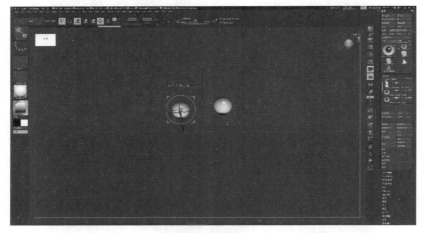

图10-2-38

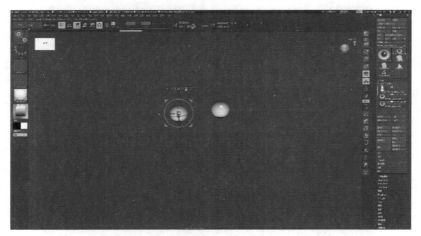

图10-2-39

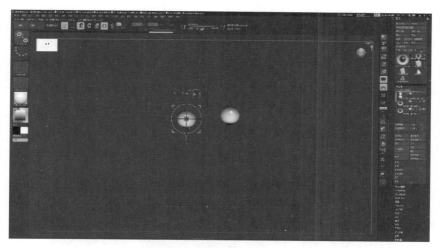

图 10-2-40

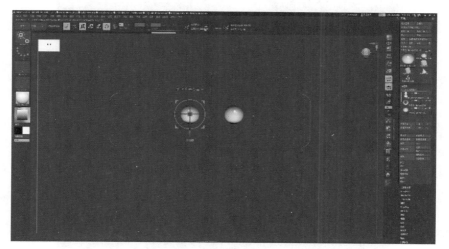

图 10-2-41

　　转动视窗到侧视图，关闭右边工具栏中的透视显示，如图 10-2-42 所示移动球体，直到两个球体完全重合。这样就把眼球的位置摆放好了，再旋转调整一下眼仁的位置，如图 10-2-43 所示让眼睛看着正前方。

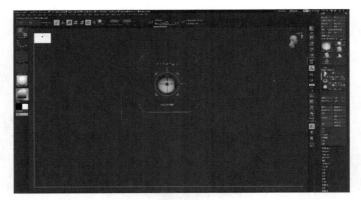

图 10-2-42

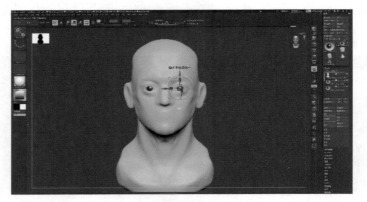

图 10-2-43

如图10-2-44所示用细节笔刷DamStandard画出眼睛轮廓。如图10-2-45所示，按住Alt键画出上眼皮。

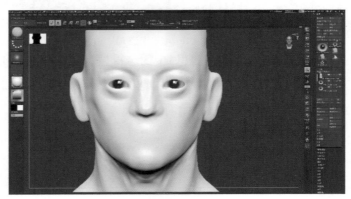

图 10-2-44

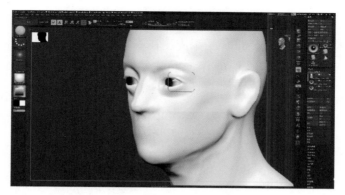

图 10-2-45

如图 10-2-46 所示在下眼皮勾出卧蚕，勾出鼻子和眼眶的交界，这个位置是平面和立面的交界处。之后用黏土笔刷对分出来的两个转折面调整一下，如图 10-2-47 所示用平滑笔刷修饰。

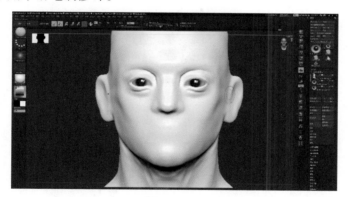

图 10-2-46

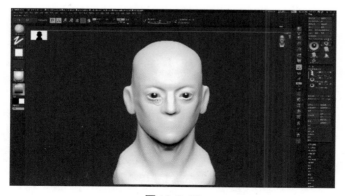

图 10-2-47

如图 10-2-48 所示按住 Ctrl 键在下眼皮画上蒙版，如图 10-2-49 所示单独调整上眼皮，特别是眼尾处，形成上眼皮压在下眼皮上的效果。之后按住 Ctrl 键，在空白的地方点一下鼠标，如图 10-2-50 所示蒙版会反选，如图 10-2-51 所示再调整下眼皮。

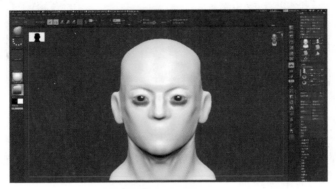

图 10-2-48

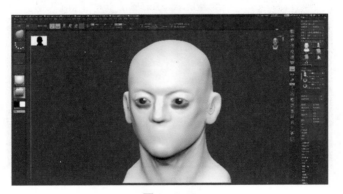

图 10-2-49

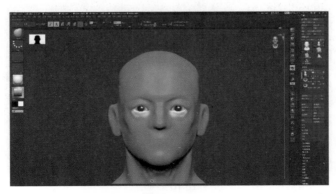

图 10-2-50

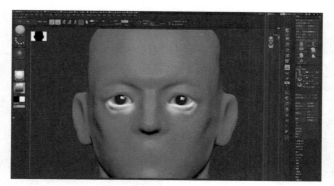

图 10-2-51

　　按住 Ctrl 键，在空白处拖动一下鼠标，取消蒙版。如图 10-2-52 所示转到侧视方向，用移动笔刷拖动上眼皮，确保上眼皮能覆盖在下眼皮上。

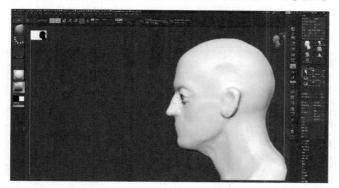

图 10-2-52

　　面部加入眼球后会发现眉弓和颧骨不够凸出，用黏土笔刷填充眉弓和颧骨，按骨骼走向刷，如图 10-2-53、图 10-2-54 所示。

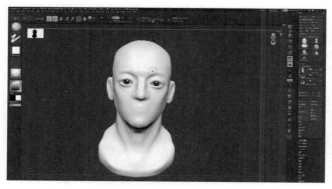

图 10-2-53

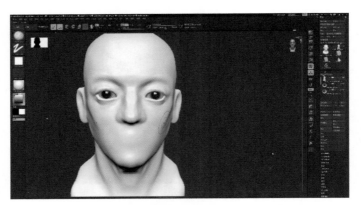

图 10-2-54

如图 10-2-55 所示用细节笔刷画出双眼皮，发现模型有锯齿出现，在右边几何体编辑里再次细分网格，细分后再画一遍，然后按住 Alt 键在画出的双眼皮缝上再画一遍，如图 10-2-56 所示让双眼皮形成初步的褶皱。

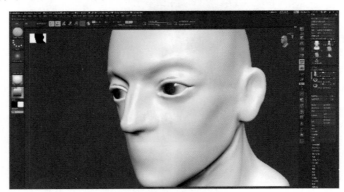

图 10-2-55

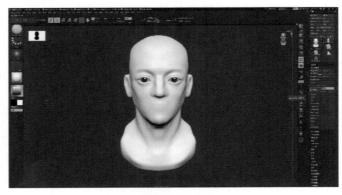

图 10-2-56

如图 10-2-57 所示按住 Ctrl 键在眼睛周围画上蒙版，注意不要画到双眼皮上。然后用移动工具把双眼皮往下移动，加深褶皱感，如图 10-2-58、图 10-2-59 所示。

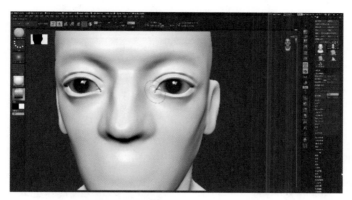

图 10-2-57

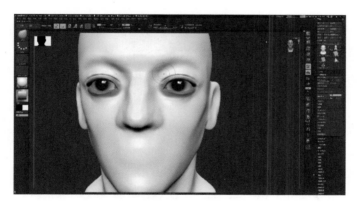

图 10-2-58

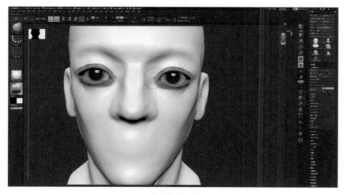

图 10-2-59

　　按Ctrl键拖动鼠标取消蒙版后，用细节笔刷画出嘴巴的开口，如图10-2-60所示。之后用黏土笔刷把嘴唇按结构刷出来，如图10-2-61所示。然后刷出一些口轮匝肌的形状，如图10-2-62所示。如图10-2-63所示，从仰视的角度来看，嘴巴应该是一段圆弧的形状。

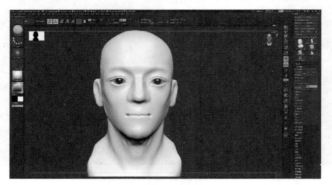

图 10-2-60

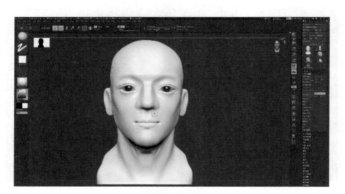

图 10-2-61

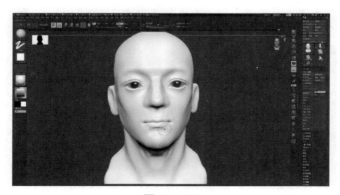

图 10-2-62

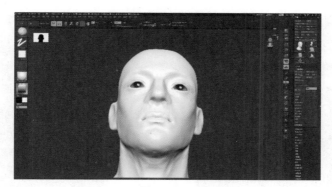

图 10-2-63

　　调整一下鼻子。如图 10-2-64 所示用黏土笔刷刷出鼻翼，再用移动笔刷调整收缩一些。再提高一下颧骨的高度，如图 10-2-65、图 10-2-66 所示。侧面用移动笔刷把鼻子压低一些，如图 10-2-67、图 10-2-68 所示，太高的鼻子不太像亚洲人。

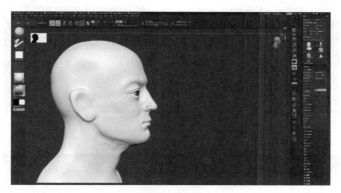

图 10-2-64

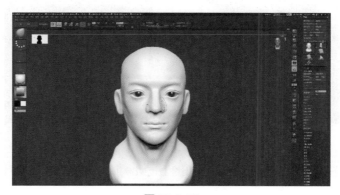

图 10-2-65

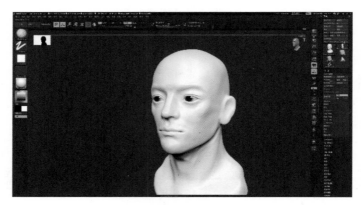

图 10-2-66

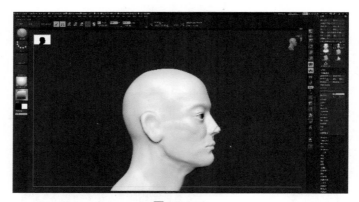

图 10-2-67

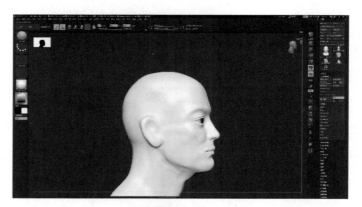

图 10-2-68

调整一下下巴，往里收一些。如图 10-2-69 所示用蒙版遮住下巴，如图 10-2-70 所示把下颌底下收缩一些，不要有双下巴的感觉。

图 10-2-69

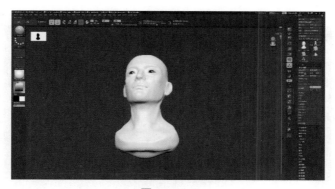

图 10-2-70

　　转到仰视的角度。如图 10-2-71 所示用细节笔刷挖出鼻孔。如图 10-2-72 所示用移动笔刷在侧面角度调整鼻孔的形状，也可以用黏土笔刷给鼻翼塑形。如图 10-2-73 所示用细节笔刷勾出鼻翼与面部的接缝，再用移动笔刷调整鼻翼与面颊的衔接。

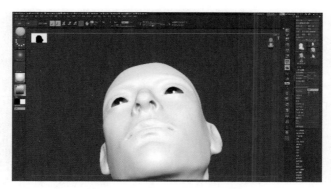

图 10-2-71

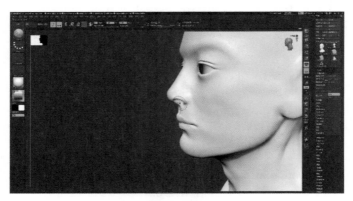

图 10-2-72

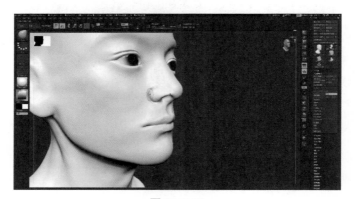

图 10-2-73

如图10-2-74所示按住Ctrl键用蒙版遮住上嘴唇，如图10-2-75所示用黏土笔刷给下嘴唇塑形，完成后反选蒙版，如图10-2-76所示，刷出上嘴唇的结构。如图10-2-77所示结束后取消蒙版。

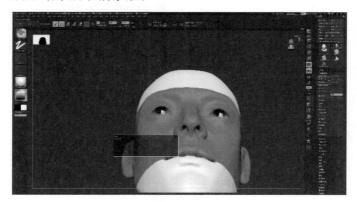

图 10-2-74

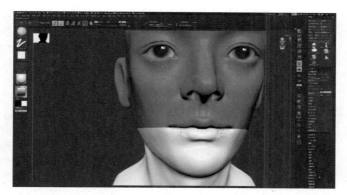

图 10-2-75

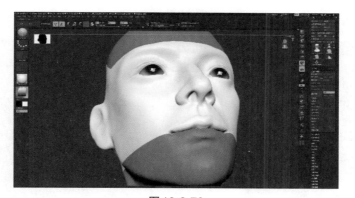

图 10-2-76

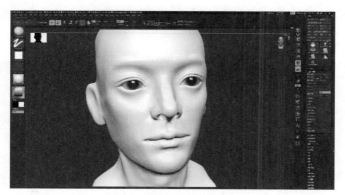

图 10-2-77

　　切换到标准笔刷，做耳朵部分。用笔刷刷出耳朵的外轮廓，按住 Alt 键刷出耳朵里的凹陷，转动视角，耳朵后面也需要塑形。刷出耳朵里面的结构，挖出耳孔，最后用移动笔刷调整耳朵的形状。过程如图 10-2-78 至图 10-2-84 所示。

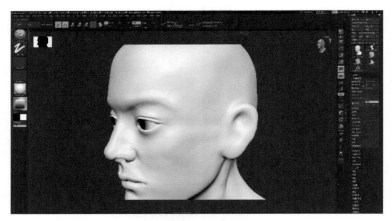

图 10-2-78

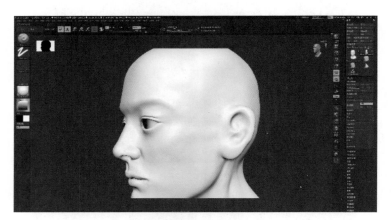

图 10-2-79

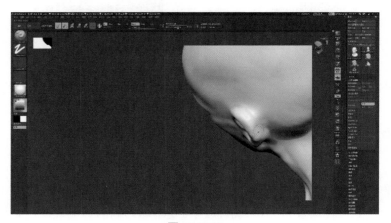

图 10-2-80

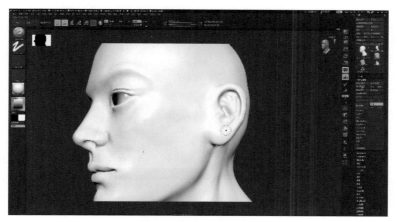

图 10-2-81

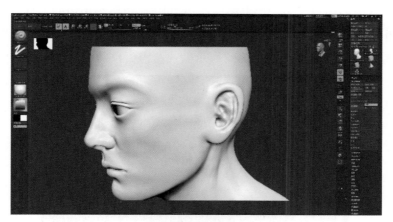

图 10-2-82

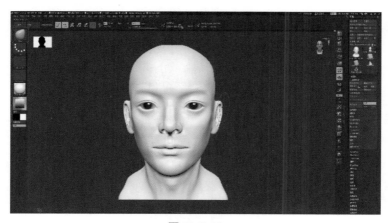

图 10-2-83

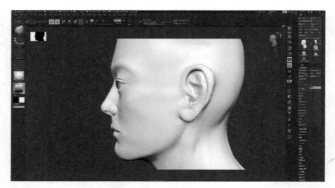

图 10-2-84

　　五官调整完成后做一个发髻。在右边子工具栏里点击插入按钮，如图10-2-85所示在弹出的面板里选择一个球体，如图10-2-86所示用移动工具移动、缩放球体，放置在如图10-2-87所示人头模型的头发位置，然后切换成绘制模式，用移动笔刷给球体整形，如图10-2-88所示做成覆盖头顶的头发。

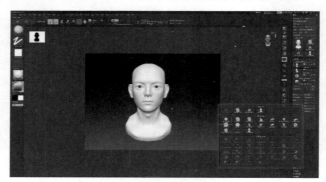

图 10-2-85

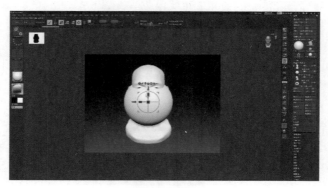

图 10-2-86

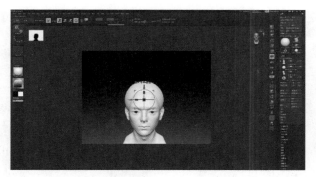

图 10-2-87

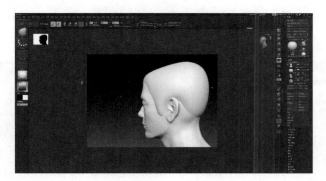

图 10-2-88

如图 10-2-89 所示再次插入一个球体，如图 10-2-90 所示把这个球体缩小放置在头顶，作为发髻。如图 10-2-91 所示确保两个球体在右边的子工具栏里是上下相邻的。选择上面一个球体后，如图 10-2-92 所示点击下面的合并>向下合并。如图 10-2-93 所示，这时会有不可撤销操作弹窗出来，点击确定后把两个模型合并在一起，成为一个子工具。

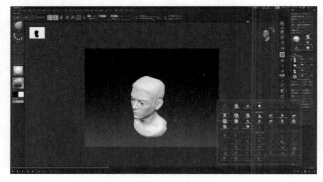

图 10-2-89

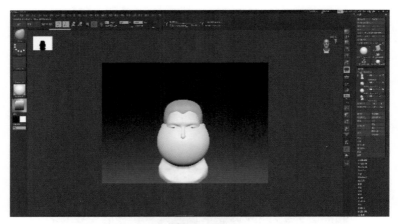

图 10-2-90

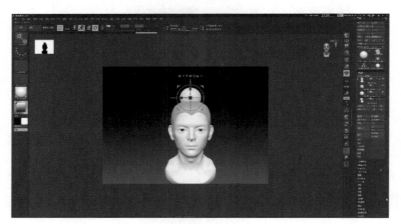

图 10-2-91

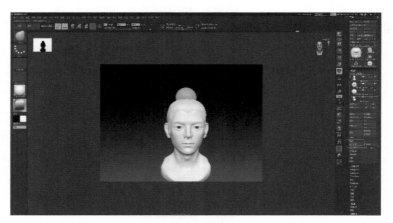

图 10-2-92

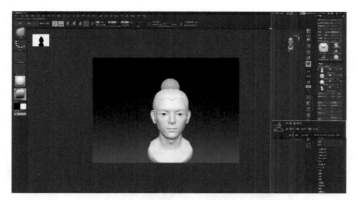

图 10-2-93

如图 10-2-94 所示用黏土塑形笔刷给两个模型接缝的地方刷一下，让它们衔接在一起。如图 10-2-95 所示用移动笔刷整形，做成发髻的造型。

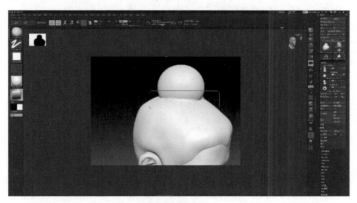

图 10-2-94

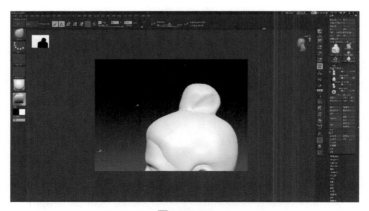

图 10-2-95

由于发髻是由两个球组成的，模型的布线不太均匀，所以点开几何体编辑，如图 10-2-96 所示找到 Dynamesh 并点开，重新构建网格。然后如图 10-2-97 所示点一下细分网格，细分级别提高到 2，如图 10-2-98 所示用标准笔刷刷出头发的大轮廓。

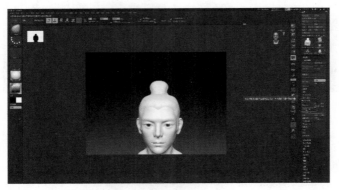

图 10-2-96

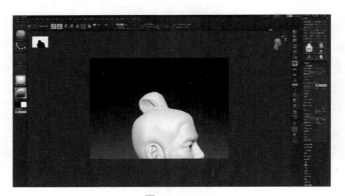

图 10-2-97

图 10-2-98

　　白色的材质不太便于观察，点击左边的材质球，如图 10-2-99 所示选择红色的材质，这个材质比较容易看到笔刷的起伏。用标准笔刷，配合按住 Alt 键，给头发刷出发型的走向，如图 10-2-100、图 10-2-101 所示。

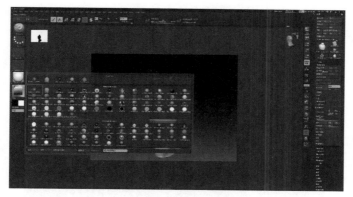

图 10-2-99

图 10-2-100

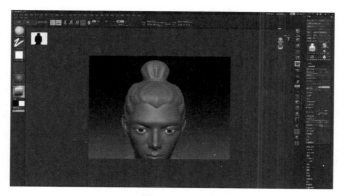

图 10-2-101

如图10-2-102、图10-2-103所示，用黏土塑形笔刷给发髻刷出一个发圈，然后用细节笔刷刻画一下发圈和头发的分界线。这时如果发现模型有些不需要的起伏状，可以打开网格显示看看，一般都是模型布线问题。如图10-2-104所示，之所以出现这个现象，是因为这里的线形成了一个交叉。如图10-2-105所示，布线不当会导致模型不顺滑。

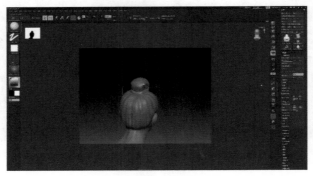

图10-2-102

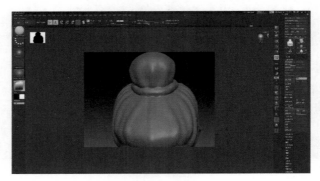

图10-2-103

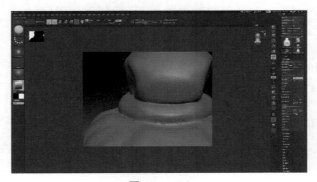

图10-2-104

图 10-2-105

解决的办法就是重新布线，如图 10-2-106 所示点开右边几何体编辑面板下的 ZRemesher，发现之前的细分级别没有了。如图 10-2-107 所示打开网格显示后之前的布线交叉没有了，模型上的线比较规整。这时再次点击细分网格，如图 10-2-108 所示细分级别提高到 3，此时雕刻就比较流畅了。

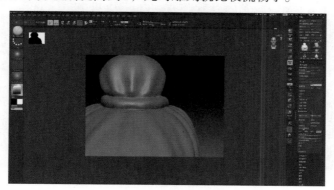

图 10-2-106

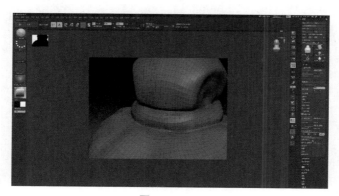

图 10-2-107

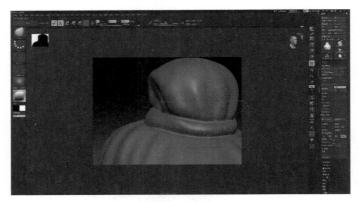

图 10-2-108

发型的大致走向雕刻完成后再次用移动笔刷整形，如图 10-2-109、图 10-2-110 所示。用黏土塑形笔刷结合 Alt 键把发箍刷出硬边轮廓，如图 10-2-111 所示。

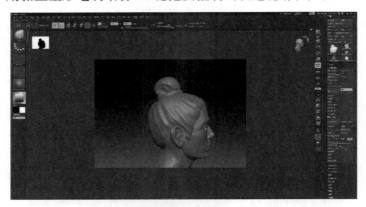

图 10-2-109

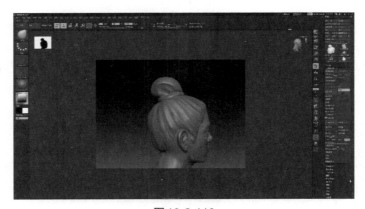

图 10-2-110

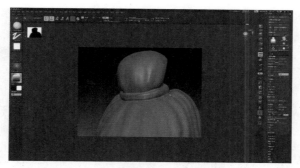

图 10-2-111

　　点击笔刷按钮，如图 10-2-112 所示在弹出的笔刷窗口中点击加载笔刷，找到之前收集的头发笔刷并打开。这种笔刷可以刷出头发丝的效果，如果手不稳，刷出的发丝不够规整，可以设置笔触。点击笔触下拉菜单，如图 10-2-113 所示点开 Lazy Mouse，把延迟半径的参数改大一点，再次绘制的时候笔刷移动会变慢。如图 10-2-114 所示还有一根红线在后面，这根红线的长短是由延迟半径的数值决定的。这样我们就能刷出比较规整的发丝了。

图 10-2-112

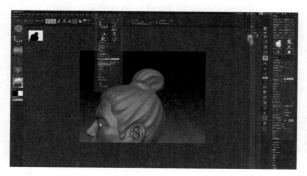

图 10-2-113

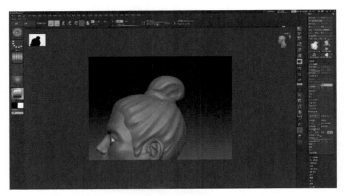

图 10-2-114

刷发丝的时候会不小心刷到发箍上，如图 10-2-115 所示按住 Ctrl 键在发箍上画出遮罩，然后再画就不会画到上面了。如图 10-2-116 至图 10-2-119 所示，按照发型把发丝的走向刷出来。

图 10-2-115

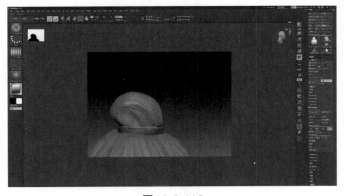

图 10-2-116

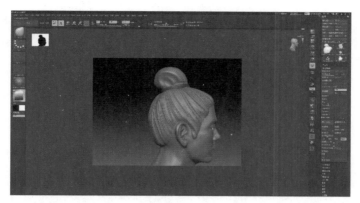

图10-2-117

图10-2-118

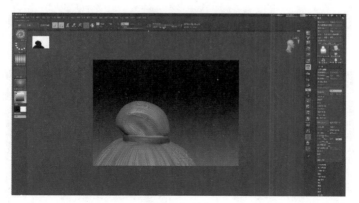

图10-2-119

　　如图10-2-120所示完成之后把头部模型材质改回白色，再次打开外部笔刷，如图10-2-121所示找一个眉毛笔刷，把头部模型的细分级别调到如图10-2-122

所示的最高第5级，给模型刷上眉毛。眉毛要按照生长的方向刷在眉弓上，还可以用一根一根的刻画方法把眉头、眉尾补画一下，如图10-2-123所示。

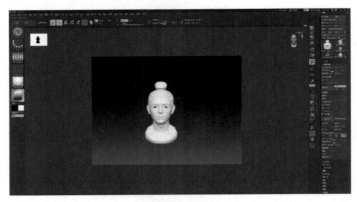

图10-2-120

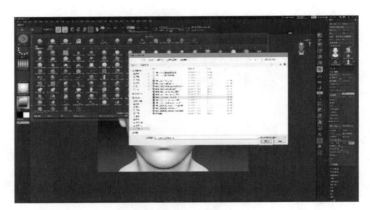

图10-2-121

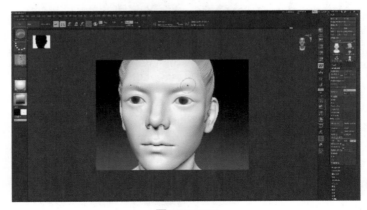

图10-2-122

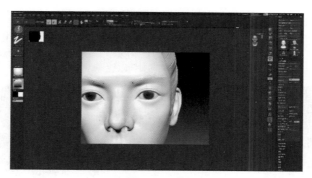

图 10-2-123

　　为了便于观察和展示最终的呈现效果，可以给模型上一点儿颜色。选择标准笔刷，在上方的按钮中关闭 Zadd，打开 Rgb，这样就只能给模型上色，而不能进行雕刻了。在左侧的色板上调出一个皮肤颜色后点击色彩下拉菜单，如图10-2-124所示点击填充对象。这样就给头部模型涂上了一层底色。如图 10-2-125所示头发的颜色因为没有指定填充，会随着选定的颜色发生变化。

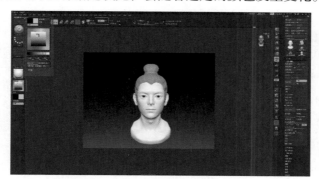

图 10-2-124

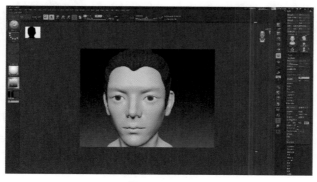

图 10-2-125

　　调整标准笔刷的大小到一个眉毛宽度的画笔效果，如图 10-2-126 所示用深棕色给眉毛上一层眉粉底色。调整出一个弱衰减的小笔刷，画出一根一根的眉毛。如图 10-2-127 所示用同样的深棕色画出眼线。

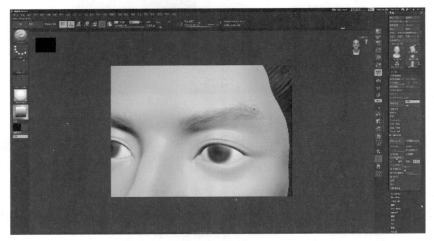

图 10-2-126

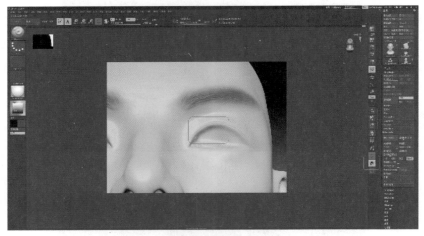

图 10-2-127

　　调出浅红色，如图 10-2-128 所示给内眼角和眼皮内部上色。用同样的颜色给嘴唇上色。根据嘴唇的结构，运用笔刷的轻重变化刷出颜色的深浅变化。如图 10-2-129 至图 10-2-131 所示，注意唇珠和下嘴唇的中间部分颜色稍浅。

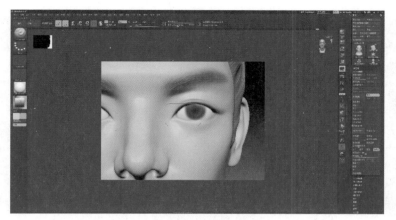

图 10-2-128

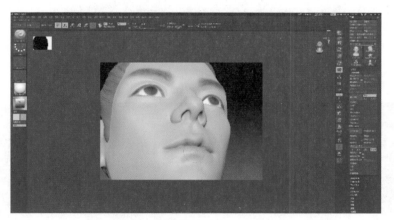

图 10-2-129

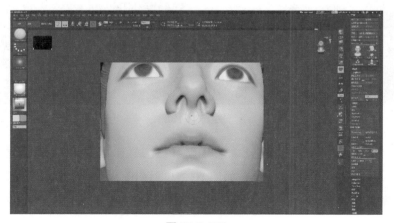

图 10-2-130

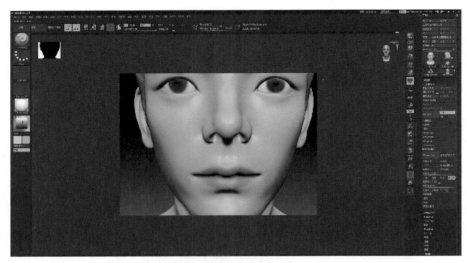

图 10-2-131

用一支衰减比较强的大笔刷给耳朵内部也上一点儿粉色，如图 10-2-132 所示。

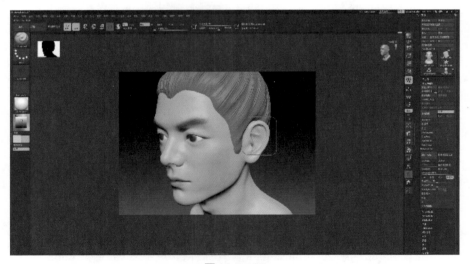

图 10-2-132

调出比肤色稍深的浅棕色，如图 10-2-133、图 10-2-134所示给眼尾、侧额、下颌上一些阴影。调出浅青色，如图 10-2-135所示浅浅地给面部长胡子的区域上一层阴影。再次调出肤色，改用小笔刷的Rgb强度，如图 10-2-136所示在浅青色上面罩染一层。

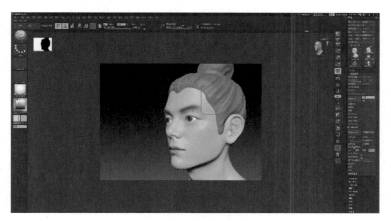

图 10-2-133

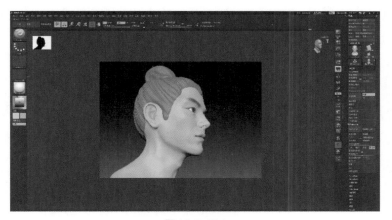

图 10-2-134

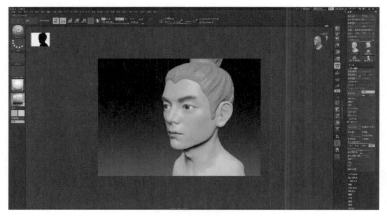

图 10-2-135

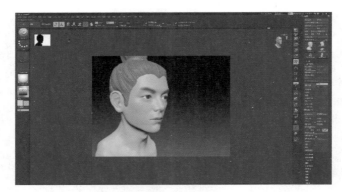

图 10-2-136

孤立显示头部模型，如图 10-2-137 所示给额头涂上一些深一点儿的肤色。如图 10-2-138 所示，注意其和其他浅肤色的过渡要自然，之后关闭孤立模式。

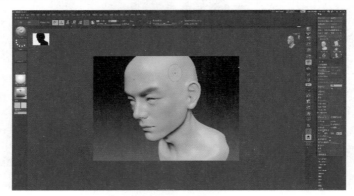

图 10-2-137

图 10-2-138

选择头发模型，给头发上深棕色，操作方法与之前一样。如图 10-2-139 所示在色彩下拉菜单里点击填充对象。如图 10-2-140 所示，用笔刷给束发的圆环上更深的棕色。如图 10-2-141 所示，再调出土黄色给圆环加一些斑点，模拟玳瑁的斑纹。

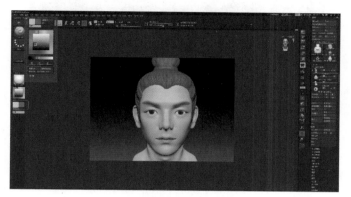

图 10-2-139

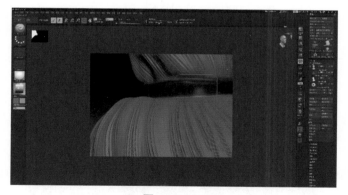

图 10-2-140

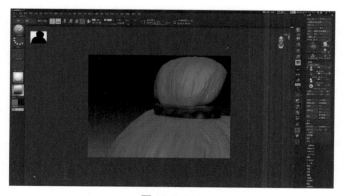

图 10-2-141

上完色，可以整体在右边面板上的多边形绘制下打开或者关闭着色按钮，如图10-2-142所示可以打开和关闭上色效果。

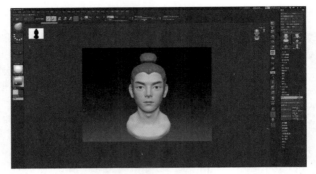

图10-2-142

关闭上色效果后，如图10-2-143至图10-2-146所示在额头上开一个眼睛。如图10-2-147至图10-2-152所示复制眼球，将眼球移动到新加的眼睛上，调整眼皮的细节。

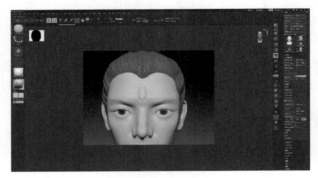

图10-2-143

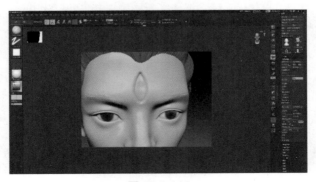

图10-2-144

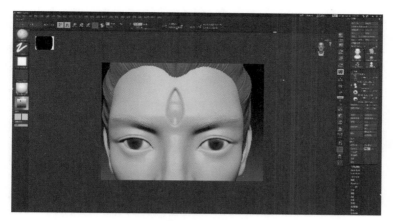

图 10-2-145

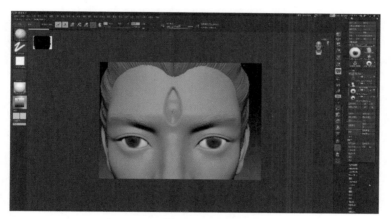

图 10-2-146

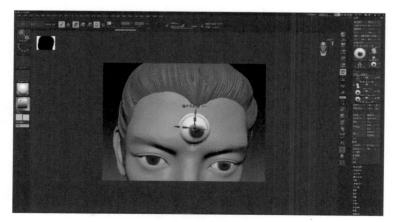

图 10-2-147

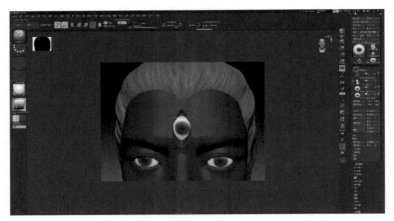

图 10-2-148

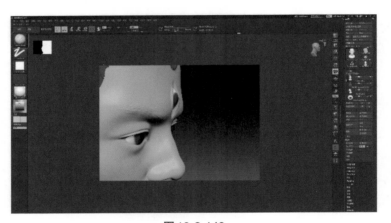

图 10-2-149

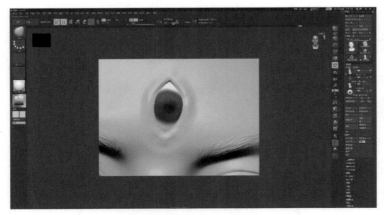

图 10-2-150

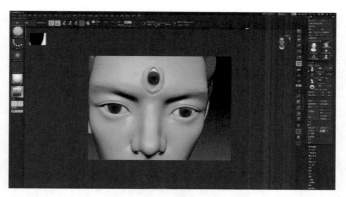

图 10-2-151

图 10-2-152

模型改好后，如图 10-2-153 所示打开多边形着色，给新做的眼睛上一些颜色。如图 10-2-154 至图 10-2-156 所示用移动笔刷稍微调整一下表情，让模型表情显得比较严肃。

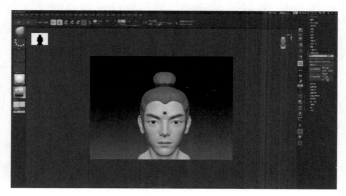

图 10-2-153

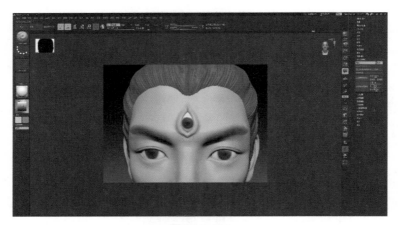

图 10-2-154

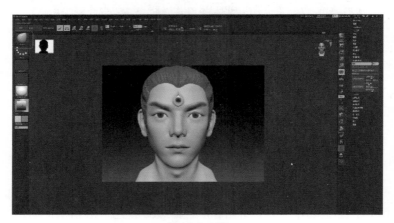

图 10-2-155

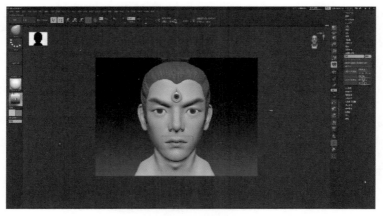

图 10-2-156

　　模型整个效果完成后，如果觉得模型不够帅，可以如图 10-2-157 至图 10-2-161 所示修改、调整眉眼的轮廓，以修出帅气的模型。

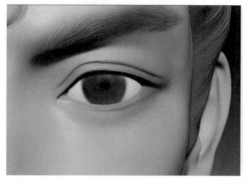

图 10-2-157

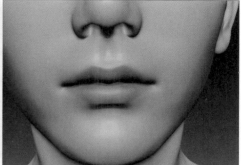

图 10-2-158

图 10-2-159

图 10-2-160

图 10-2-161

第十一章　三维角色服装制作

Marvelous Designer（MD）是一款制作服装的软件，可以模拟各种面料的效果，穿在角色身上会产生逼真的褶皱，也能给运动的角色模拟服装面料的物理运动。服装设计师会用这款软件进行服装设计，进行动画和游戏角色制作也会用其制作服装。这款软件的服装制作方法与现实中的服装制作方法类似，需要制作服装版片，再缝制起来，通过计算机模拟面料承受的重力、面料与模特身体的碰撞等物理特性，使其逼真地穿在模特身上。

第一节　Marvelous Designer 界面

打开 Marvelous Designer 软件，如图 11-1-1 所示。界面大致分成 5 个部分，如图 11-1-2 所示。

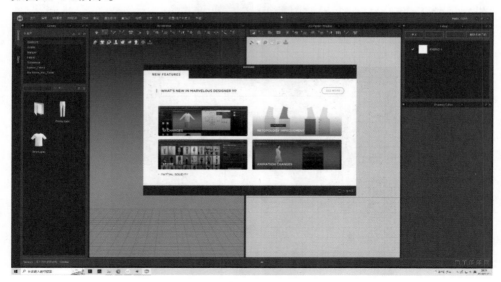

图 11-1-1

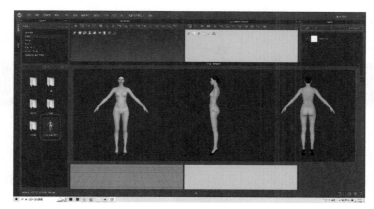

图 11-1-7

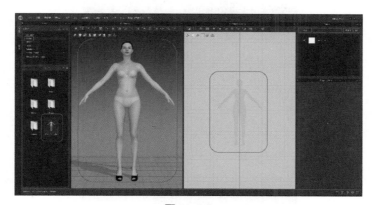

图 11-1-8

如图 11-1-9 所示这个栏里还包含一个 store 标签，我们可以在软件网站上购买、下载服装模型，很多服装是免费的。

图 11-1-9

如图 11-1-10 所示 3D 窗口上面是一排工具栏，是适用于 3D 窗口的工具，包括模拟计算服装在真实空间中状态的按钮和最常用的移动物体的按钮等。

图 11-1-10

如图 11-1-11 所示 3D 窗口内也浮动着一排按钮，这些是显示各种效果的按钮，当然也可以隐藏一些东西，如隐藏虚拟模特等，配合使用可以帮助创建服装模型。

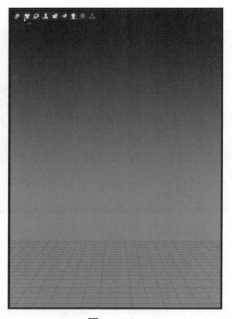

图 11-1-11

2D 窗口的上面是该窗口可用的工具栏，如图 11-1-12 所示其中有些和 3D 工具栏是一样的。前面几个是只能在 2D 窗口使用的编辑和绘制版片工具。如图 11-1-13 所示 2D 窗口左上角浮动工具可以进行不同显示效果的切换，鼠标放上去会出现中文名称，比较容易理解。

图 11-1-12

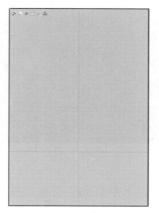

图 11-1-13

如图 11-1-14、图 11-1-15 所示是服装面料的参数，可以通过修改各种属性设置不同的面料。软件还预设了多种面料的属性，如图 11-1-16 所示可以在物理属性中的预设中选择需要的面料，如皮革、棉布、丝绸、亚麻、毛呢等各种服装面料。

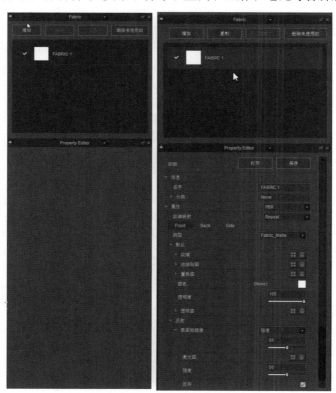

图 11-1-14 　　　　　　图 11-1-15

图 11-1-16

另外，整个软件界面的右下角有几个按钮，可以调整界面窗口的分布。如图 11-1-17 所示最右边的按钮是恢复默认窗口设置。

图 11-1-17

现在，我们通过一个案例来了解用 MD 软件制作服装的流程。

做服装之前需要一个模特，可以在左边窗口里双击 Avatar，如图 11-1-18 所示再双击"Stylized"文件夹。选择里面的"Hana"角色，如图 11-1-19 所示双击。然后整个角色就出现在 3D 和 2D 视窗里了，如图 11-1-20 所示。

图 11-1-18

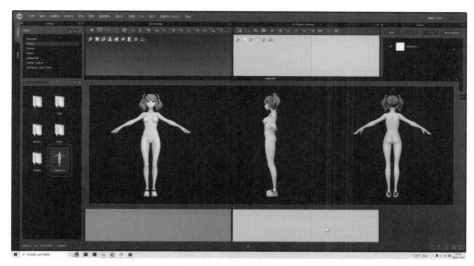

图 11-1-19

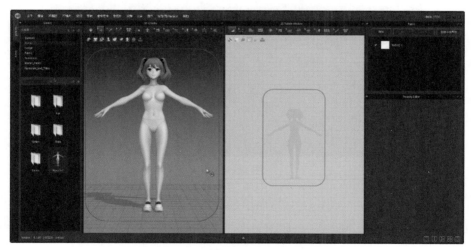

图 11-1-20

在 3D 视窗里，可以用鼠标旋转、移动、缩放视窗，按住鼠标右键拖动就能旋转视窗，按住鼠标中键可以移动视窗，按住鼠标中键的滚轮可以缩放视窗。这是 MD 软件的默认快捷键。如果不习惯使用这些快捷键，可以如图 11-1-21 所示在设置/用户自定义下拉菜单中选择用户自定义，之后会弹出自定义窗口。如图 11-1-22 所示在窗口中选择视图控制就可以自己设置快捷键，也可以选择定义好的设置，如 3ds Max 或者 Maya 这些常用 3D 软件控制视图的快捷键。

图 11-1-21

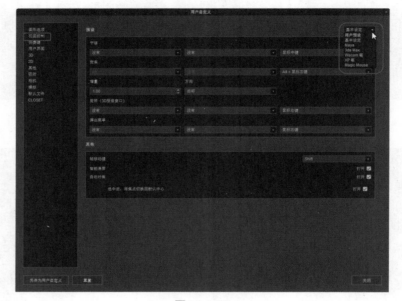

图 11-1-22

在2D窗口上方，如图11-1-23所示选择圆形版片按钮，在2D窗口中同时按鼠标左键和Shift键，画出一个如图11-1-24所示的正圆形，这个圆形会形成一块版片，也会在3D窗口中出现，如图11-1-25所示。

图 11-1-23

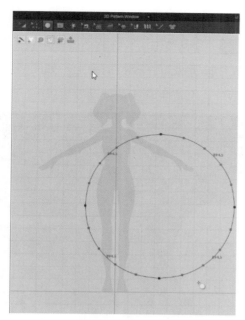

图 11-1-24

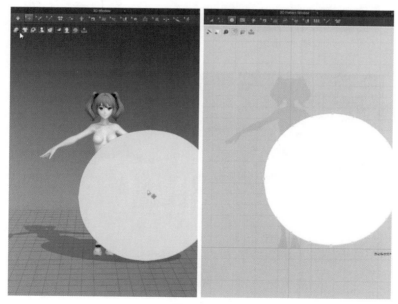

图 11-1-25

在3D窗口中单击圆形版片，会出现坐标轴。如图11-1-26所示这个坐标轴可以旋转和移动，鼠标分别放在3个圆形轴线上拖动坐标轴可以旋转，放在箭头轴线上坐标轴可以移动。如图11-1-27所示把版片移动到模特的头顶。如图11-1-28所示点击按钮■（这是模拟版片在真实空间中状态的运算开关，快捷键是空格键），会看到版片掉下去罩在模特的头上。如图11-1-29所示，在运算的同时用移动按钮拖动版片，会产生真实的拉动效果。

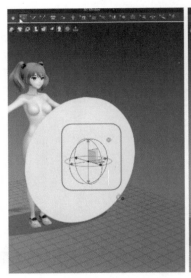 

图11-1-26   图11-1-27

图11-1-28   图11-1-29

按空格键关闭运算，在3D窗口中的版片上点击鼠标右键，在出现的如图11-1-30所示的菜单中选择重置3D安排位置（选定的），版片会回到最初的状态。

如图11-1-31所示在2D窗口中选择内部圆形按钮，如图11-1-32所示在圆形版片内画一个正圆。然后用编辑版片工具，双击全选内部的正圆，如图11-1-33所示移动到中心位置，在正圆上点击鼠标右键，在出现的如图11-1-34所示菜单中选择转换为洞，就在版片中间开了一个洞，效果如图11-1-35所示。

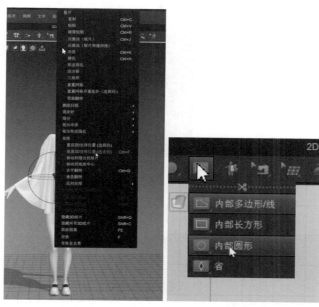

图11-1-30   图11-1-31

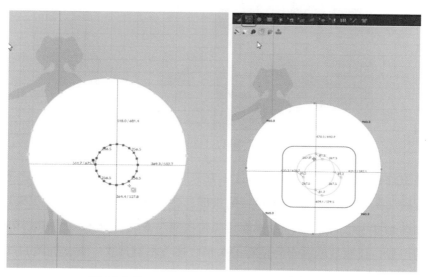

图11-1-32   图11-1-33

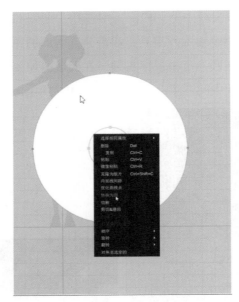

图 11-1-34

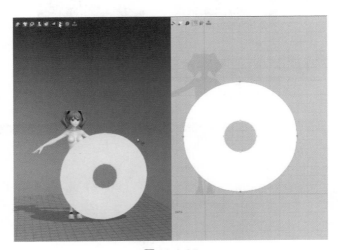

图 11-1-35

　　在 3D 窗口中选中版片，如图 11-1-36 所示有一个靶心一样的图标，点击这个图标后如图 11-1-37 所示点击模特的头部，会看到版片定位移动到了模特的头上，如图 11-1-38 所示，这个图标能让版片快捷对齐模特身体。再稍微移动一下版片的位置，让版片的洞对齐模特的头部，按空格键运算一下，如图 11-1-39 所示会看到版片穿过头部挂在了模特身上。

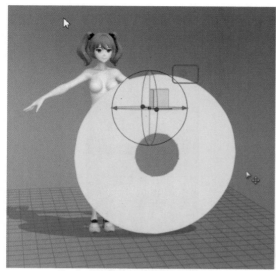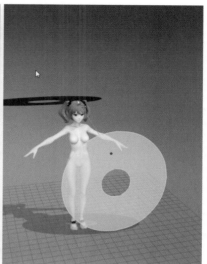

图 11-1-36   图 11-1-37

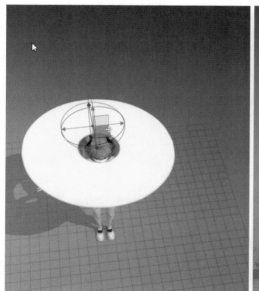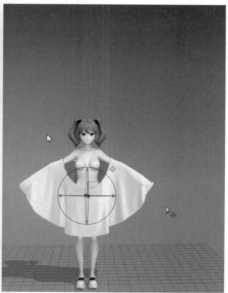

图 11-1-38   图 11-1-39

　　接下来缩小版片中间的洞，让它成为一个圆领。如图 11-1-40 所示运用调整
版片工具整体缩小中间的孔洞，再如图 11-1-41 所示结合编辑圆弧工具修改版片
的形状为椭圆形，按住空格键按钮在 3D 视图中调整版片位置，让版片成为一件

斗篷的样子穿在模特身上，效果如图11-1-42所示。

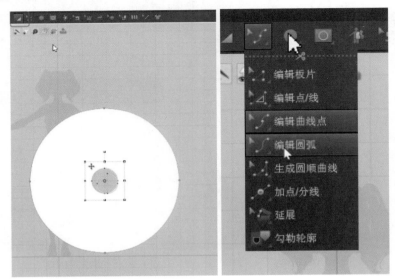

图 11-1-40   图 11-1-41

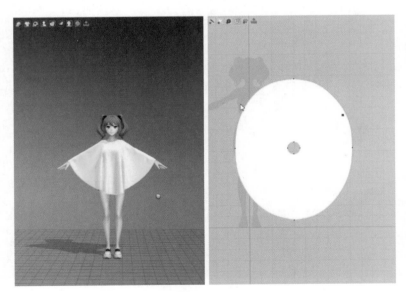

图 11-1-42

    制作服装还有一个重要的工序就是缝制，MD软件有几种不同的缝制方式。点开2D或3D窗口下的缝纫机图标，如图11-1-43所示可以看到里面有4种缝纫方法。接下来试试这些缝纫方法。

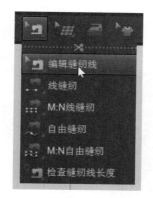

图 11-1-43

　　用2D窗口下的长方形工具，如图11-1-44所示在2D窗口里随意画出一个长方形，然后如图11-1-45所示用线缝纫工具，依次点击需要缝合的两个版片上的线段，如图11-1-46所示可以看到蓝色的线把两个版片连接起来了。在3D窗口按箭头按钮，或者按快捷键——空格键，如图11-1-47所示会在3D窗口看到长方形的布片被缝到斗篷的后面了，由于两条缝合的线段不一样长，所以会产生褶皱。需要注意两片版片的缝合方向要统一，否则会产生扭曲。缝合线段上蓝色的小短线指示缝合方向，缝合具体方向由鼠标点击的位置决定。

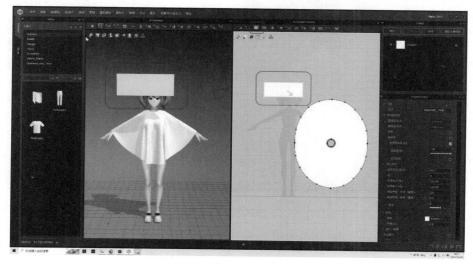

图 11-1-44

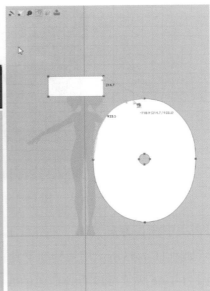

图 11-1-45   图 11-1-46

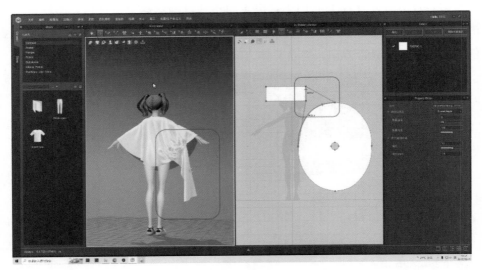

图 11-1-47

如图 11-1-48 所示再用长方形工具画出两个版片，之后如图 11-1-49 所示用加点/分线工具给椭圆形版片的外圈加一些点，如图 11-1-50 所示使之有更多的线段。如图 11-1-51 所示点击 M:N 线缝纫工具，先点击椭圆版片上的线段，可以随意选择线段的多少，点击完按回车键，再点击新画的两个长方形上的边，如

图11-1-52所示完成后按回车键，会看到版片之间产生了缝线。按空格键运算，如图11-1-53所示在3D窗口可以看到两块版片缝合到了斗篷上。这种缝合方式是先选择一边之后再选择另外一边，线段不需要一一对应，比较自由。

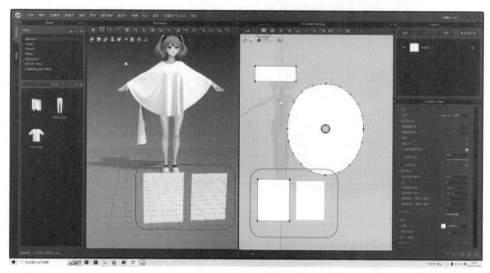

图11-1-48

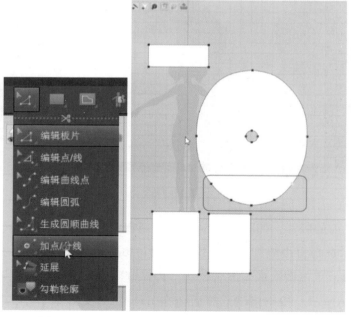

图11-1-49　　　　　　图11-1-50

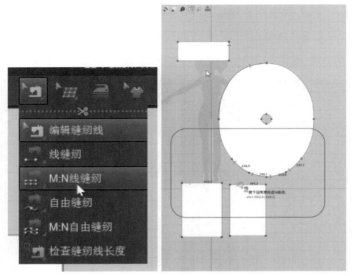

图 11-1-51   图 11-1-52

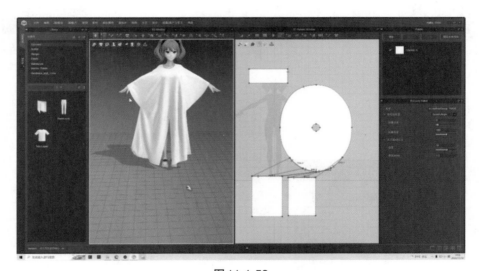

图 11-1-53

　　删除之前的版片，如图 11-1-54 所示重新在 2D 窗口画一个小长方形。如图
11-1-55 所示选择自由缝纫工具，这个工具可以自己确定缝纫边的长度。在小
长方形的边上点击两次确定缝合的边，再在椭圆版片上双击确定缝线的长度，
如图 11-1-56 所示。按空格键运算后会在 3D 窗口看见如图 11-1-57 所示的缝合
效果。

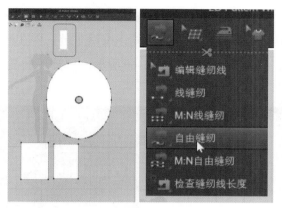

图 11-1-54　　　　　　　图 11-1-55

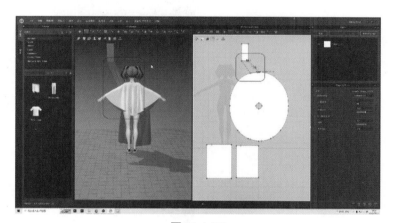

图 11-1-56

图 11-1-57

如图11-1-58所示再画出两个小长方形版片，如图11-1-59所示选择M:N自由缝纫工具，先确定两个小长方形的缝线，按回车键，再在椭圆上任意位置点击出缝线的长度，按回车键，如图11-1-60所示。运算后的缝合效果如图11-1-61所示。

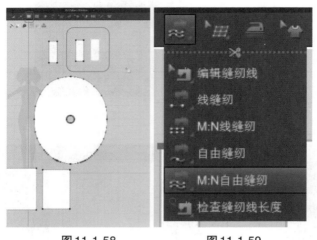

图11-1-58　　　　　　　　　　图11-1-59

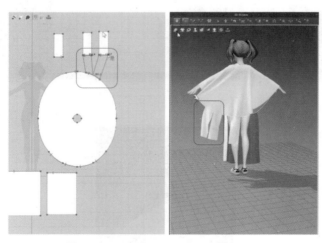

图11-1-60　　　　　　　　　　图11-1-61

最后用一下缝合功能给斗篷加一个衣领。

删除之前画的长方形版片，如图11-1-62所示只保留椭圆。在2D版片的人物剪影脖子上画出一个合适高度，画出如图11-1-63所示两倍脖子宽度的长方形版片。在3D窗口中选中新版片，如图11-1-64所示版片右上角有一个瞄准靶子一样的图标。点击这个图标，然后将视角旋转到虚拟模特的背面，如图11-1-65所示再点击虚拟模特的脖子，版片就定位到了脖子后面。再稍微移动版片调整一下位置，如图11-1-66所示使之不要和模特发生穿插。为了便于观察，这次在3D窗口进行缝合。

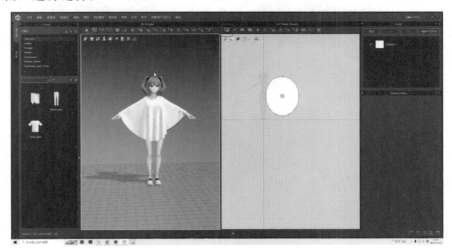

图 11-1-62

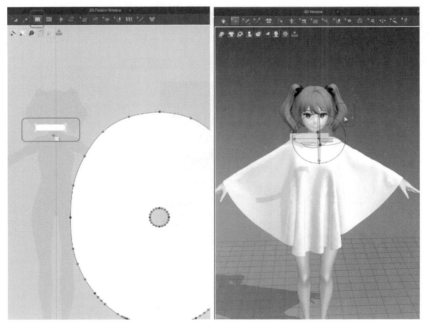

图 11-1-63   图 11-1-64

图 11-1-65

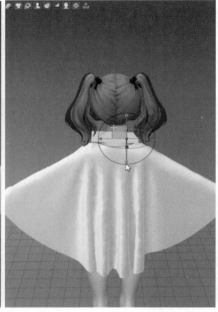
图 11-1-66

如图 11-1-67 所示选择 3D 窗口里的缝纫工具——M:N 线缝纫，如图 11-1-68 所示点击长方形的底边后按回车键，将视角旋转到虚拟模特的前面。如图 11-1-69 所示依次点击衣领的一圈线段。点击完后按回车键，如图 11-1-70 所示有蓝色的缝纫线。按空格键运算后如图 11-1-71 所示衣领就缝上去了。

图 11-1-67

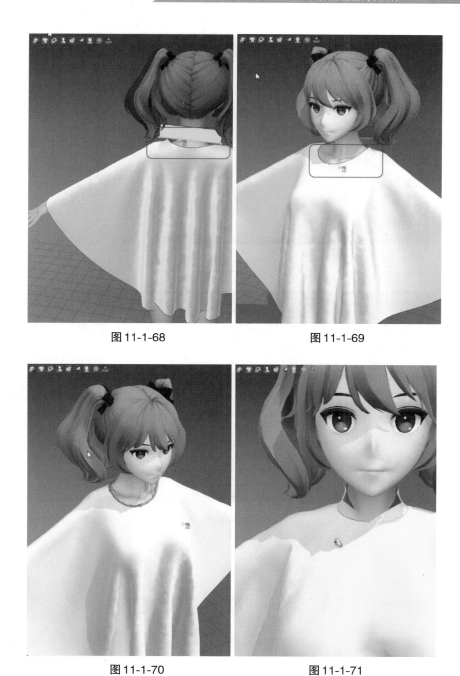

图 11-1-68　　　　　　　　　　　　　图 11-1-69

图 11-1-70　　　　　　　　　　　　　图 11-1-71

　　最后使用编辑版片工具，如图 11-1-72 所示在 2D 窗口里调整一下衣领的形状，这件简单的斗篷就制作完成了，如图 11-1-73 所示。

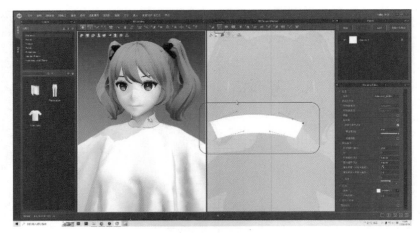

图 11-1-72

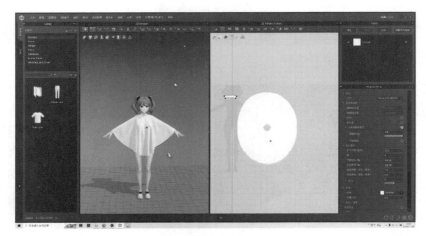

图 11-1-73

第二节　男式古装实例

这节内容是一个具体的案例，做一身男式古装。

打开MD软件，先载入一个虚拟男性模特。在左边的资源栏里的Avatar下，如图11-2-1所示选择"Male_V2"文件夹里的"MV2_Henry.avt"，双击后3D和2D窗口都载入了模特，如图11-2-2所示。

图 11-2-1

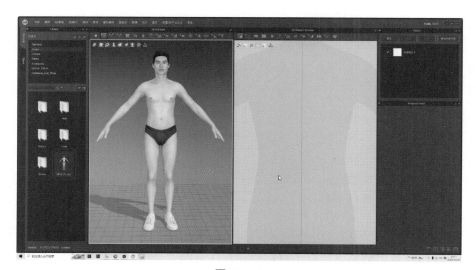

图 11-2-2

如图11-2-3所示在2D窗口用多边形工具画出一个如图11-2-4所示的版片。

注意鼠标按下去不松的同时，拖动鼠标会画出曲线点。画完后还可以用编辑版片工具调整点的位置，也可以用加点/分线工具增加版片上的点，最后效果如图11-2-5所示。

图 11-2-3

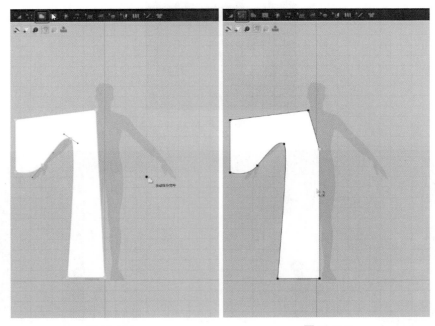

图 11-2-4   图 11-2-5

调整版片的形状后，用调整版片工具选取整个版片，点击鼠标右键，如图11-2-6所示在弹出的菜单里点击对称版片，在空白处点击鼠标会生成一个新的对称版片，如图11-2-7所示。这两个对称的版片有关联关系，也就是说，如果修改其中一个版片，另外一个会随之发生改变。这样在之后的修改中就会非常方便。

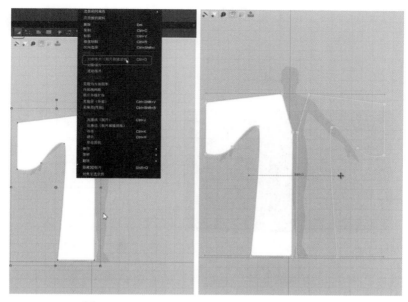

图 11-2-6   图 11-2-7

按住 Shift 键，如图 11-2-8 所示选择两块版片，点击鼠标右键，如图 11-2-9 所示用复制、粘贴的方法再创建两个版片作为衣服背后的版片（见图 11-2-10）。

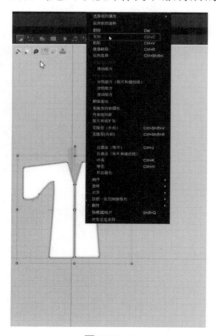

图 11-2-8

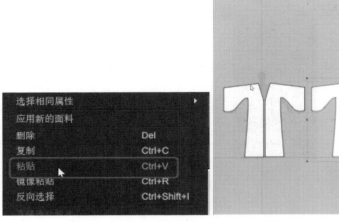

图 11-2-9   图 11-2-10

如图11-2-11所示用编辑版片工具把背后的衣领调整一下，把斜衣襟改成如图11-2-12所示的平领。在3D窗口中，如图11-2-13所示把衣服背后的版片移动到虚拟模特的背面。这时要确保版片的正面朝向模特的背部，即正面朝外。如果版片的正面朝向错误（如朝向模特内侧），在两个版片被选中的情况下点击鼠标右键，如图11-2-14所示在弹出的菜单中点击水平翻转，以将版片翻转到正确的方向（见图11-2-15）。

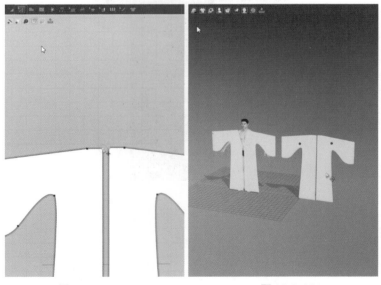

图 11-2-11   图 11-2-12

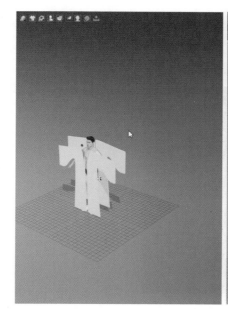

图 11-2-13　　　　　　　　　　　图 11-2-14

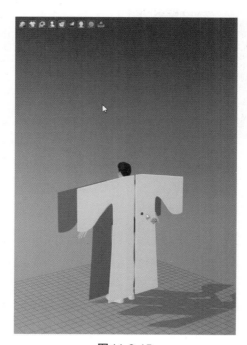

图 11-2-15

调整好版片位置后就可以缝制了。如图 11-2-16 所示在 3D 窗口选取线缝纫工具。如图11-2-17所示先把背后的两块版片缝上，注意缝线要平行，不能有交叉。接下来把衣服的前后片也缝一下，如图11-2-18所示只需要选择缝制一边的版片，另外一边因为有关联会自动复制缝线。

图11-2-16

图11-2-17

图 11-2-18

　　按空格键运算一下，如图 11-2-19 所示会发现衣领有点儿大，而且衣袖有些部分没有穿上。停止运算，如图 11-2-20 所示用编辑版片工具修改背后衣领的点，把衣领改小一些（见图 11-2-21）。再次运算，如图 11-2-22 所示用鼠标拉动两边的衣袖，让衣袖穿过手臂。

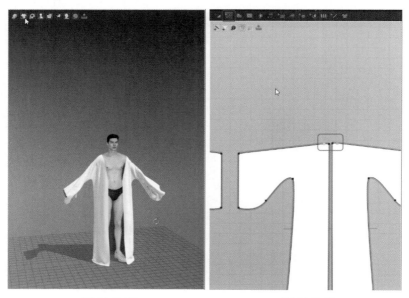

图 11-2-19　　　　　　　　　　　图 11-2-20

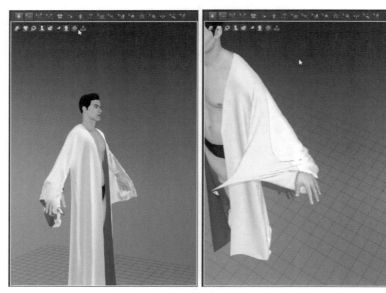

图 11-2-21   图 11-2-22

如图 11-2-23 所示在 2D 窗口中用编辑版片工具选中衣领的斜线，点击鼠标右键，如图 11-2-24 所示在弹出的菜单中点击版片外线扩张。在出现的窗口中设置间距为 40mm 后点击确认，如图 11-2-25 所示。如图 11-2-26 所示，衣领部分延伸出一部分。对背后的版片进行同样的操作，效果如图 11-2-27 所示。

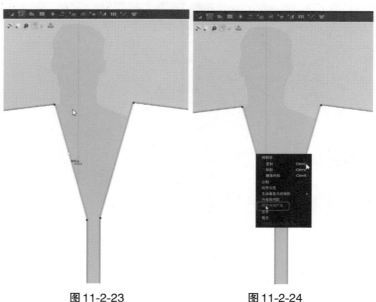

图 11-2-23   图 11-2-24

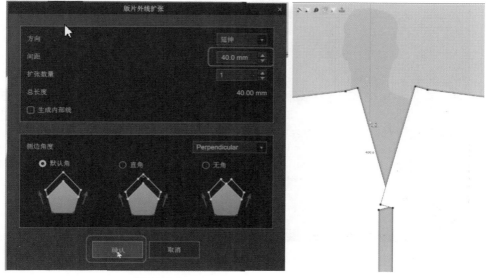

图 11-2-25　　　　　　　　　　　　　　　图 11-2-26

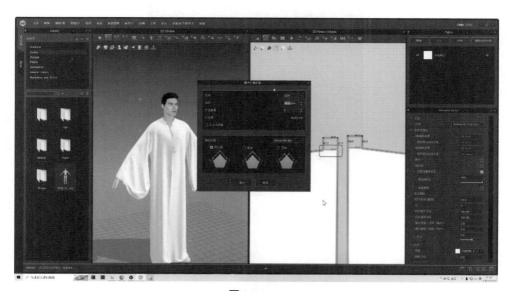

图 11-2-27

　　如图 11-2-28 所示，用线缝纫工具把延伸出来的衣领缝纫起来。如图 11-2-29 所示，运算的时候用鼠标拉一下衣领，衣领不要穿到模特的脖子里。

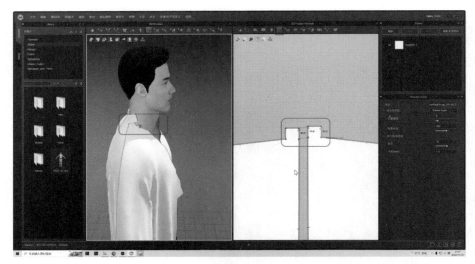

图 11-2-28

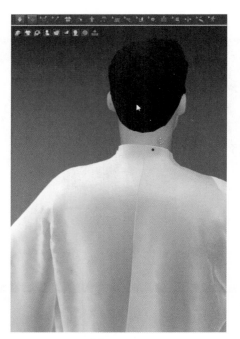

图 11-2-29

在2D窗口中，如图11-2-30所示选中内部多边形工具，分别点击衣领斜线的两端，结束的时候双击鼠标，如图11-2-31所示会产生一条版片内部的线。如图11-2-32所示，对背面的版片也进行同样的操作。

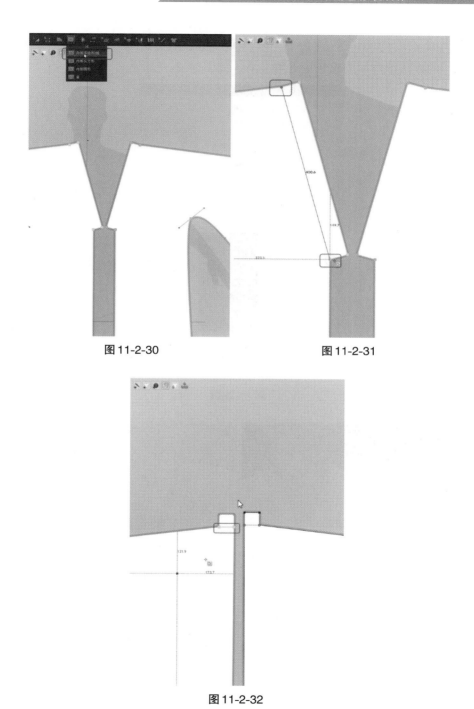

图 11-2-30　　　　　　　　　　　图 11-2-31

图 11-2-32

用编辑版片工具选中刚刚画出来的斜线，点击鼠标右键，如图11-2-33所示在弹出的菜单中选择剪切&缝纫，这样衣领就分离出来了，如图11-2-34所示。
用同样的方法把背后的衣领也处理一下，如图11-2-35所示。

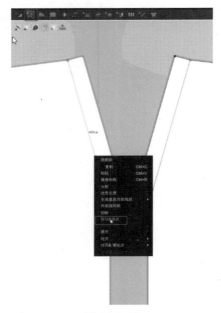

图11-2-33

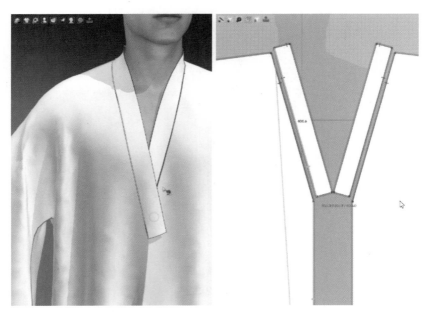

图11-2-34

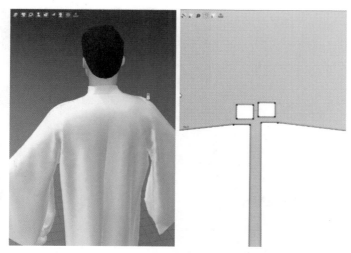

图11-2-35

　　选择如图所示的版片，点击鼠标右键，如图11-2-36所示在弹出的菜单中点击隐藏3D版片，把这块版片隐藏起来（见图11-2-37）。如图11-2-38所示在3D窗口的工具栏里选择假缝工具，分别点击如图11-2-39所示的衣领角和背后的版片，把衣襟和后腰的版片缝起来。再次点击鼠标右键，如图11-2-40所示选择显示所有3D版片，把之前隐藏的版片显示出来。按空格键运算，如图11-2-41所示同时拉动，整理衣服。

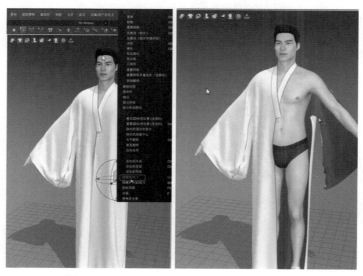

图11-2-36　　　　　　　　　图11-2-37

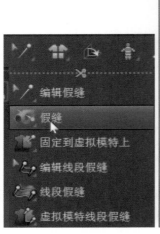

图 11-2-38

图 11-2-39

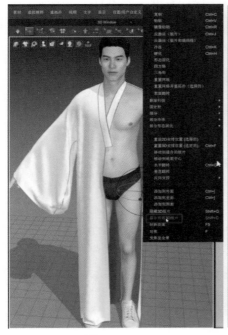

图 11-2-40

图 11-2-41

如果发现缝合的地方有些紧（见图11-2-42），可以在2D窗口把衣领的形状修改一下。如图11-2-43所示，把衣领改长一些，宽松一些（见图11-2-44）。

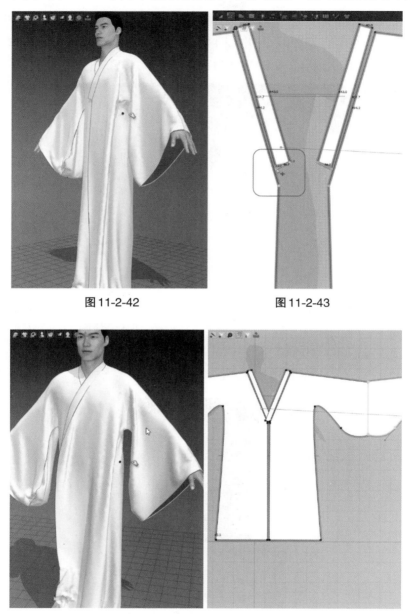

图11-2-42　　　　　　　　　　　　图11-2-43

图11-2-44

如图11-2-45所示同样用假缝工具把另一边的衣领和后腰缝起来。如果版片有穿插（见图11-2-46），修改一下版片的层属性，层数大的版片放在外面一层。因为前面的两块版片有关联，修改一块另一块会随之改变，不能分开设置，所以要先解除关联。选中一块版片，如图11-2-47所示在右键菜单中点击解除连动，之后再设置层，如图11-2-48至图11-2-50所示，右边的版片层属性设为0，左边的设为1，再次运算，如图11-2-51所示稍微拉一下，把衣襟拉好。

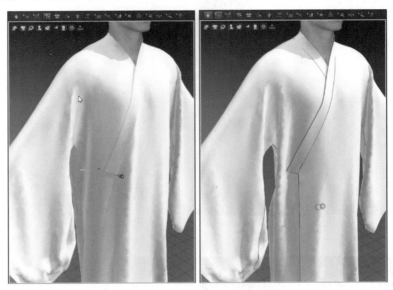

图 11-2-45　　　　　　　　图 11-2-46

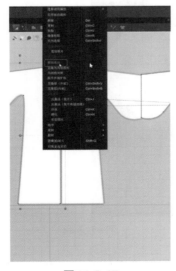

图 11-2-47

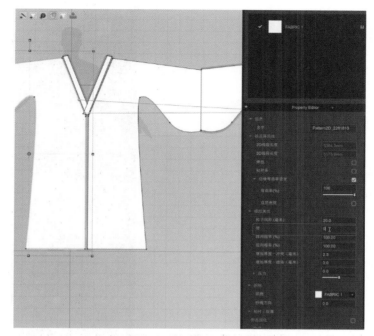

图 11-2-48

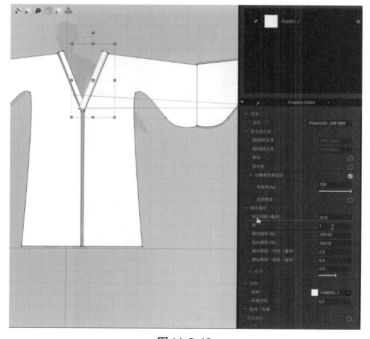

图 11-2-49

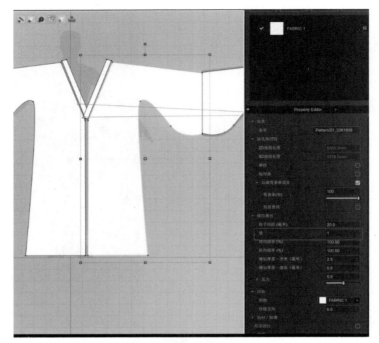

图 11-2-50

图 11-2-51

接下来做腰带。把衣服的版片移动到旁边，画出一个如图11-2-52所示的长方形，长度为差不多2倍腰宽。如果想给腰带设置另外的颜色或者材质，可以添加一种面料。如图11-2-53所示，在右边面板上点击增加，选中新增的FABRIC 2和腰带版片，点击小图标把版片归入新增面料中。在右边面料的参数中点击颜色后面的小色块，弹出调色板，选择一个蓝灰色作为腰带的颜色，如图11-2-54所示。

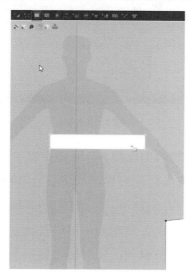

图11-2-52

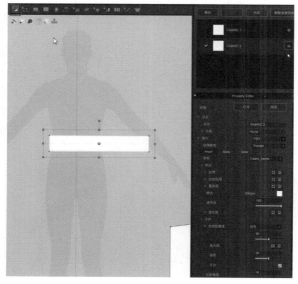

图11-2-53

图 11-2-54

　　为了缝合的时候腰带能够围在腰上，需要设置一下腰带的位置和形状。在3D面板中的显示图标中点击显示安排点，如图11-2-55所示，出现蓝色的小圆片，选中腰带版片。如图11-2-56所示，再点击模特腰部的小圆片。如图11-2-57所示，腰带围在了腰上。如图11-2-58所示，可以移动一下，稍微调整位置。用线缝合工具，给版片的两端建立缝线，同时腰带的层参数设为2（见图11-2-59）。按空格键模拟，可以看到腰带围在了腰上，并且没有和衣服发生穿插，如图11-2-60所示。

图 11-2-55　　　　　　　　　　图 11-2-56

图 11-2-57

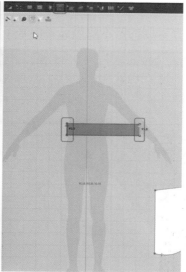
图 11-2-58

图 11-2-59

图 11-2-60

　　选中衣领的版片，都归入面料2中，这样衣领和腰带都是蓝色，如图11-2-61
所示。现在衣服的基本效果已经出来了，如图11-2-62所示。

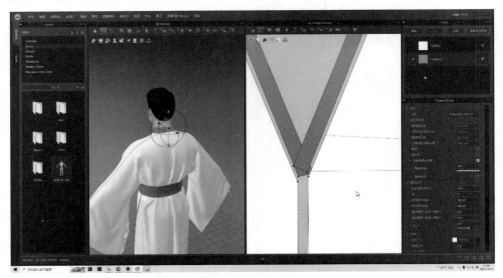

图 11-2-61

图 11-2-62

接下来创建腰带的系绳。基本重复之前的操作，新增面料3，如图11-2-63所示创建比较细的长条腰带，把颜色调得比腰带颜色浅一些。如图11-2-64所示，层参数设为3，系绳围在腰上，缝合两端，如图11-2-65所示。

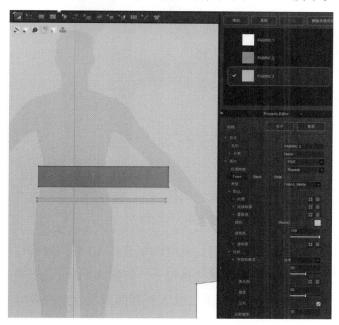

图11-2-63

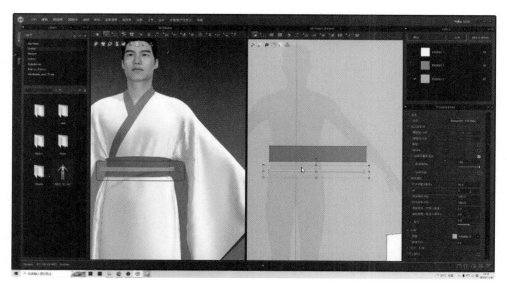

图11-2-64

图 11-2-65

再创建同样宽度的长条。用自由缝纫工具在3D窗口里将长条缝在腰带的一侧，如图11-2-66所示。需要缝两条带子，调整两条带子的长度，长度不要一样，如图11-2-67、图11-2-68所示。框选所有的版片，点击鼠标右键，在弹出的菜单中点击冷冻，如图11-2-69所示。这样已经做好的衣服不参与后面的运算，电脑不容易出现卡顿。

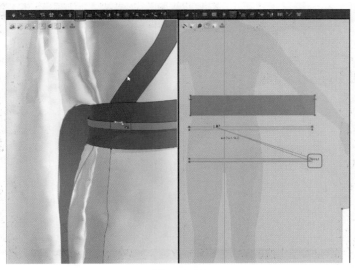

图 11-2-66

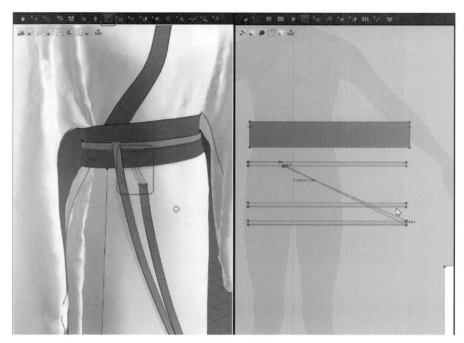

图 11-2-67

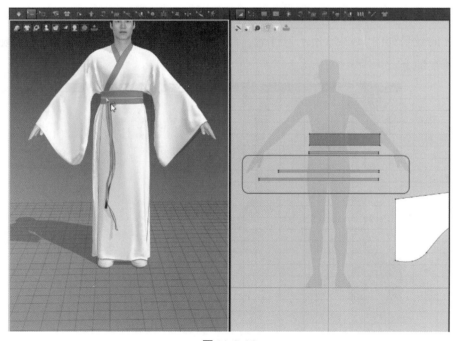

图 11-2-68

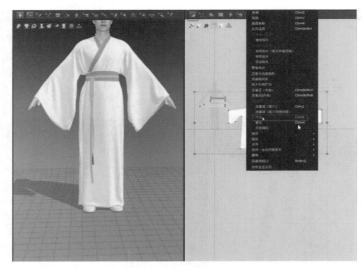

图 11-2-69

　　接下来单独做一个结，然后缝在腰带上，模拟系出来的绳结。创建一个和飘带同样宽度但比较短的长条，如图 11-2-70 所示，两端创建缝线。旋转 3D 窗口中的固定针工具，在长条的中间位置框选一小段，如图 11-2-71 所示。版片比较小，为了运算后的效果更好，粒子间距调整为 5，如图 11-2-72 所示。运算后版片的效果如图 11-2-73 所示。注意：版片是悬空的，如果不设置固定针，版片会掉在地上。

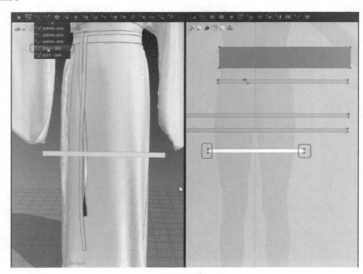

图 11-2-70

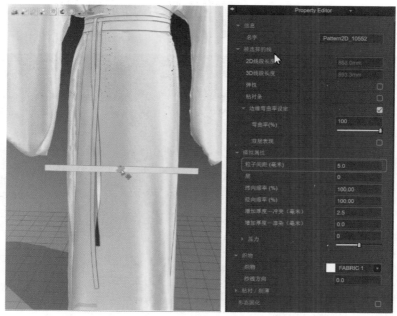

图 11-2-71　　　　　　　　　　　　　图 11-2-72

图 11-2-73

冷冻的版片在3D窗口中还是会被选中，所以将版片和模特都选中后在鼠标右键菜单中要选择隐藏，如图11-2-74、图11-2-75所示。调整新版片的位置为水平，如图11-2-76所示。如图11-2-77所示，在右键菜单中用镜像方式复制版片。如图11-2-78所示，将其放在一起，把一端缝起来。最后的效果如图11-2-79所示。

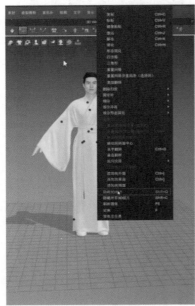
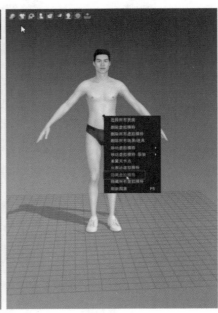

图11-2-74　　　　　　　　　　　　图11-2-75

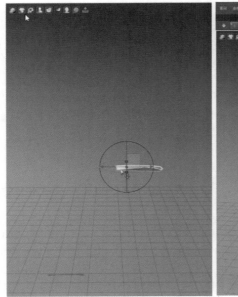

图11-2-76　　　　　　　　　　　　图11-2-77

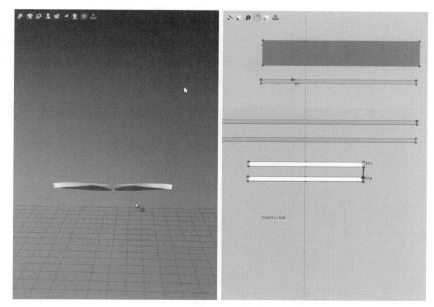

图 11-2-78

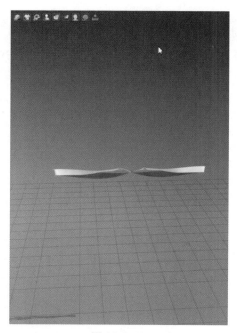

图 11-2-79

再次创建一个更短的版片，放置在如图 11-2-80 所示的位置。在 2D 窗口中用内部多边形工具在版片里画两条线段，如图11-2-81所示。在3D窗口中用折叠安排工具选中版片内部的线段，把版片部分旋转，如图11-2-82所示形成门框形状，这样缝合后版片会框住之前的布条。如图11-2-83所示在2D窗口调整新版片的长度，缩短到一个结的样子。

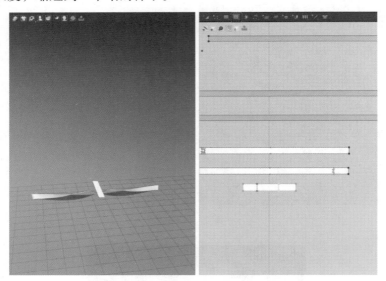

图11-2-80　　　　　　　　　　　图11-2-81

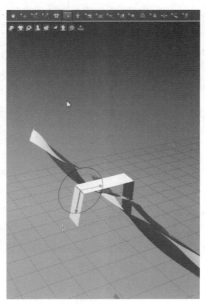

图11-2-82

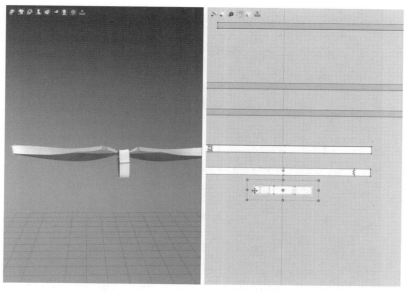

图11-2-83

给做好的结打一个固定针。用选择工具选择其他固定针，如图11-2-84所示
在鼠标右键的菜单里选择删除，让布条垂下来。可以给结和布条打一个假缝，
如图11-2-85所示。为了让两端不一样长，选择其中一个版片，如图11-2-86所
示纬向缩率参数设为120，这样一边就会长一些，如图11-2-87所示。

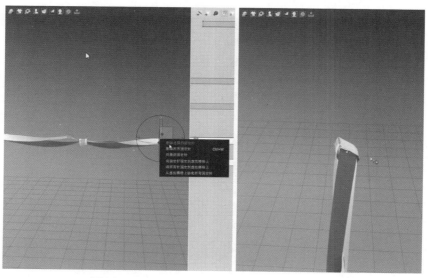

图11-2-84   图11-2-85

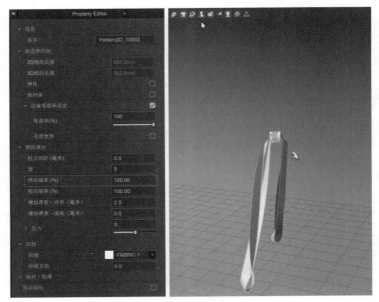

图 11-2-86   图 11-2-87

如图 11-2-88、图 11-2-89 所示，在 3D 窗口把模特和衣服显示出来。按住 Shift 键点击做好的结，最后点击结上的蓝色小点，出现坐标轴，点击坐标轴右上角的靶心，如图 11-2-90 所示。再点击模特腰部的腰带一侧，如图 11-2-91 所示，把做好的结定位到腰带上。

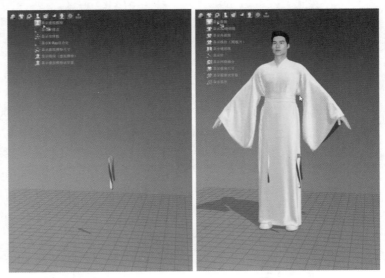

图 11-2-88   图 11-2-89

图11-2-90　　　　　　　　　　　图11-2-91

在运算的时候移动固定针的位置，调整一下，如图11-2-92所示。也可以用假缝把结固定一下，最后的效果如图11-2-93所示。解冻所有的版片，如图11-2-94所示把衣服版片的粒子间距调整到5，运算一下，会发现衣服的折皱效果细腻很多。最后的效果如图11-2-95、图11-2-96所示。完成的模型可以在文件下拉菜单里导出，OBJ和FBX这两种格式是比较常用的3D模型文件格式（见图11-2-97），模型可以在其他三维软件里打开。

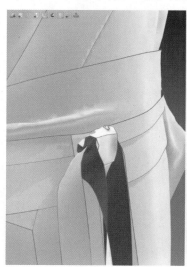

图11-2-92　　　　　　　　　　　图11-2-93

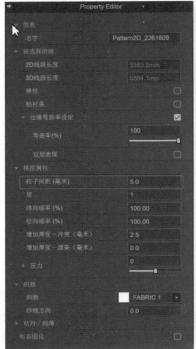

图 11-2-94

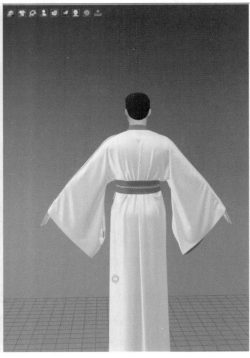

图 11-2-95

图 11-2-96

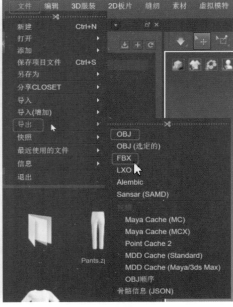

图 11-2-97

第十二章 角色服饰材质贴图制作

第一节 Substance Painter 入门

打开Substance Painter软件，如图12-1-1所示。点击左上角的文件下拉菜单，点击打开样本，如图12-1-2所示。在弹出的窗口中选择第一个文件打开，如图12-1-3所示，这是软件自带的示范文件，打开后界面变成如图12-1-4的样子，有一个带材质贴图的模型出现。

图12-1-1   图12-1-2

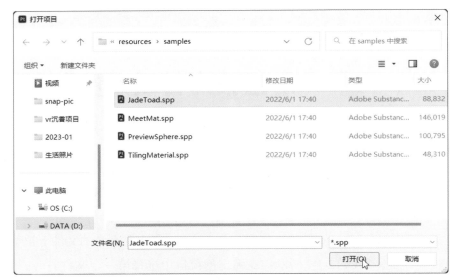

图 12-1-3

图 12-1-4

软件的界面大致分为 5 部分。

首先是最左边的工具栏，即第一栏，如图 12-1-5 所示，其与 Photoshop 软件类似。把鼠标放到工具栏的图标上停留一会儿，会出现工具的名字，都比较好理解。使用最多的是第一个画笔工具，用其可以进行贴图绘制。

第二栏是资料栏，如图 12-1-6 所示，包含材质、智能材质、智能遮罩、滤镜、笔刷、透贴、贴图、背景等，可以直接或间接作用在模型上。

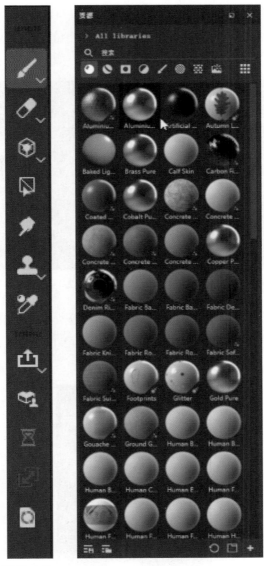

图 12-1-5   图 12-1-6

    第三栏是3D视窗，如图12-1-7所示，打开的模型就在这个窗口里进行观察，也可以在这个窗口里给模型绘制贴图。按住键盘上的Alt键，配合鼠标左键可以旋转观察模型；同时按下Ctrl键和Alt键，配合鼠标左键可以平移视窗；滑动鼠标中键的滚轮可以缩放视窗，如果鼠标没有滚轮，按住键盘上的Alt键，配合鼠标右键，也可以缩放视窗。

第四栏是材质贴图展平后的2D视窗，如图12-1-8所示。展平的状态是根据模型的UV设置的。一般导入Substance Painter中的复杂模型需要提前设置好UV方向。

图 12-1-7   图 12-1-8

第五栏是关于各种设置的面板，如图12-1-9所示，包含纹理集列表、属性-绘画、图层、纹理集设置，如图12-1-10、图12-1-11所示，都是做材质贴图时需要使用的。

图 12-1-9

图 12-1-10　　　　　　　图 12-1-11

　　另外，如图 12-1-12 所示，界面最上面的下拉菜单中内容不多，常用的文件主要有文件的保存、模型的导入和材质贴图的导入导出等用途。界面的最右边还有一个侧边栏，如图 12-1-13 所示，包含显示设置、着色器设置、历史记录、日志四个设置内容，可以分别点开进行设置和查看。

图 12-1-12　　　　　　　图 12-1-13

现在打开一个空白模型来试试软件。点击文件下拉菜单，点击打开样本，如图12-1-14所示。之前打开的文件不用保存，如图12-1-15所示选择Discard。在弹出的面板中选择第二个文件，如图12-1-16所示。

图12-1-14   图12-1-15

图12-1-16

打开的文件是一个白色的小人模型，如图12-1-17所示。这个模型已经分好了UV，也有一些预先烘焙好的法线贴图、高度贴图、环境贴图等辅助性的贴图，这些信息可以在右边的面板中查看到，如图12-1-18所示。

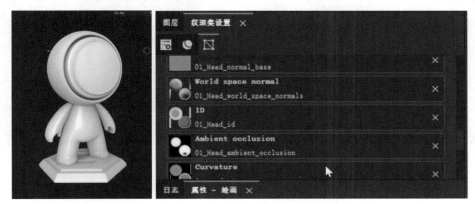

图12-1-17　　　　　　　　　　　　　图12-1-18

在左边的材质资源库里随意选择一个，用鼠标左键拖动到模型头上，模型就有了材质效果，并且在右边的图层面板里看到多了一个图层，如图12-1-19所示。

图12-1-19

资源库中第二栏是智能材质库。如图12-1-20所示，在智能材质库中随意选择一个材质球，拖动到模型上，其和普通材质一样也会多一个图层，如图12-1-21所示。与普通材质不同的是，智能材质会根据模型之前包含的高度贴图、法线贴图等信息计算出相应的效果，如现在这个材质就在模型容易磨损的地方出现了边缘的磨损、变色效果，这是普通材质做不到的。

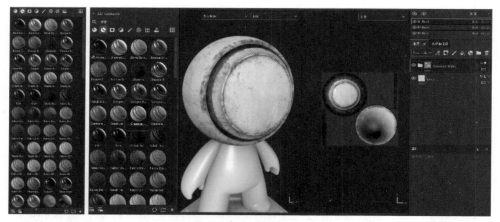

图 12-1-20   图 12-1-21

如图 12-1-22 所示，在智能遮罩资源栏中，遮罩与材质搭配使用，可以直接将其拖动到图层上，使下面一层的材质效果通过遮罩显示出来，如图 12-1-23 所示。

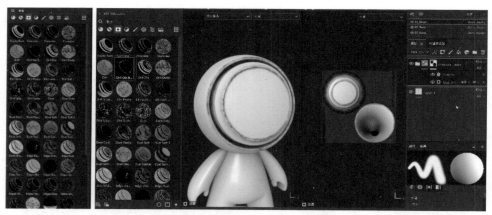

图 12-1-22   图 12-1-23

如图 12-1-24 所示，第四栏的资源是滤镜，也是直接将其拖动到图层上，给材质贴图加上滤镜效果。如图 12-1-25 所示，添加滤镜后改变了材质的光照颜色。

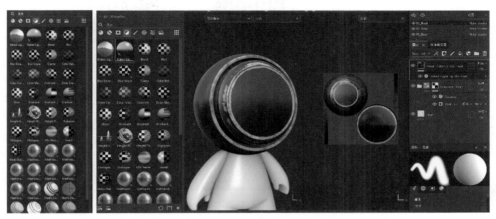

图12-1-24　　　　　　　　　　　　　　图12-1-25

　　如图12-1-26所示，这栏资源是各种各样的笔刷，可以配合画笔工具在模型上绘图。如图12-1-27所示，选择一个笔刷，在"图层一"里进行绘制。画笔的参数在右边属性栏中可以修改，如图12-1-28所示在 Base color 栏中修改颜色后，在模型上进行绘制。

图12-1-26　　　　　　　　　　　　　　图12-1-27

图 12-1-28

如图 12-1-29 所示，这是各种黑白贴图资源，可以用作贴在模型上的图案。如图 12-1-30 所示，拖动一个图案到模型上，会出现如图 12-1-31 所示的弹窗，选择 Mask 蒙版，会出现一个新的材质层，如图 12-1-32 所示，调节相关的参数，可以更改图案的大小、位置等。

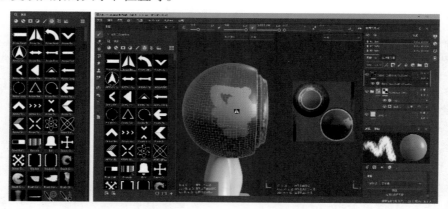

图 12-1-29   图 12-1-30

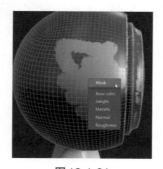

图 12-1-31

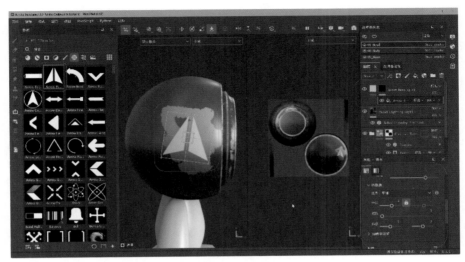

图 12-1-32

如图 12-1-33 所示，这一栏是贴图资源，包含各种类型的贴图。比如，图 12-1-34 所示的蓝色十字是一个法线贴图，可以给模型赋上凹凸效果。把贴图拉到模型上，在弹出的面板里选择 Height，会出现如图 12-1-35 所示的凹凸效果。

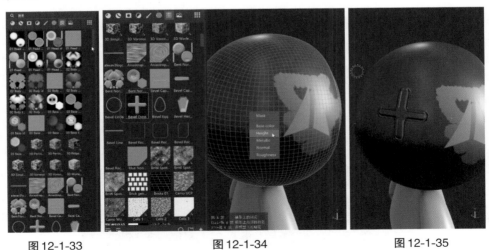

图 12-1-33　　　　　　　　图 12-1-34　　　　　　　　图 12-1-35

最后一栏是背景贴图，如图 12-1-36 所示。背景的改变可以给模型带来不同的反射效果，也就是环境光作用。如图 12-1-37 所示，拖动一个暖色调的背景图到 3D 视窗里，会发现模型整个色调变暖了。

图 12-1-36   图 12-1-37

了解基本的操作后，接下来通过具体的案例来学习材质的制作。

第二节　Substance Painter 中制作材质贴图

打开 Substance Painter 软件，点击文件下拉菜单中的新建，如图 12-2-1 所示。在弹出的面板中选择默认的 PBR 材质类型，文件分辨率设置为 4096，如图 12-2-2 所示。点击选择按钮，在弹出的打开文件面板里找到之前做的低精度模型，如图 12-2-3 所示，打开。确定之后视窗中出现之前做的低模，如图 12-2-4 所示。

图 12-2-1   图 12-2-2

图 12-2-3

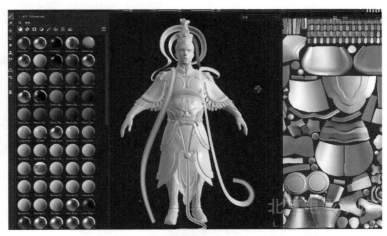

图 12-2-4

　　接下来把高模的效果烘焙到低模上。在右边的纹理集设置面板中点击烘焙模型贴图按钮，如图 12-2-5 所示。在弹出的面板中设置输出大小为 4096，点击如图 12-2-6 所示的按钮，在出现的打开文件面板中选择高模打开，如图 12-2-7 所示。烘焙面板的效果如图 12-2-8 所示，点击烘焙所选纹理。如图 12-2-9 所示，我们会看到模型效果是高模的。图 12-2-10 所示比较精细，而实际上这个模型是低精度的，顶点、边和面数都比较少。

• 385 •

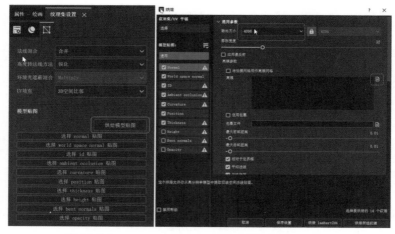

图 12-2-5   图 12-2-6

图 12-2-7   图 12-2-8

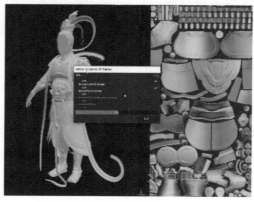

图 12-2-9

图 12-2-10

在我的电脑文件夹中找到之前收集的纹理图片，如图12-2-11所示。全选这些图片，用鼠标把它们拖动到软件的资源栏中，如图12-2-12所示，会弹出如图12-2-13所示的导入资源面板，把面板中所有文件的类型都改成Alpha，把资源导入当前项目名称中，如图12-2-14所示，点击导入后，在资源栏中我们会看到所有纹理图片，如图12-2-15所示。

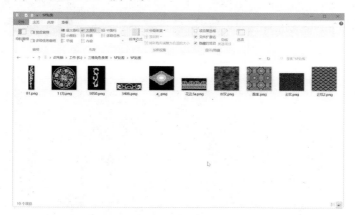

图 12-2-11

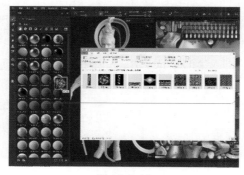

图 12-2-12

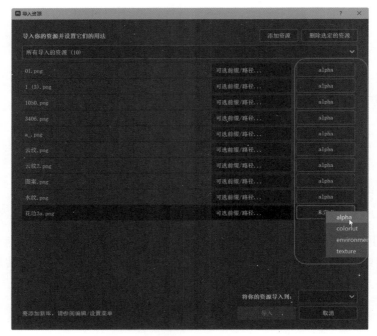

图 12-2-13

图 12-2-14

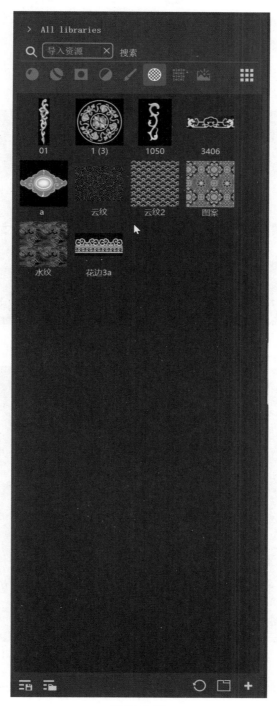

图12-2-15

准备工作做完后，在图层面板上点击添加填充图层按钮，如图12-2-16所示。把新添加的图层属性面板中的均一颜色调出一个如图12-2-17所示的棕红色，再把Roughness值调到1，如图12-2-18所示，这是完全亚光材质效果。

图12-2-16

图12-2-17   图12-2-18

如图12-2-19所示，在图层面板中创建一个文件夹，双击文件夹的名字，重新命名为"布料－暗红"，以便之后更改的时候分辨材质效果。拖动之前的填充图层到文件夹中，这样填充图层就变为文件夹的一部分，如图 12-2-20 所示。在文件夹旁边的方框上点击鼠标右键，如图 12-2-21 所示选择添加黑色遮罩，添加完后的效果如图 12-2-22 所示。在新出现的遮罩图标上点击鼠标右键，在弹出的面板上选择添加绘图，之后如图 12-2-23 所示在遮罩下面出现一个绘画图层，通过绘画图层可以给模型部分添加填充图层 1 的效果。

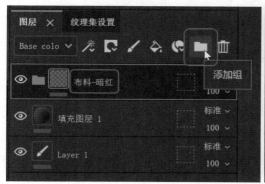

图 12-2-19

图 12-2-20

图 12-2-21

图 12-2-22 图 12-2-23

在选中绘画图层的情况下，如图 12-2-24 所示选择几何体填充工具。在 3D 窗口中选择模型填充，如图 12-2-25 所示。然后依次点击上衣部分的模型，如图 12-2-26 所示。如果点击有误，多选了一些模型，点击如图 12-2-27 所示的反转数值按钮，在数值为 0 的情况下，点击之前点错的部分，就可以完成反选。

图 12-2-24 图 12-2-25

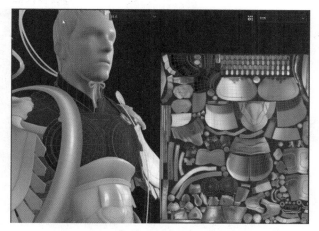

图 12-2-26

图 12-2-27

　　重复之前创建图层的操作，再添加一个文件夹、填充图层、黑色遮罩、遮罩的绘画层，如图 12-2-28 所示。给新添加的填充图层设置一个暗色的基础色，调大 Roughness 值，如图 12-2-29 所示。如图 12-2-30 所示用几何体填充工具，选择模型的衣领和胸甲外环，如图 12-2-31 所示。可以配合在 2D 的 UV 展开图中选择面，这样比较准确。

图 12-2-28

图 12-2-29

图 12-2-30   图 12-2-31

再次重复操作，设置一个名为"金属圆盘"的文件夹，如图12-2-32所示设置里面的填充图层颜色为暗铜色，Metallic金属特性调一个较大的数值，在选择绘画遮罩图层的情况下，点击模型的胸甲内圈，使胸甲呈现暗铜色的金属材质，如图12-2-33所示。

图12-2-32

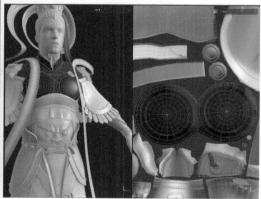

图12-2-33

　　重复之前的操作，新建一个名为"黄金"的文件夹，把其下的填充图层设置一个黄金色的材质，参数如图12-2-34所示。这个材质赋予胸前扣带的扣头和肩带的两侧，如图12-2-35所示。

图12-2-34

图12-2-35

新建一个名为"红宝石"的文件夹，其下填充图层的参数如图12-2-36所示，是一个红色高光、高反射材质。把这个材质赋予扣头上的中间半圆，如图12-2-37所示。上半身的材质设定就完成了，可以进一步细化。

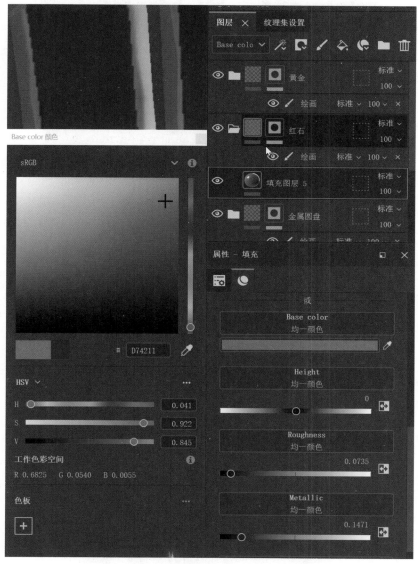

图12-2-36

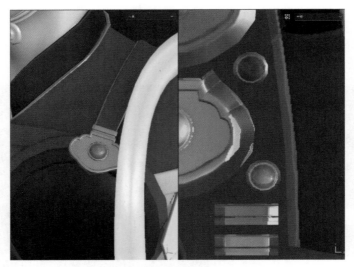

图 12-2-37

选择"黄金"文件夹下的绘画层，如图 12-2-38 所示，在工具栏中选择画笔工具，选取如图 12-2-39 所示的基础笔刷，修改笔刷大小到如图 12-2-40 所示的小笔刷，配合 Shift 键，把肩带上的锯齿部分重新画一下，在按住 Shift 键的同时点击鼠标能画直线，图 12-2-41 是改前改后的对比效果。现在上半身所有材质的大致分布完成，图层上共有 5 个文件夹，如图 12-2-42 所示。

图 12-2-38

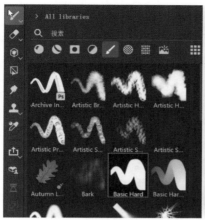

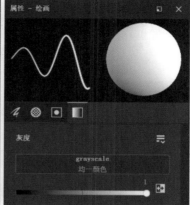

图12-2-39　　　　　　　　　　　　　　　图12-2-40

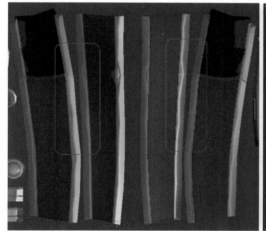

图12-2-41　　　　　　　　　　　　　　　图12-2-42

接下来对各个材质进行细化。打开名为"布料–暗红"的文件夹，在里面新建一个名为"云纹"的文件夹，在里面添加一个填充图层，修改图层的色彩和Roughness值，参数如图12-2-43所示，显示深红色的亚光效果。给"云纹"文件夹添加黑色遮罩，如图12-2-44所示，在遮罩图标上点击鼠标右键，在弹出的如图12-2-45所示的菜单中选择添加填充，选择填充图层，拖动一个之前导入的图案到如图12-2-46所示的灰度条上，暗红色布料上会出现很大的纹理，如图12-2-47所示。在填充图层的参数面板上找到平铺，修改数值，使花纹大小合适，效果如图12-2-48所示。

图 12-2-43   图 12-2-44

图 12-2-45   图 12-2-46   图 12-2-47

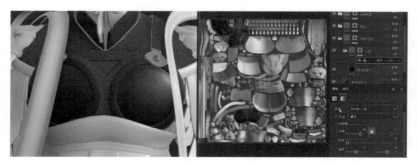

图 12-2-48

在"云纹"文件夹中再创建一个"金属感"文件夹，里面包含一个金属效果的图层，参数如图12-2-49所示。文件夹的黑色遮罩下包含绘画层，用几何体填充工具选择胸甲上周围的布料，使花纹的颜色有些区别，如图12-2-50所示。

图12-2-49

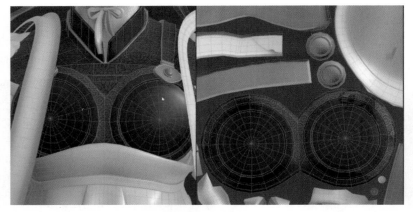

图 12-2-50

在"黄金"文件夹里添加包含填充图层的文件夹，同样给文件夹添加黑色遮罩，如图 12-2-51 所示。在遮罩图标上点击鼠标右键，在弹出的菜单中选择添加生成器，如图 12-2-52 所示。点击生成器黑框，在出现的图标中选择如图 12-2-53 所示的 Dirt 生成器，金色扣头上会出现灰白色的污渍，如图 12-2-54 所示。这个灰白色是由填充图层的效果决定的，因此修改填充图层的颜色和粗糙度，参数如图 12-2-55 所示，再修改 Dirt 生成器的参数，使污渍的范围缩小一些，参数如图 12-2-56 所示。最后效果如图 12-2-57 所示。

图 12-2-51

图 12-2-52

图 12-2-53

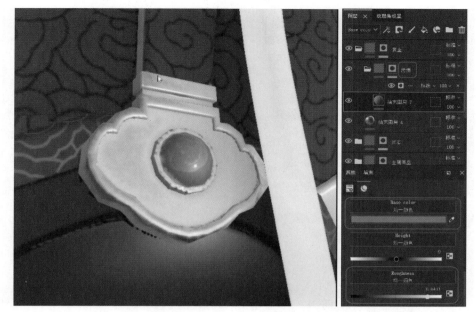

<table>
<tr><td>图12-2-54</td><td>图12-2-55</td></tr>
</table>

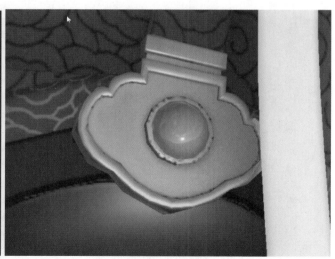

图12-2-56　　　　　　　　　　图12-2-57

接下来在"褐色"文件夹中添加如图12-2-58所示的带填充遮罩效果的文件夹，填充一个水纹图，调整平铺参数使纹理大小合适。调整"褐色"文件夹里的填充图层效果为浅褐色的金属质感，如图12-2-59所示。最后的效果如图12-2-60所示。

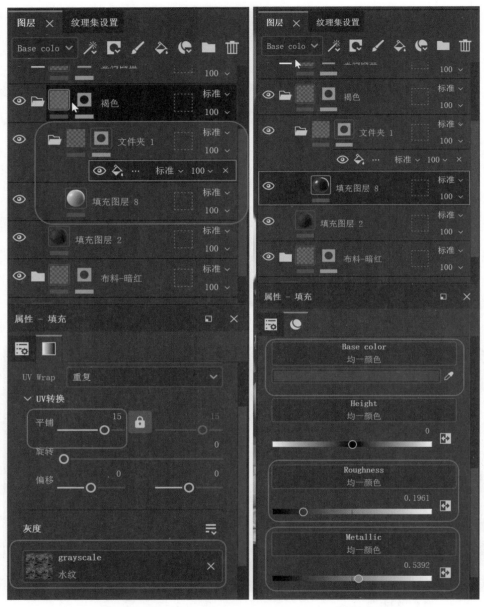

图 12-2-58

图 12-2-59

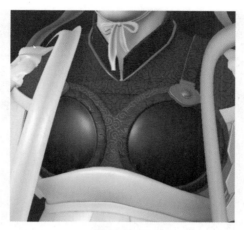

图 12-2-60

　　在"金属圆盘"文件夹中创建一个带绘画图层黑色遮罩的文件夹，如图12-2-61所示，选一张圆形纹样的图片，应用到绘画下的透贴栏中，用键盘上的括号键［］调整画笔的大小，使其与胸甲中间的金属圆盘一致，在圆盘中间点击鼠标，将花纹绘制到圆盘上。接下来调整文件夹里包含的填充图层，使之成为一个有浅色浮雕效果的金色花纹，参数和效果如图12-2-62所示。最后，在胸甲的另一边也画上花纹，效果如图12-2-63所示。

图 12-2-61

图 12-2-62

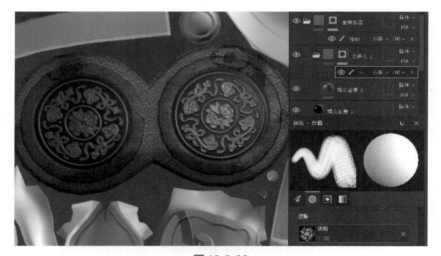

图 12-2-63

再次打开"褐色"文件夹，添加一个带生成器图层黑色遮罩的文件夹，给文件夹改名为"抛光"，如图 12-2-64 所示，点击生成器参数，选择 Curvature 生成器，调整参数使效果范围缩小，效果和参数如图 12-2-65 所示。调整文件夹中填充图层的参数，如图12-2-66所示，显示浅褐色的金属高光材质，注意其有向内凹陷的效果。

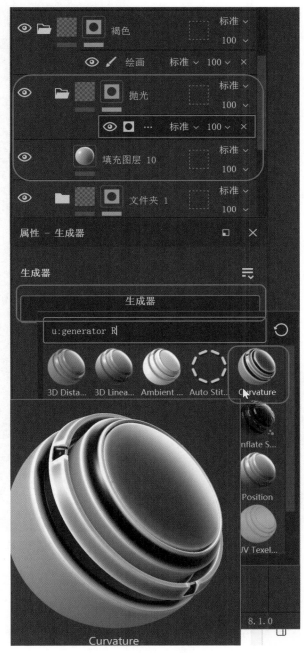

图12-2-64

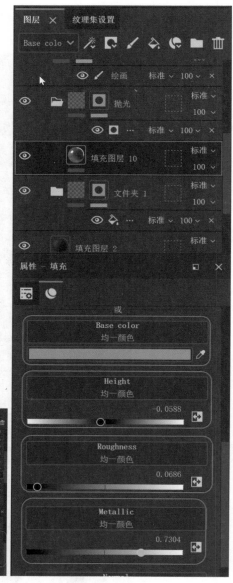

图 12-2-65   图 12-2-66

  给"抛光"文件夹的黑色遮罩再添加一个绘画图层,如图12-2-67所示,选择一个划痕笔刷,在褐色圆盘圈上画出一些凹痕,效果如图12-2-68所示。改选几何体填充工具,在参数栏里把颜色改成黑色,如图12-2-69所示。选择模型的衣领部分,把衣领上的抛光划痕去除,效果如图12-2-70所示。

图 12-2-67

图 12-2-68

123 4 5 6 7 8 9

图12-2-69　　　　　　　　　　图12-2-70

　　新建一个名为"胸部"的文件夹，把之前做好的材质都拖到里面去，如图12-2-71所示。新建一个文件夹，如图12-2-72所示，把这个文件夹改名为"腰部"，在其中添加一个名为"布料–红"的文件夹，在里面添加一个填充图层，如图12-2-73所示。调整填充图层的参数，使之成为有亚光效果的红棕色，如图12-2-74所示，给"布料–红"文件夹添加黑色遮罩，给遮罩添加绘画图层，用工具栏中的几何体填充工具选择腰部的布料模型，效果如图12-2-75所示。

 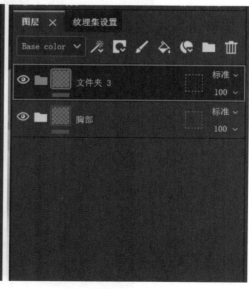

图12-2-71　　　　　　　　　　图12-2-72

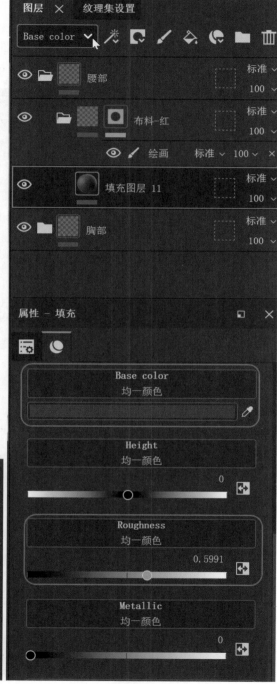

图 12-2-73

图 12-2-74

在"布料–红"文件夹中再添加一个文件夹，设置黑色遮罩和填充图层，给黑色遮罩添加填充，如图12-2-76所示，拖动之前导入的花纹透贴图到灰度栏里，调整平铺值，使图案大小合适。修改填充图层的颜色为暗红色，如图12-2-77所示调整粗糙度和金属值，使花纹呈现丝绸的质感，效果如图12-2-78所示。

图12-2-75　　　　　　　　　　　　　图12-2-76

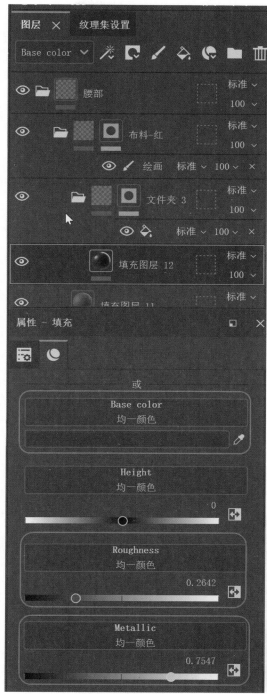

图 12-2-77

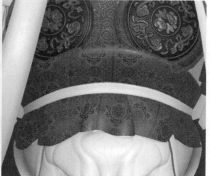

图 12-2-78

创建如图12-2-79所示名为"细腰带–绿色"的整套文件夹，修改其中的填充图层，使材质呈现有亚光效果的绿色，把这个材质用之前一样的方式赋予腰带模型，如图12-2-80所示。

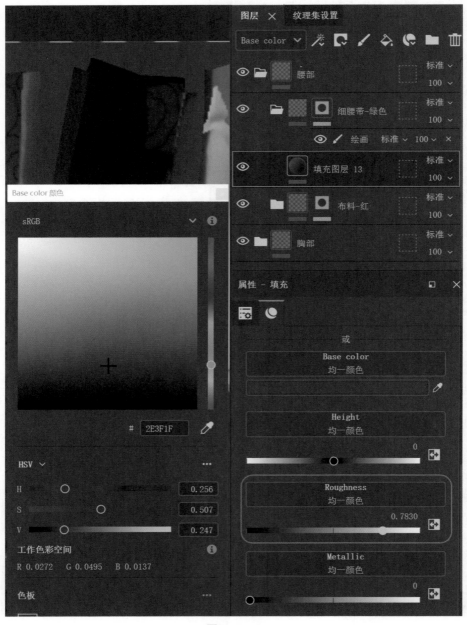

图12-2-79

图12-2-80

再次新建一套文件夹，选中黑色遮罩下的绘画图层，选用画笔工具，如图12-2-81所示选择一个基础笔刷，在右边的绘画属性面板上拖动一张之前导入的图案到透贴通道上，如图12-2-82所示。在腰带模型上，先按键盘上的［］键调整笔刷大小，再在腰带中间点击一下，画出如图12-2-83所示的图案。

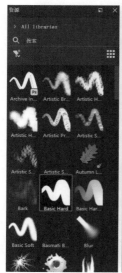

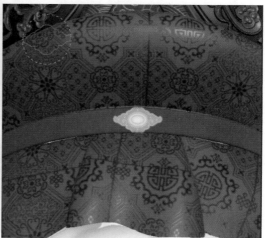

图12-2-81　　　　图12-2-82　　　　图12-2-83

调整填充图层的效果为一个带有高度参数的黄金材质，参数如图12-2-84所示。腰带上的图案效果如图12-2-85所示，是一个浅浮雕样式的金扣。

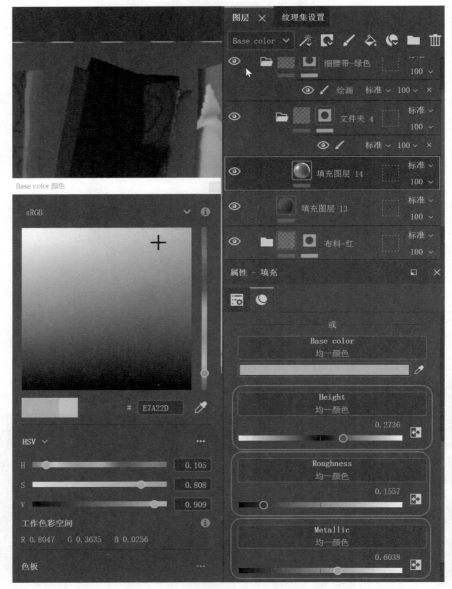

图12-2-84

图 12-2-85

回到绘画图层，删除透贴里的图案，如图 12-2-86 所示，在腰带模型上用鼠标配合 Shift 键画出如图 12-2-87 所示的线形装饰。拖动另外一张图案到透贴通道，如图 12-2-88 所示，在腰带模型上按住 Ctrl 键，拖动鼠标左键调整画笔的角度，在腰带上画出图案，效果如图 12-2-89 所示。

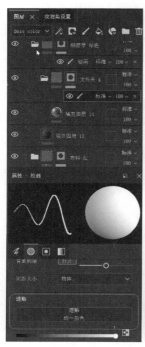

图 12-2-86　　　　　　　　　　　　图 12-2-87

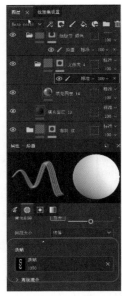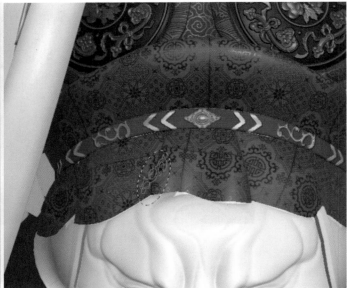

图 12-2-88　　　　　　　　　　图 12-2-89

　　给肚子上的布料建立一个文件夹，内里设置如图12-2-90所示，通过几何体填充工具赋予肚子布料模型，效果如图12-2-91所示。在文件夹中再创建一个名为"图案"的文件夹，设置在绿色填充层之上，如图12-2-92所示。使用一张水纹图片，通过调整图层的显示度调整图案的明暗效果，最后的效果如图12-2-93所示。

图 12-2-90　　　　　　　　　　图 12-2-91

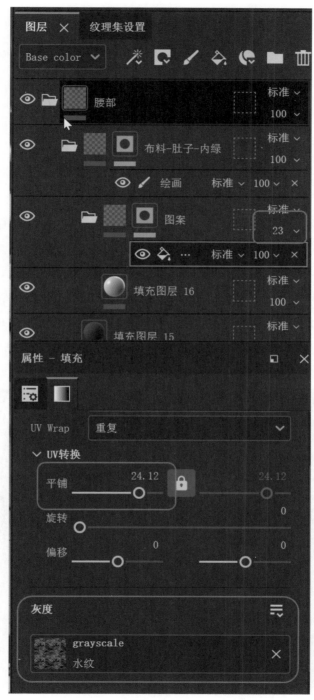

图 12-2-92

图12-2-93

　　依然是同样的操作，建立一个名为"黄金"的文件夹，只须简单调改内含填充的图层颜色，设置如图12-2-94所示。先用几何体填充工具选择腰带和鼻环模型，如图12-2-95所示；再用画笔工具画出兽头的嘴唇和眼线，如图12-2-96所示。在资源栏的智能材质栏中选择如图12-2-97所示的金属材质，把材质球拉到"黄金"文件夹里，如图12-2-98所示，呈现的效果如图12-2-99所示。修改智能材质内的参数设置，如图12-2-100、图12-2-101所示，颜色调暖一些，关闭脏污效果图层，最后的效果如图12-2-102所示。

图12-2-94　　　　　　　　　　　图12-2-95

图12-2-96

图12-2-97

图12-2-98

图12-2-99

图 12-2-100

图 12-2-101 　　　　　　　　　　图 12-2-102

　　在智能材质之上创建一个文件夹，如图 12-2-103 所示调出有亚光效果的暗红色，用几何体填充工具选择腰带内部的面，效果如图 12-2-104 所示。在这个文件夹里创建一个含绿色填充图层的文件夹，如图 12-2-105 所示，设置一个负数的高度值，在填充通道里添加一张水纹图片，如图 12-2-106 所示。最后的效果是如图 12-2-107 所示的红色腰带上有凹陷的绿色纹理。

图 12-2-103 　　　　　　　　　　图 12-2-104

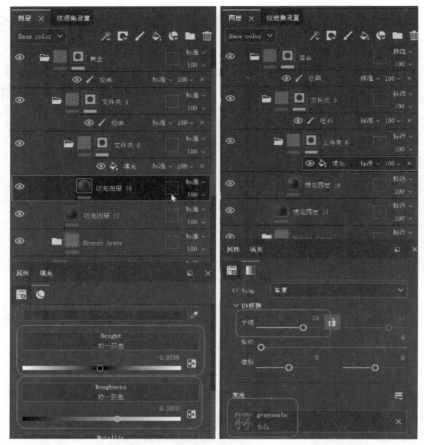

图 12-2-105　　　　　　　　　　图 12-2-106

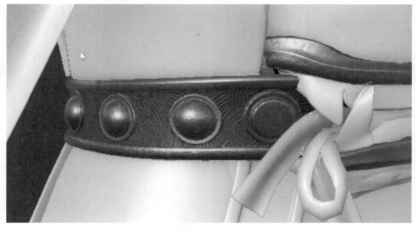

图 12-2-107

这个软件也支持扩展材质的使用，可以导入外部的材质文件。如图12-2-108所示，后缀名为spsm的文件就是Substance Painter的材质文件。把这两个文件拖入软件界面中，会出现如图12-2-109所示的对话框，设置导入现在的项目中，就会出现在资源栏里，如图12-2-110所示，其可以与其他材质球一样在模型上使用。

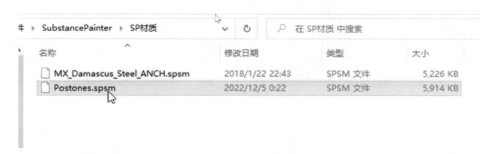

图 12-2-108

图 12-2-109   图 12-2-110

新建一个名为"兽头–大马士革钢"的文件夹，如图12-2-111所示，选择模型上的兽头部分，如图12-2-112所示。把之前导入的材质用鼠标左键拉到图层里，如图12-2-113所示，兽头的效果如图12-2-114所示。

图12-2-111   图12-2-112

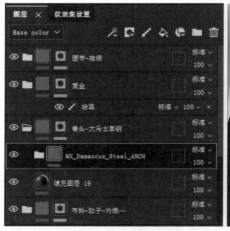

图12-2-113   图12-2-114

　　修改导入材质内的各个图层效果，如图12-2-115所示，调整花纹的大小和颜色，效果如图12-2-116所示。在导入模型的图层上方创建一个名为"污渍"的文件夹，给黑色遮罩上添加生成器，选择Dirt污渍生成器，如图12-2-117所示，效果如图12-2-118所示。调整污渍颜色和粗糙度，如图12-2-119所示，最后效果如图12-2-120所示。

图 12-2-115　　　　　　　　　　　　　　图 12-2-116

图 12-2-117　　　　　　　　　　　　　　图 12-2-118

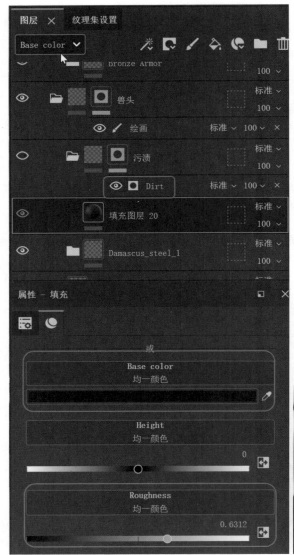

图12-2-119

图12-2-120

新建一个名为"眼睛"的文件夹，颜色和粗糙度如图12-2-121所示，用画笔给兽头的眼珠涂上颜色，如图12-2-122所示。在文件夹里加入一个名为"眼珠"的文件夹，如图12-2-123所示把其内的填充图层颜色改为黑色，用画笔在眼睛上画出黑眼珠，如图12-2-124所示，再把眼睛的底色改为如图12-2-125所示的淡蓝色，最后效果如图12-2-126所示。

图12-2-121

图12-2-122

图12-2-123

图 12-2-124   图 12-2-125

图 12-2-126

　　如图12-2-127所示创建一个棕色的兽头毛发材质，选择如图12-2-128所示的笔刷，给兽头画上眉毛，效果如图12-2-129所示。如图12-2-130所示给棕色材质加一些高度，再给兽头毛发的遮罩上加一个Blur滤镜，参数如图12-2-131所示，最后的效果如图12-2-132所示。

图 12-2-127

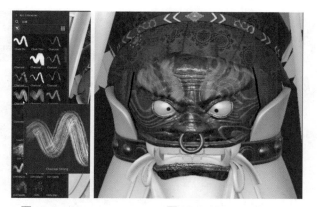

图 12-2-128　　　　　　　图 12-2-129

图 12-2-130

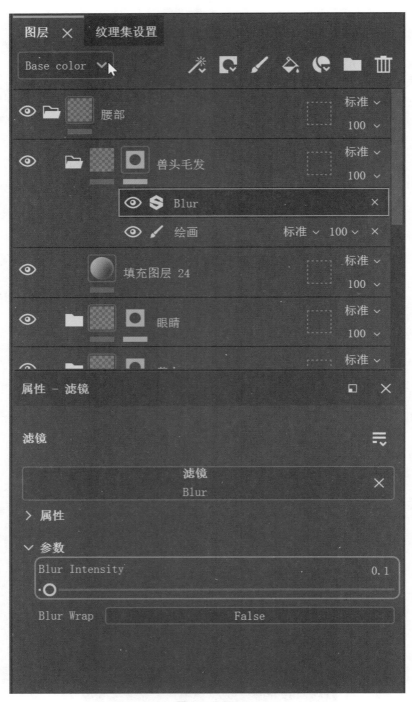

图 12-2-131

图 12-2-132

　　添加毛发后发现和兽头上的花纹有重复，可以调整兽头材质，更换颜色，关闭如图 12-2-133 所示的材质效果，取消起伏的花纹，最后效果如图 12-2-134 所示。

图 12-2-133

图 12-2-134

　　新建一个材质文件夹，如图 12-2-135 所示，把这种材质赋予兽头的牙齿部分，如图 12-2-136 所示，拖动之前导入的另外一种材质到图层里，如图 12-2-137 所示，这是一个有宝石效果的材质，牙齿的效果如图 12-2-138 所示。修改有宝石效果材质文件夹里的基础材质颜色为如图 12-2-139 所示的灰白色，牙齿的效果如图 12-2-140 所示。在之前的材质文件夹里找一个有污渍效果的图层，将其复制到牙齿文件夹里，如图 12-2-141 所示，最后的效果如图 12-2-142 所示。

图 12-2-135

图 12-2-136

图 12-2-137

图 12-2-138

图 12-2-139 　　　　　　　　　　　　　　图 12-2-140

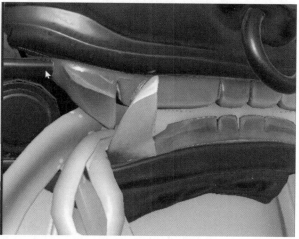

图 12-2-141 　　　　　　　　　　　　　　图 12-2-142

　　新建一个名为"腰部护甲-白-金"的文件夹，参数如图12-2-143所示，把材质赋予如图12-2-144所示的模型。在文件夹中再建一个文件夹，如图12-2-145所示在黑色遮罩上使用填充效果，拉入名为"水纹"的图片，修改平铺参数，使花纹的大小合适，修改花纹的材质，使之成为光滑的褐色材质，参数如图12-2-146所示，最后的效果如图12-2-147所示。

图 12-2-143

图 12-2-144

图 12-2-145

图 12-2-146　　　　　　　　　　　图 12-2-147

选中之前新建的有花纹效果的文件夹，按键盘上的"Ctrl+G"，在之上再增加一个文件夹，给文件夹添加黑色遮罩和绘画效果，如图 12-2-148 所示。现在模型上的效果如图12-2-149所示。选择如图12-2-150所示的模型，使花纹仅在这个模型上。

图 12-2-148

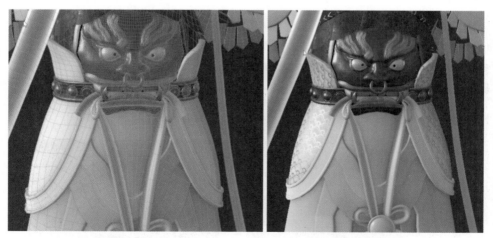

图 12-2-149　　　　　　　　　　图 12-2-150

继续在"护甲"文件夹里创建文件夹，参数如图12-2-151所示，显示土黄色亚光效果材质，选择如图12-2-152所示的护甲边，使之呈现材质效果。

图 12-2-151　　　　　　　　　　　　　　　图 12-2-152

　　关闭"护甲"文件夹，新建一个如图 12-2-153 所示的红色材质文件夹，把材质赋予兽头的舌头，效果如图 12-2-154 所示。在文件夹里新建一个有填充效果的文件夹，如图 12-2-155 所示，使用水纹图片，调节平铺参数，调整填充材质颜色如图 12-2-156 所示，最后呈现的效果如图 12-2-157 所示。

图 12-2-153　　　　　　　　　　　　　　　图 12-2-154

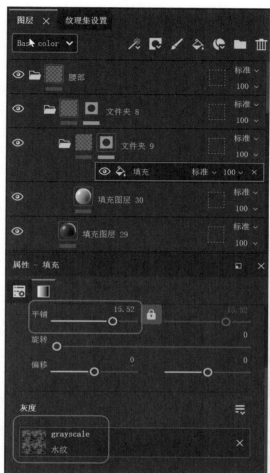

图 12-2-155

图 12-2-156

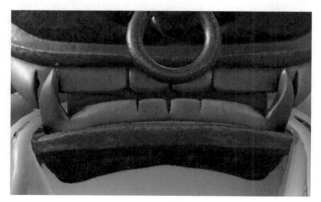

图 12-2-157

找到之前创建的名为"黄金"的文件夹，如图12-2-158所示在里面新建一个材质文件夹，在UV展开图里选择腰带上扣子中间的圆形，如图12-2-159所示，把之前导入的有宝石效果的材质拉到图层里，如图12-2-160所示，效果如图12-2-161所示。打开有宝石效果的文件夹，修改基础材质的颜色为如图12-2-162所示的绿色，最后呈现的效果如图12-2-163所示。将腰部的所有材质选中后，按"Ctrl+G"键，将其全部收入一个文件夹，改文件夹名为"腰部"，如图12-2-164所示关闭文件夹，至此，腰部的材质设置完毕。

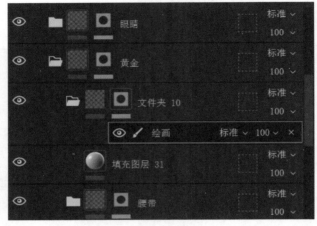

图12-2-158

图12-2-159

图 12-2-160

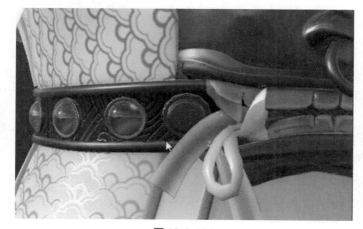

图 12-2-161

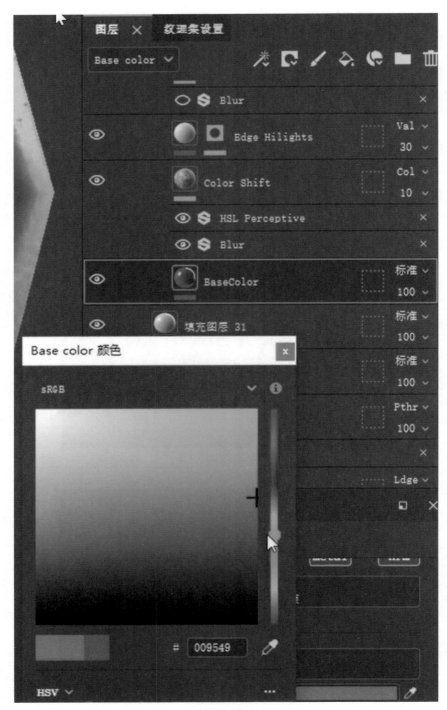

图 12-2-162

图 12-2-163

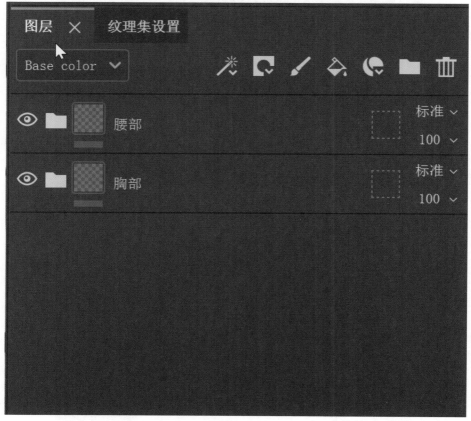

图 12-2-164

新建一个名为"兽头–金属"的文件夹，拖入之前导入的金属材质，如图12-2-165所示，把这个文件赋予肩膀上的兽头模型，效果如图12-2-166所示。花纹有些大，打开金属材质文件夹，修改里面材质的参数，如图12-2-167所示，调改花纹大小和颜色，最终效果如图12-2-168所示。

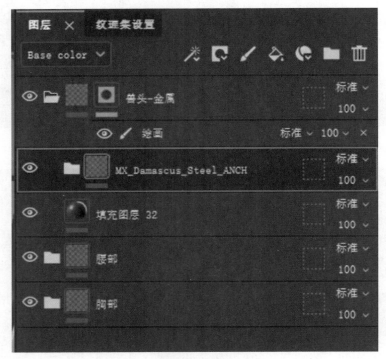

图 12-2-165

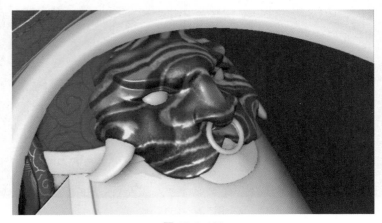

图 12-2-166

图 12-2-167

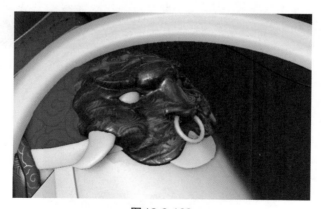

图 12-2-168

新建一个名为"兽头眼球"的文件夹，拉入之前导入的宝石材质，如图 12-2-169 所示，选中模型上的眼球和鼻环模型，效果如图 12-2-170 所示。打开如图 12-2-171 所示的图层，修改基础颜色为灰白色，最后的效果如图 12-2-172 所示。

图 12-2-169

图 12-2-170

图12-2-171

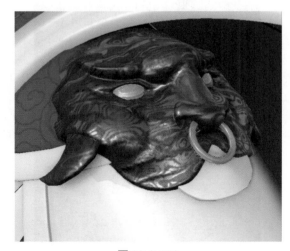

图12-2-172

　　找到"胸部"文件夹里的"褐色"文件夹，点击鼠标右键，在弹出如图12-2-173所示的菜单里选择复制图层。回到最上边的图层，选择"兽头眼球"文件夹，点击鼠标右键，在弹出的如图12-2-174所示的菜单里选择粘贴图层，就把"褐色"文件夹复制到了最上方，如图12-2-175所示。打开"褐色"文件夹，点击如图12-2-176所示的绘画图层，选择肩膀上的带子模型，效果如图12-2-177所示。

图12-2-173

图12-2-174

图12-2-175

图12-2-176

图12-2-177

　　新建一个名为"铠甲"的文件夹，如图12-2-178所示，在资源栏里的普通材质中选择如图12-2-179所示的金属材质。拖动这个材质到如图12-2-180所示的文件夹中，在模型UV图上选择如图12-2-181所示的几何体，将金属材质赋予肩膀上的铠甲模型，调整金属模型的参数，如图12-2-182所示，改后的效果如图12-2-183所示。

图 12-2-178

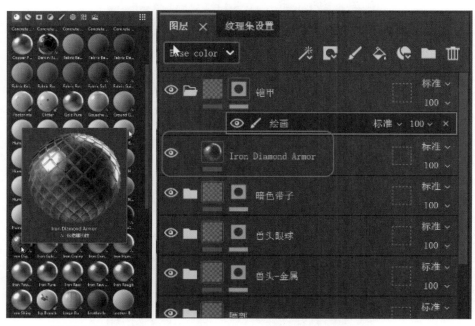

图 12-2-179　　　　　　　　　　图 12-2-180

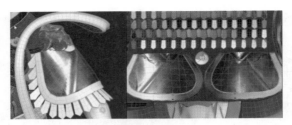

图 12-2-181

图 12-2-182

图 12-2-183

　　新建一个名为"铠甲边－皮革"的文件夹，在材质资源栏中拖入Leather bag材质，如图12-2-184所示。调整这个材质，参数如图12-2-185所示，最后在模型上把材质赋予铠甲边模型，效果如图12-2-186所示。继续在文件夹中新建文件夹，如图12-2-187所示给黑色遮罩添加一个生成器，添加Curvature生成器并调整参数，此时的效果如图12-2-188所示。调整填充材质的颜色和亮度，参数如图12-2-189所示，给生成器上添加一个绘画遮罩，如图12-2-190所示。把模型上如图12-2-191所示不连贯的线补画一下，最后的效果如图12-2-192所示。

图 12-2-184

图 12-2-185

图 12-2-186

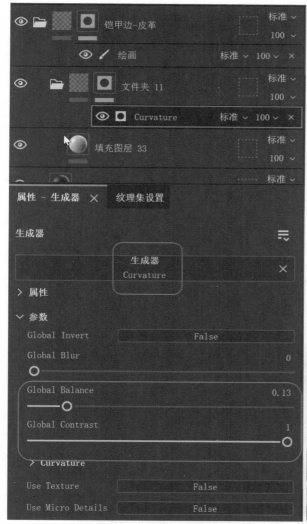

图12-2-187

图12-2-188

图12-2-189

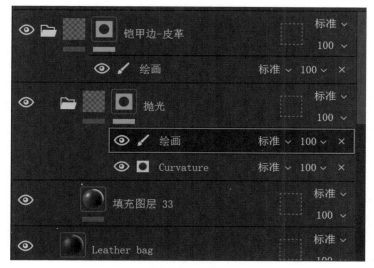

图 12-2-190

图 12-2-191　　　　　　　　　　　图 12-2-192

新建一个名为"手腕–黄金"的文件夹，放入资源栏里的 Gold Pure 材质，如图 12-2-193 所示设置黑色遮罩和绘画层，把材质赋予手腕上的模型，效果如图 12-2-194 所示。在文件夹里添加污渍效果，设置如图 12-2-195 所示。在文件夹里再创建一个填充图层，在图层上添加黑色遮罩和填充效果，并分别调整材质效果，参数如图 12-2-196 所示，最终的效果如图 12-2-197 所示。

图 12-2-193

图 12-2-194

图 12-2-195

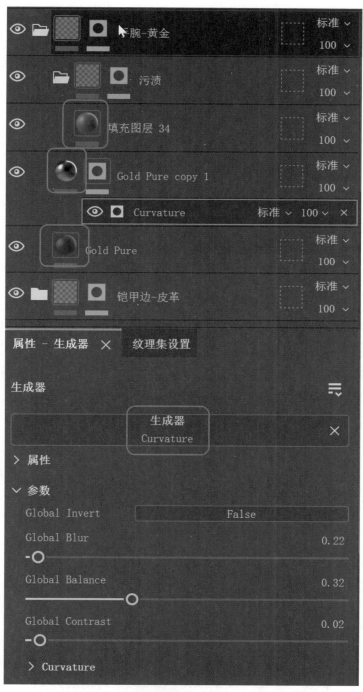

图 12-2-196

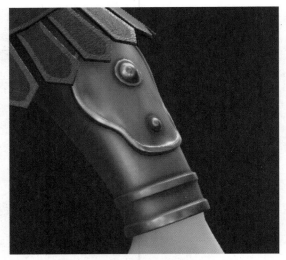

图 12-2-197

新建一个名为"手腕–绿"的文件夹，设置如图 12-2-198 所示，在 UV 图里框选手腕上的几何面，如图 12-2-199 所示。在文件夹里再创建一个填充图层，添加黑色遮罩和填充效果，如图 12-2-200 所示添加水纹图片填充效果，调整平铺参数，调整两个材质球的颜色和金属度，最后显示效果如图 12-2-201 所示。

图 12-2-198

图12-2-199

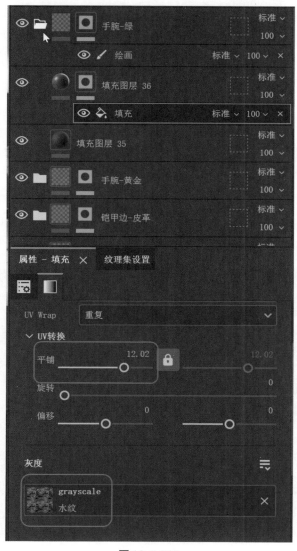

图12-2-200

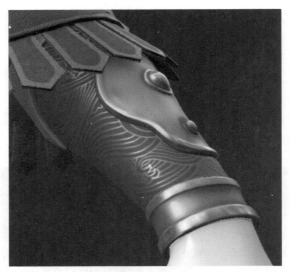

图 12-2-201

打开之前的"手腕-黄金"文件夹，在里面添加一个新文件夹，并复制一个黄金材质层，如图 12-2-202 所示添加绘画遮罩，使用如图 12-2-203 所示的图案，使用笔刷工具在 UV 图上按［］键调整画笔大小，画在如图 12-2-204 所示的地方。调整金属材质颜色和参数，如图 12-2-205 所示添加一些高度值，最后的效果如图 12-2-206 所示。

图 12-2-202

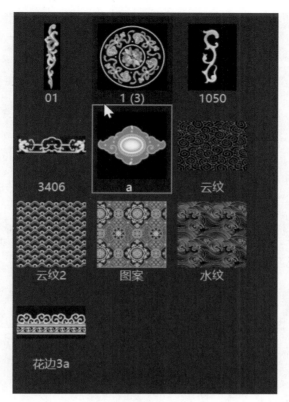

图 12-2-203

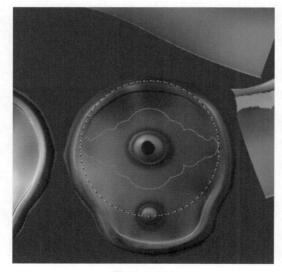

图 12-2-204

图 12-2-205

图 12-2-206

图 12-2-207

新建一个"手腕宝石－金"的文件夹，设置如图 12-2-207 所示，把材质赋予如图 12-2-208 所示的镶嵌扣子，在文件夹里再创建一个文件夹，把之前导入的宝石材质拖入，如图 12-2-209 所示，然后选择扣子上的半圆部分模型，调整宝石材质的基础颜色为绿色，最后效果如图 12-2-210 所示。

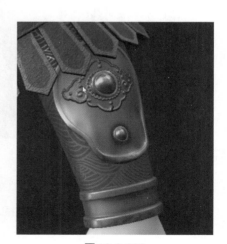

图 12-2-208

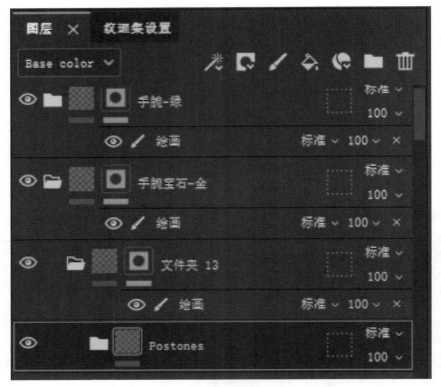

图 12-2-209

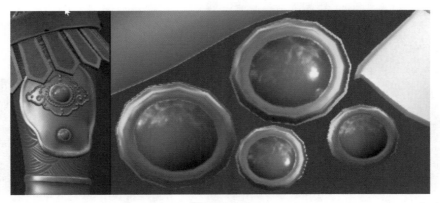

图 12-2-210

　　找到如图 12-2-211 所示之前做的"铠甲"材质，把材质赋予如图 12-2-212 所示的模型，然后选中所有新做的材质，按"Ctrl+G"键，将其存入一个文件夹，如图 12-2-213 所示给文件夹命名为"手臂"。

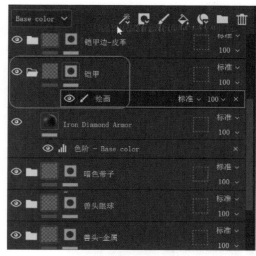

图 12-2-211

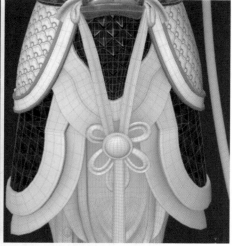

图 12-2-212

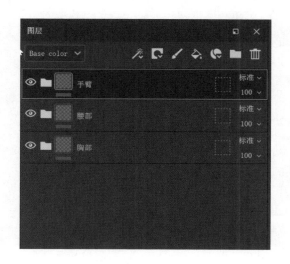

图 12-2-213

　　新建一个如图 12-2-214 所示的文件夹，调整里面材质的颜色和粗糙度，把材质赋予如图 12-2-215 所示的模型，在文件夹中新建一个填充图层，给图层添加黑色遮罩和生成器，选择 Curvature 生成器，调整参数如图 12-2-216 所示，生成的效果如图 12-2-217 所示。然后调整这个图层材质为一个金色金属材质，再如图 12-2-218 所示添加一个绘画遮罩，用笔刷在模型上把之前用生成器生成的边补一下，使之连续顺滑，最后效果如图 12-2-219 所示。

图 12-2-214

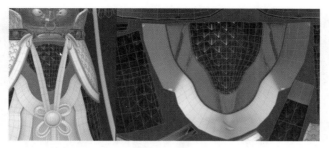

图 12-2-215

图 12-2-216

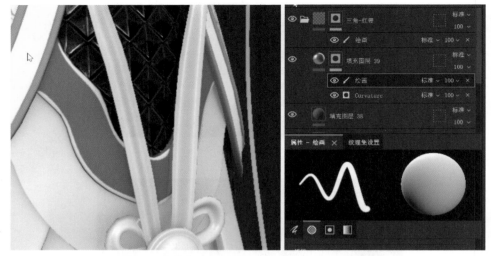

图12-2-217　　　　　　　　　　　　图12-2-218

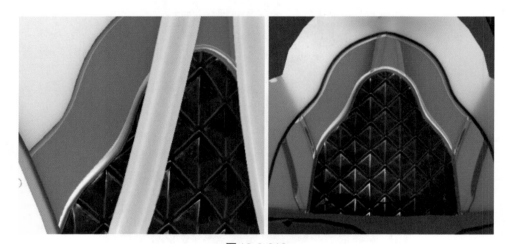

图12-2-219

在文件夹里新建一个填充图层，调整颜色为暗绿色，如图12-2-220所示添加黑色遮罩和绘画，用基础笔刷在模型上画出如图12-2-221所示的花纹，切换到金色图层的绘画遮罩，给绿色线条勾边，效果如图12-2-222所示。选择之前导入的花纹图片，画出如图12-2-223所示的效果。

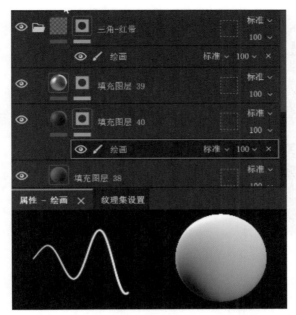

图 12-2-220

图 12-2-221

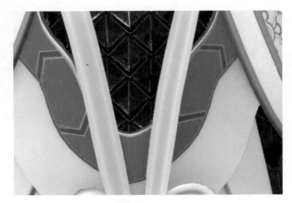

图 12-2-222

图 12-2-223

新建一个名为"三角边－装饰"的文件夹，设置如图 12-2-224 所示，选择模型上如图 12-2-225 所示的绿色部分。在文件夹中再新建一个文件夹，如图 12-2-226 所示设置浅一些的绿色，再次选择如图 12-2-227 所示的绿色部分。切换到笔刷工具，如图 12-2-228 所示灰度调为 0，在模型上画出如图 12-2-229 所示的花边，给浅绿色材质加上一些高度值，使之稍微凸起，效果如图 12-2-230 所示。在文件夹的黑色遮罩上添加滤镜，如图 12-2-231 所示选择 Blur 滤镜，并调整强度，使凸起更柔和，效果如图 12-2-232 所示。

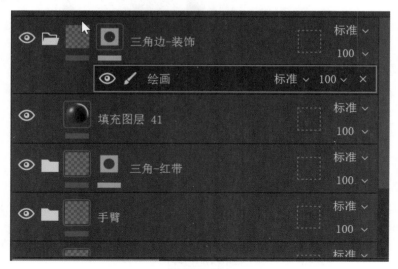

图 12-2-224

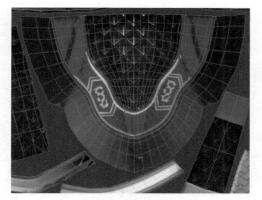

图 12-2-225

图 12-2-226

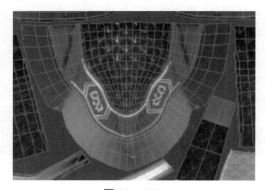

图 12-2-227

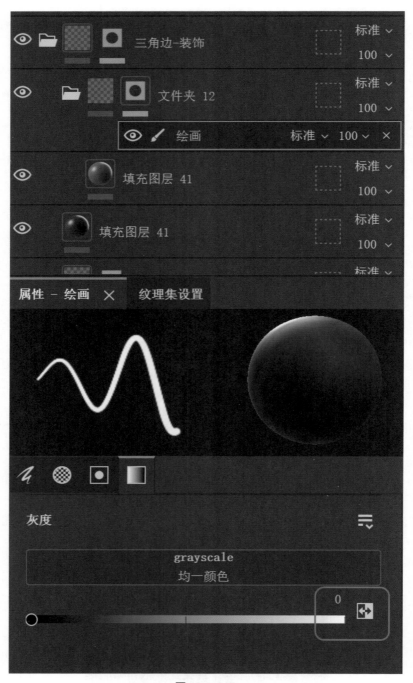

图 12-2-228

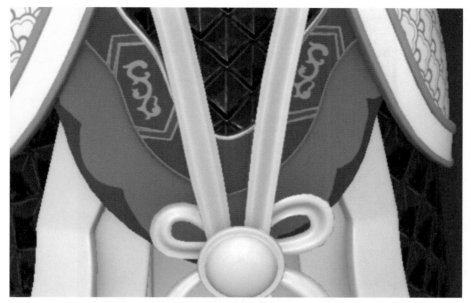

图12-2-229

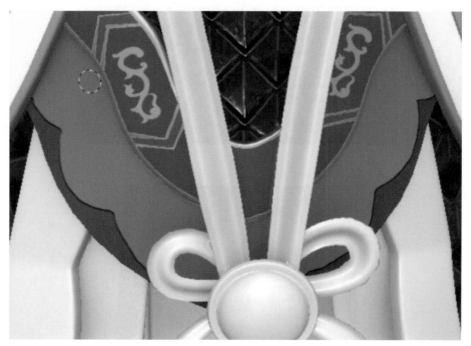

图12-2-230

图 12-2-231

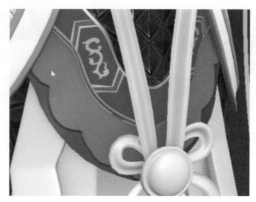

图 12-2-232

在文件夹里添加一个有填充效果的文件夹，设置参数如图 12-2-233 所示，效果如图 12-2-234 所示。继续在文件夹里添加文件夹，命名为"金属薄片"，调整其内的材质参数如图 12-2-235 所示。选中文件夹中的黑色遮罩，用笔刷工具，使用导入的透贴图片，画出如图 12-2-236 所示的花纹。

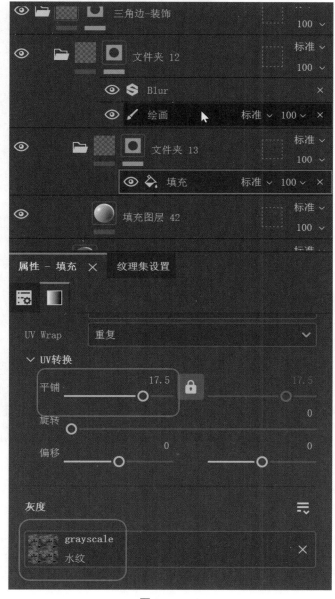

图 12-2-233

图12-2-234　　　　　　　　　　　图12-2-235

图12-2-236

　　找到之前做的"手臂"材质文件夹，在里面的"铠甲边-皮革"文件夹里选中绘画层，如图12-2-237所示，用几何体填充工具选中大腿铠甲的边，效果如图12-2-238所示。

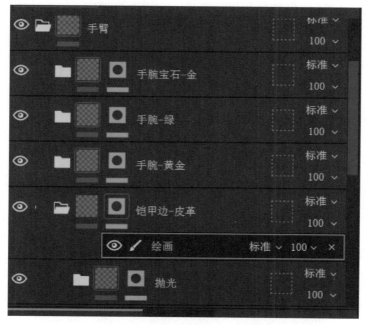

图12-2-237

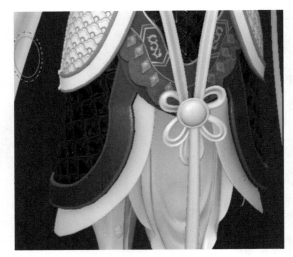

图12-2-238

　　回到顶层，新建一个名为"腿甲内饰层"的文件夹，设置如图12-2-239所示。选中如图12-2-240所示的模型，在文件夹里再创建一个文件夹，设置如图12-2-241所示，选中如图12-2-242所示的模型内部，在这个文件夹里再创建一个填充图层，赋予黑色遮罩和填充效果，设置参数如图12-2-243所示，最后效果如图12-2-244所示。

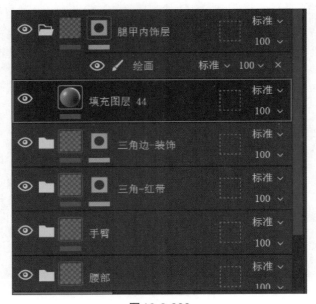

图12-2-239

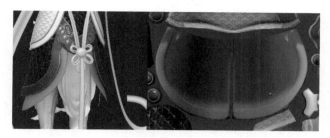

图 12-2-240

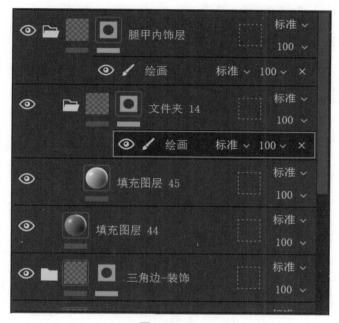

图 12-2-241

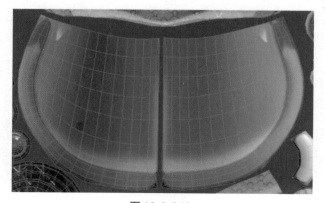

图 12-2-242

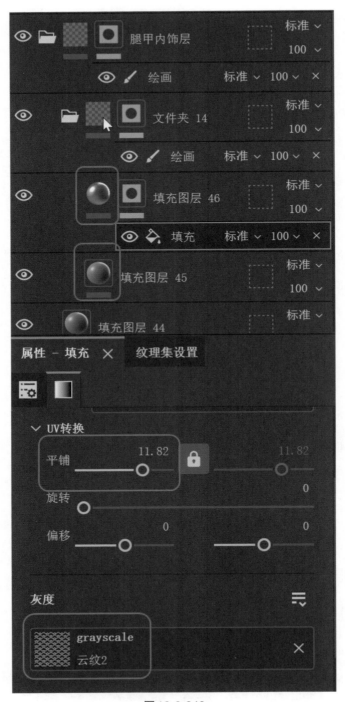

图 12-2-243

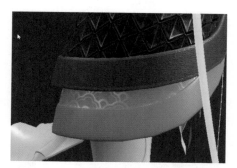

图 12-2-244

关闭"文件夹14"，在"腿甲内饰层"文件夹里创建一个新文件夹，同样赋予黑色遮罩和填充效果，使用水纹图案，修改填充图层的材质颜色和效果，参数如图 12-2-245 所示，呈现的效果如图 12-2-246 所示。

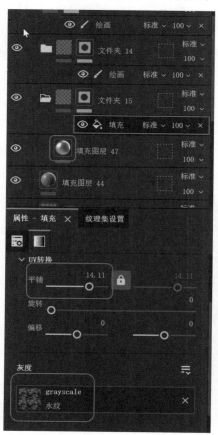

图 12-2-245

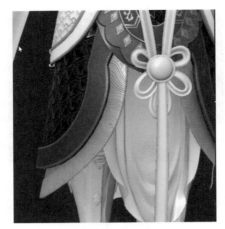

图12-2-246

　　关闭"腿甲内饰层"，新建"下垂三角裙摆"文件夹，调整填充图层的颜色，参数如图12-2-247所示，选中遮罩下的绘画层后，用几何体填充工具选择如图12-2-248所示的模型。在文件夹中再创建一个文件夹，参数如图12-2-249所示，使用云纹图案，最后效果如图12-2-250所示。在新建的文件夹上创建填充图层，同样赋予黑色遮罩和绘画，如图12-2-251所示，用画笔工具在三角面料边缘画出绿色的粗线，效果如图12-2-252所示。最后选择所有新建的文件夹，按"Ctrl+G"键将其归入一个文件夹中，如图12-2-253所示给文件夹命名为"大腿护甲"。

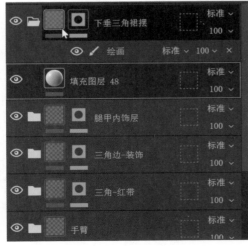

图12-2-247

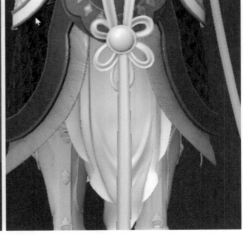

图12-2-248

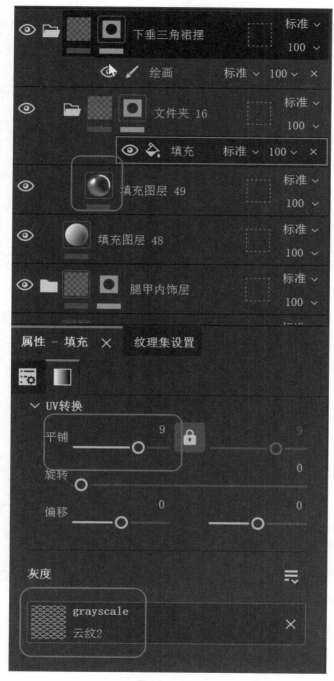

图 12-2-249

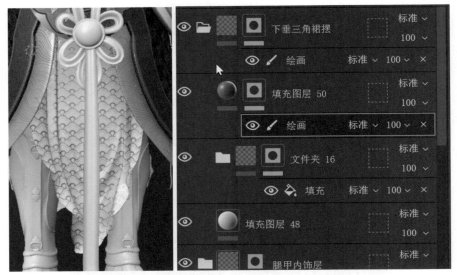

图 12-2-250　　　　　　　　　　　　图 12-2-251

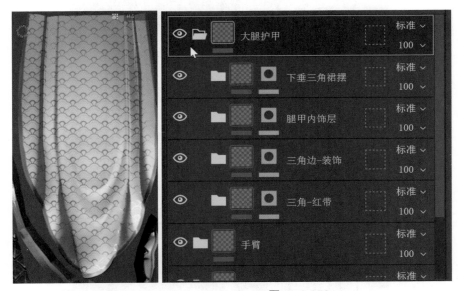

图 12-2-252　　　　　　　　　　　　图 12-2-253

新建一个"黄金"文件夹，拉入资源栏里的 Gold Pure 材质，如图 12-2-254
所示。选中小腿甲模型，如图 12-2-255 所示。

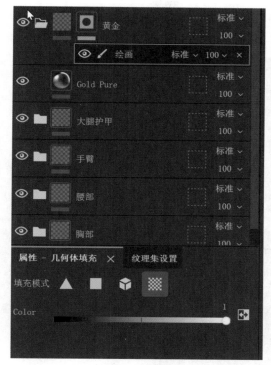

图12-2-254

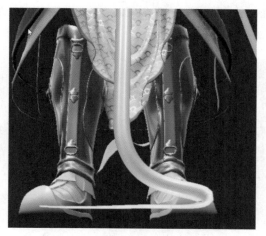

图12-2-255

新建一个名为"墨绿底色"的文件夹，包含一个墨绿色填充图层，如图12-2-256所示，选中腿甲内如图12-2-257所示部分模型。在文件夹中拉入Gold Pure材质，如图12-2-258所示添加黑色遮罩和绘画，选中导入的名为"a"的图案，用画笔在如图12-2-259所示的地方画出纹样，调整金色材质的高度值和颜色，参数如图12-2-260所示，最后的效果如图12-2-261所示。

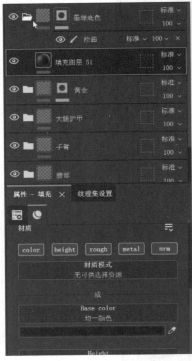

图12-2-256

图12-2-257

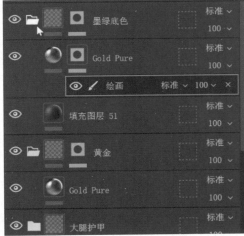

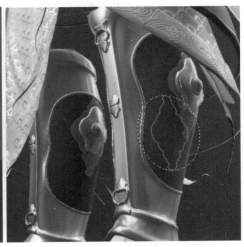

图12-2-258

图12-2-259

图 12-2-260

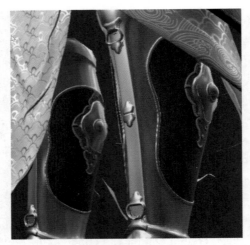

图 12-2-261

关闭"墨绿底色"文件夹,新建"小腿肚金丝底纹"文件夹,如图12-2-262所示调整、填充图层颜色为浅米黄色,选中如图12-2-263所示的模型内部。在文件夹里添加一个金色填充图层,如图12-2-264所示添加黑色填充遮罩,使用水纹图案填充,最后的效果如图12-2-265所示。

图 12-2-262

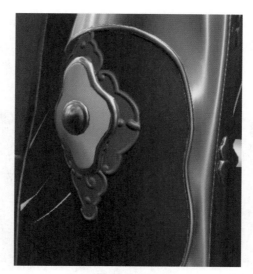

图 12-2-263

图 12-2-264

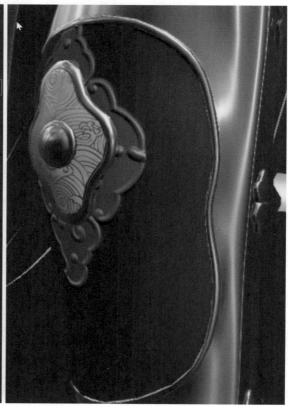

图 12-2-265

　　找到之前做的胸部材质里面的红色宝石材质，如图 12-2-266 所示，按 "Ctrl+C" 键复制，回到最顶层，新建一个 "红宝石" 文件夹，然后按 "Ctrl+V" 键粘贴，如图 12-2-267 所示复制一个材质，把这个材质赋予如图 12-2-268 所示的模型。

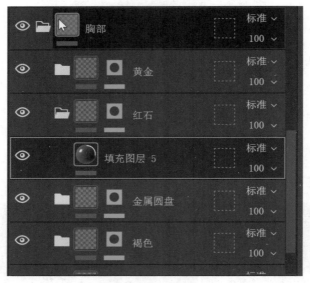

图 12-2-266

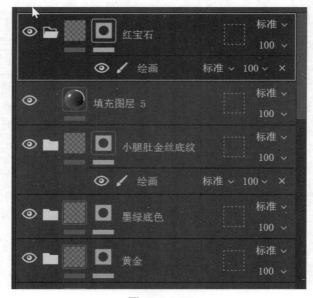

图 12-2-267

图12-2-268

新建一个文件夹，设置如图12-2-269所示，选中如图12-2-270所示的模型，在文件夹里再添加一个填充图层，设置如图12-2-271所示，调整两个材质的颜色和亮度，最后的效果如图12-2-272所示。

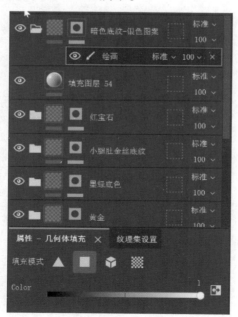

图12-2-269

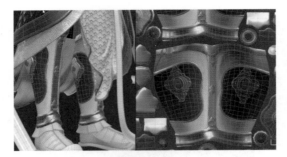

图 12-2-270

图 12-2-271

图12-2-272

新建一个皮革材质文件夹，使用资源栏里的Leather Stylized材质，设置如图12-2-273所示，把材质赋予如图12-2-274所示的模型，修改皮革材质基础颜色层的参数，如图12-2-275所示把高度值调低一点儿，再如图12-2-276所示在上层添加一个Blur滤镜，使凹凸效果不太突兀，最后效果如图12-2-277所示。

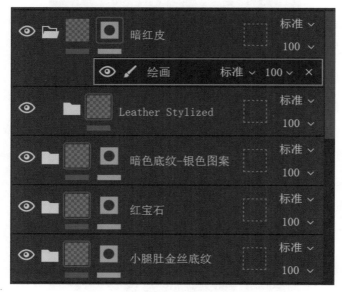

图12-2-273

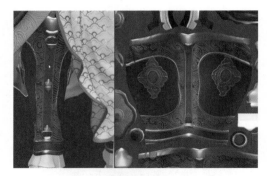

图 12-2-274

图 12-2-275

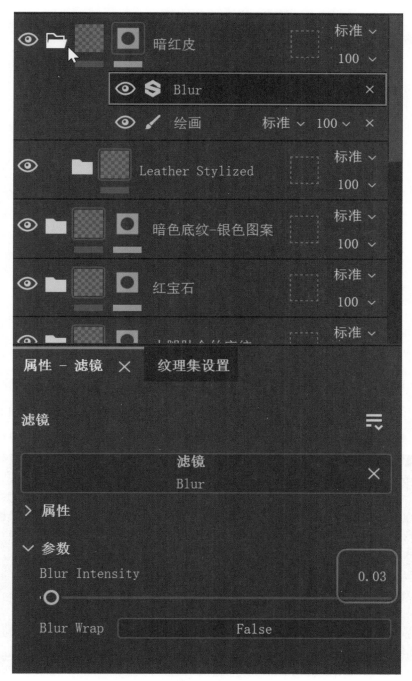

图12-2-276

图 12-2-277

如图 12-2-278 所示，点击图层窗口的画笔图标，新建一个图层，用画笔工具选中如图 12-2-279 所示的笔刷，在笔刷参数栏把颜色改为墨绿色，如图 12-2-280 所示，在模型皮革边沿画出缝线，如图 12-2-281 所示。

图 12-2-278

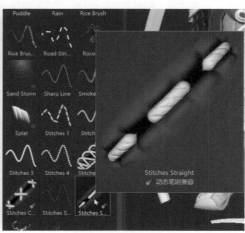

图 12-2-279

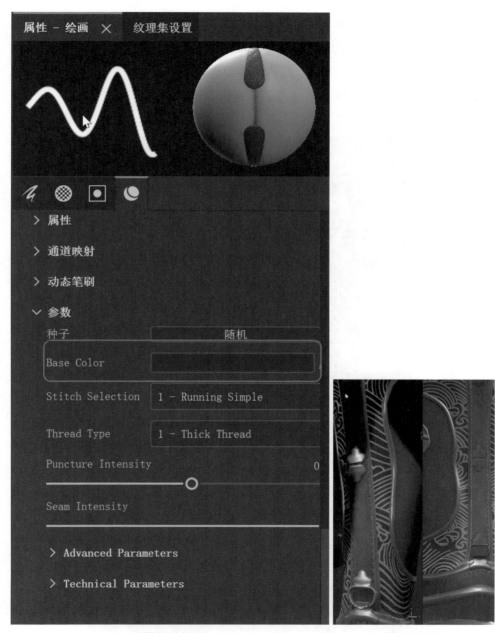

图 12-2-280　　　　　　　　　　　　　　　图 12-2-281

　　找到之前做的"黄金"材质，如图12-2-282所示，复制到如图12-2-283所示的"暗红皮"文件夹里，因为复制的是材质，遮罩需要修改，因此删除绘画遮罩，重新创建一个绘画遮罩，修改材质的参数，如图12-2-284所示调高高度值，用笔刷配合导入的贴图，在模型上画出花纹，如图12-2-285、图12-2-286所示。

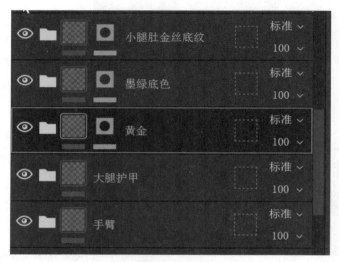

图12-2-282

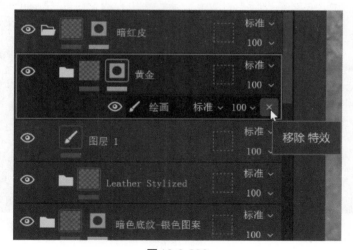

图12-2-283

图12-2-284

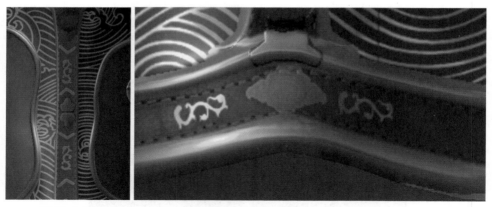

图12-2-285   图12-2-286

　　如图12-2-287所示，选中"暗红皮"的绘画遮罩，把材质赋予鞋面，效果如图12-2-288所示。选中缝线图层，用笔刷在鞋子上画出缝线，如图12-2-289所示。

图12-2-287

图12-2-288

图12-2-289

新建一个"鞋底"文件夹，如图12-2-290所示，导入如图12-2-291所示的皮革材质，把材质赋予鞋底模型，如图12-2-292所示。打开"Leather"材质文件夹，如图12-2-293所示调低里面两种材质的高度值，最后的效果如图12-2-294所示。

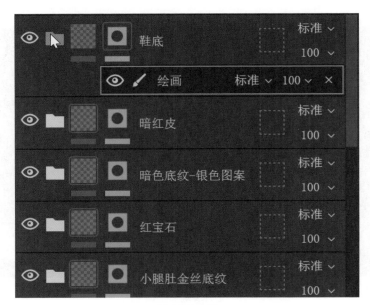

图12-2-290

图 12-2-291

图 12-2-292

图 12-2-293

图 12-2-294

　　创建一个如图12-2-295所示的文件夹，包含一个有亚光效果的材质，把材质赋予鞋背上的条状模型，效果如图12-2-296所示。

图12-2-295

图12-2-296

　　新建一个如图12-2-297所示的文件夹，包含填充图层和填充遮罩图层，把材质赋予鞋上的布料模型，如图12-2-298所示。至此，小腿部分的材质设置完成，把所有文件夹打包，如图12-2-299所示，命名为"小腿－鞋子"。

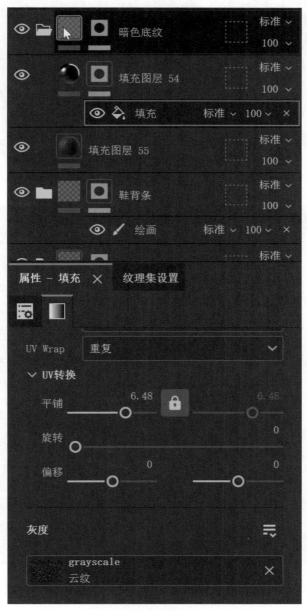

图12-2-297

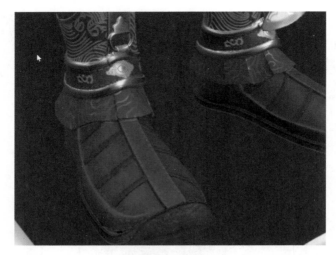

图 12-2-298

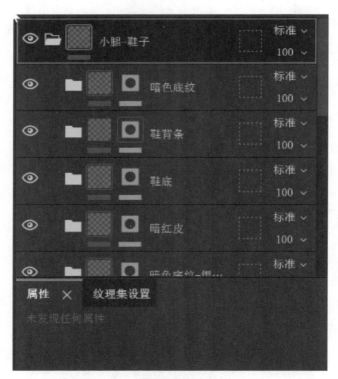

图 12-2-299

新建一个黑色材质，如图 12-2-300 所示，把这个材质赋予头发模型，效果如图 12-2-301 所示。

图12-2-300

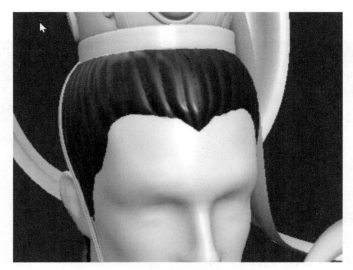

图12-2-301

创建一个黄金材质，参数如图12-2-302所示，给头冠部分模型赋予此材质，效果如图12-2-303所示。创建一个红宝石材质，如图12-2-304所示，把材质赋予头冠上镶嵌的半圆，效果如图12-2-305所示。再如图12-2-306所示创建一个亚光效果的红色材质，赋予头冠上的翎毛，如图12-2-307所示。

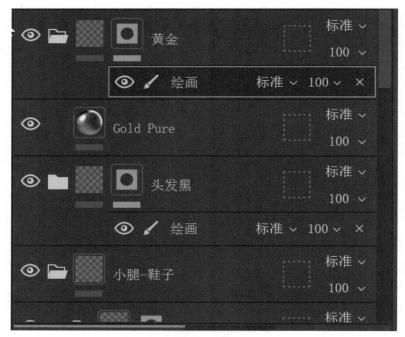

图 12-2-302

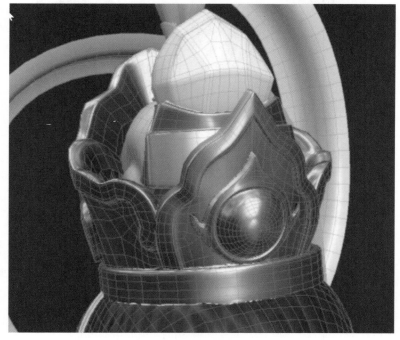

图 12-2-303

图 12-2-304

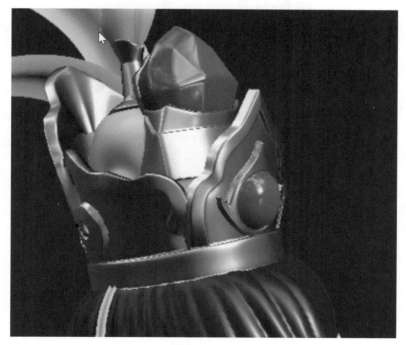

图 12-2-305

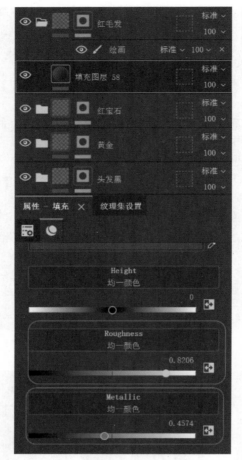

图 12-2-306

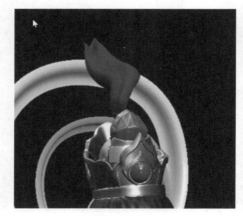

图 12-2-307

　　创建一个灰绿色材质，如图12-2-308所示，赋予头冠中间部分模型，效果如图12-2-309所示。在文件夹中创建一个填充图层，设置参数如图12-2-310所示，效果如图12-2-311所示，花纹图层调为凹陷效果。

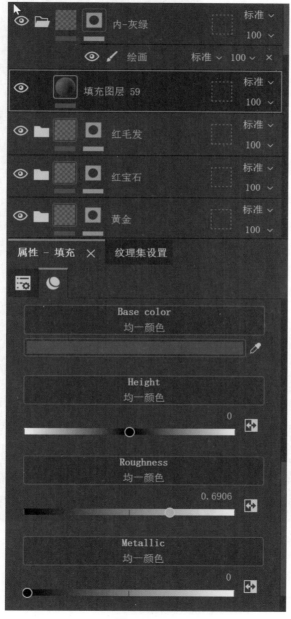

图12-2-308

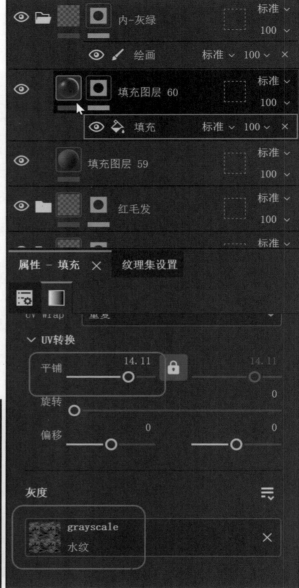

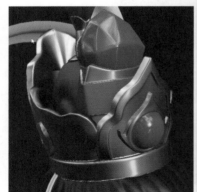

图 12-2-309

图 12-2-310

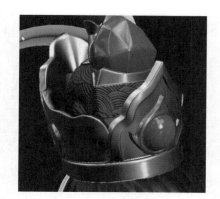

图12-2-311

　　创建一个皮革材质，如图12-2-312所示，将此材质赋予如图12-2-313所示的头冠基座部分。在文件夹中创建一个画笔图层，如图12-2-314所示使用之前用过的缝线笔刷，在皮革边缘绘制出缝线，效果如图12-2-315所示。

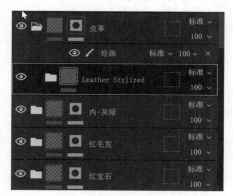

图12-2-312

图12-2-313

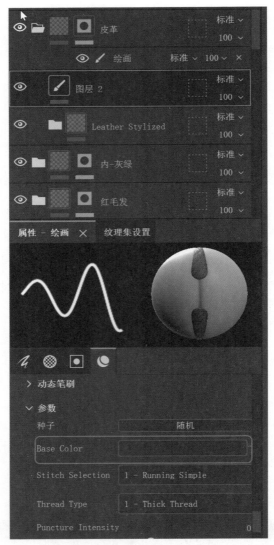

图 12-2-314

图 12-2-315

在"皮革"文件夹中新建一个文件夹，设置如图12-2-316所示，用画笔在皮革中间部位画一条粗线，效果如图12-2-317所示。设置填充效果，参数如图12-2-318所示，在模型上的效果如图12-2-319所示。

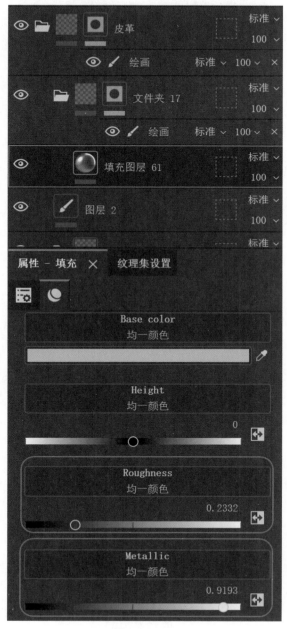

图12-2-316

图 12-2-317

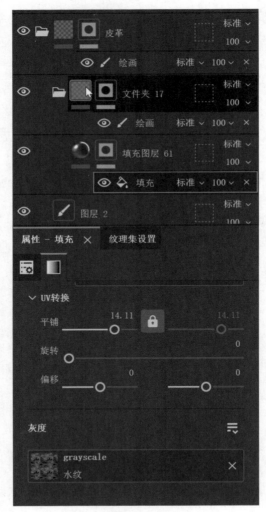

图 12-2-318

图 12-2-319

　　如图 12-2-320 所示新建一个绿色材质，将材质赋予如图 12-2-321 所示的头冠中间部位，在文件夹中新建填充图层，设置参数如图 12-2-322 所示，调整填充材质参数如图 12-2-323 所示，最后效果如图 12-2-324 所示，花纹是凸起的。

图 12-2-320

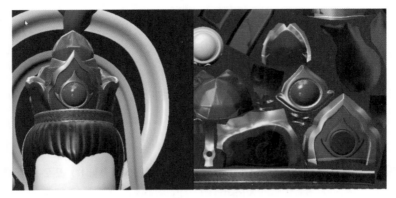

图 12-2-321

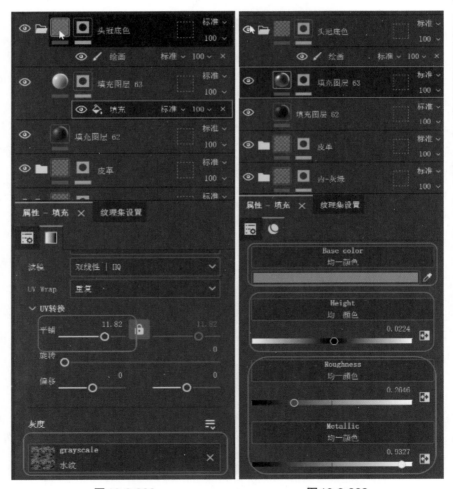

图 12-2-322   图 12-2-323

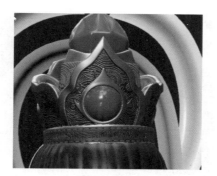

图12-2-324

在之前创建的"黄金"材质文件夹中创建一个填充效果文件夹，设置如图
12-2-325所示，最后的效果如图12-2-326所示。

图12-2-325

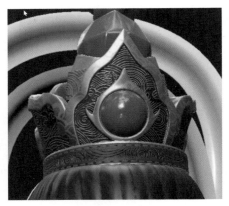

图 12-2-326

新建一个有污渍效果的文件夹，设置参数如图 12-2-327 所示，选择除头发之外的所有头冠模型，此时效果如图 12-2-328 所示。调整填充材质的颜色和污渍生成器的参数，如图 12-2-329 所示。最后的效果如图 12-2-330 所示。至此，头冠部分材质制作完成。选中所有此部分材质，如图 12-2-331 所示按 "Ctrl+G" 把文件打包到一个文件夹中，关闭文件夹，此时的图层效果如图 12-2-332 所示。

图 12-2-327

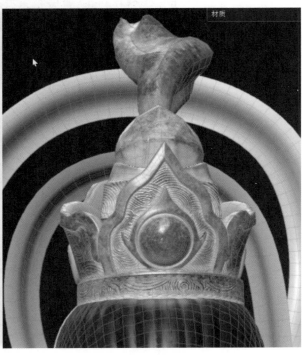

图 12-2-328

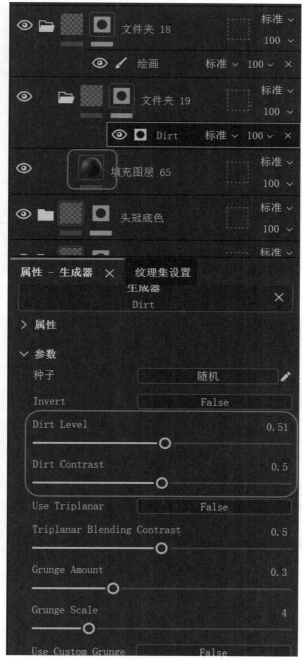

图 12-2-329

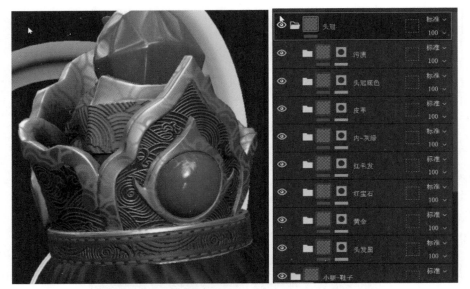

图 12-2-330　　　　　　　　　　　图 12-2-331

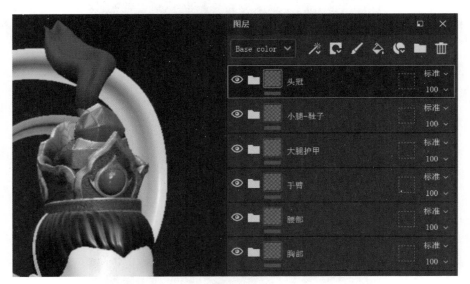

图 12-2-332

　　创建大飘带的材质，参数如图 12-2-333 所示，材质在模型上的效果如图 12-2-334 所示。在文件夹中新建一个绿色材质文件夹，如图 12-2-335 所示，把材质赋予飘带的边缘，效果如图 12-2-336 所示。在文件夹中新建一个填充图层，参数如图 12-2-337 所示，效果如图 12-2-338 所示。

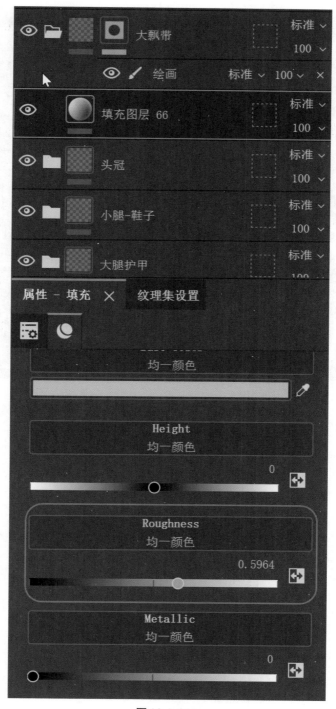

图 12-2-333

图 12-2-334

图 12-2-335

图 12-2-336

图 12-2-337

图 12-2-338

　　关闭"大飘带"文件夹，按"Ctrl+D"复制材质，图层窗口如图 12-2-339 所示。删除文件夹的绘画遮罩后再新加一个绘画遮罩，然后把材质赋予如图 12-2-340

所示的小飘带。删除"边条"文件夹下的绘画遮罩后新建一个绘画遮罩，如图
12-2-341所示，在小飘带上同样画出边缘效果，如图12-2-342所示。

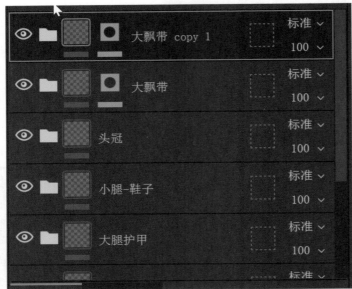

图 12-2-339   图 12-2-340

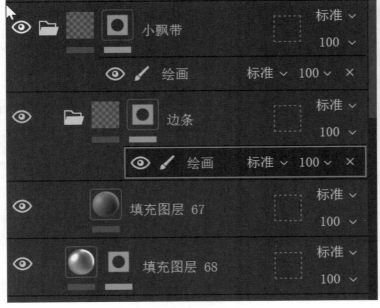

图 12-2-341   图 12-2-342

最后创建一个有亚光效果的暗红材质，参数如图 12-2-343 所示，将材质赋予头上的细绳，效果如图 12-2-344 所示。至此，所有的材质制作完成，最后的效果如图 12-2-345 所示。如果觉得飘带太抢眼，稍微调整一下，效果如图 12-2-346 所示。

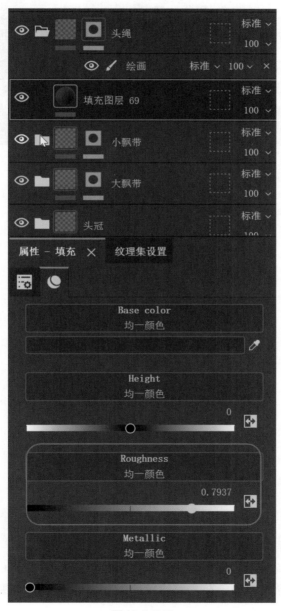

图 12-2-343

图 12-2-344

图 12-2-345

图 12-2-346

　　做完材质贴图，需要把贴图导出，以便之后使用。在文件下拉菜单中点击导出贴图，如图 12-2-347 所示，在出现的窗口中设置保存路径，并把输出模板设置为 Unreal Engine 4，如图 12-2-348 所示。点击导出按钮后，窗口呈现如图 12-2-349 所示的导出成功，在之前设置的保存文件夹里会出现如图 12-2-350 所示的贴图文件。

图 12-2-347

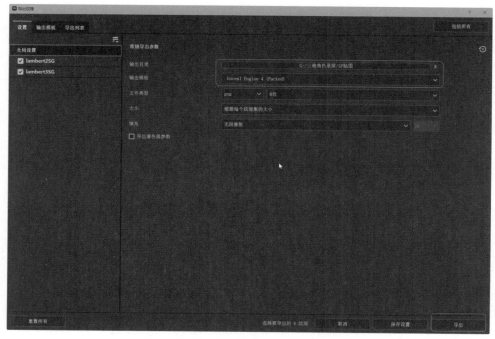

图 12-2-348

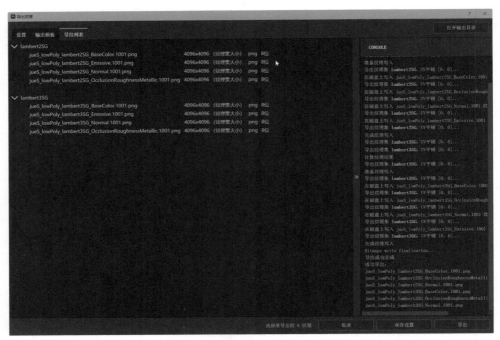

图 12-2-349

SP贴图

jueS_lowPoly_la
mbert2SG_Base
Color.1001.png

jueS_lowPoly_la
mbert2SG_Nor
mal.1001.png

jueS_lowPoly_la
mbert2SG_Occl
usionRoughnes
sMetallic.100...

jueS_lowPoly_la
mbert3SG_Base
Color.1001.png

jueS_lowPoly_la
mbert3SG_Nor
mal.1001.png

jueS_lowPoly_la
mbert3SG_Occl
usionRoughnes
sMetallic.100...

图 12-2-350

第十三章　导入虚幻编辑器

如图13-1所示打开虚幻编辑器，在项目浏览器窗口中如图13-2所示设置为空白游戏，并设置文件保存的路径和名称。点击创建后出现如图13-3所示的窗口，按"Ctrl+空格键"或者点击左下角的内容侧滑菜单，会出现如图13-4所示的窗口。在窗口空白处点击鼠标右键，在出现的如图13-5所示的菜单中选择新建文件夹，并设置文件夹的名字，如图13-6所示。

图 13-1

图 13-2

图 13-3

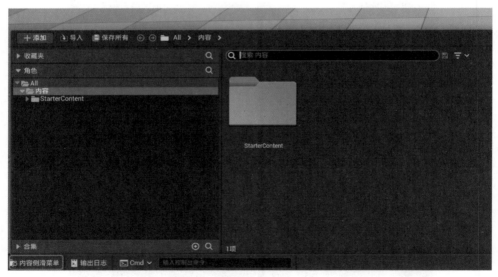

图 13-4

图 13-5

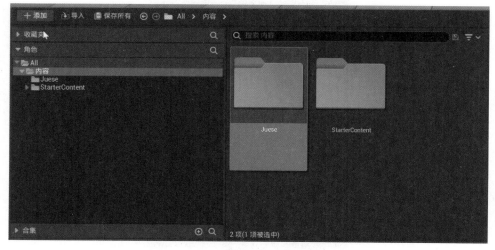

图 13-6

打开新建的文件夹后，如图13-7所示点击导入，找到之前的模型文件，出现如图13-8所示的窗口，点击导入所有，模型和材质球就导入进来了，如图13-9所示。再次点击导入，如图13-10所示把之前做好的贴图导入。

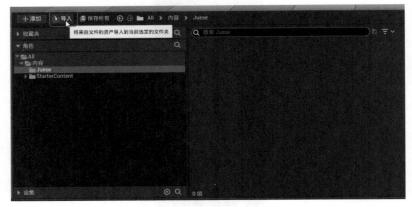

图13-7

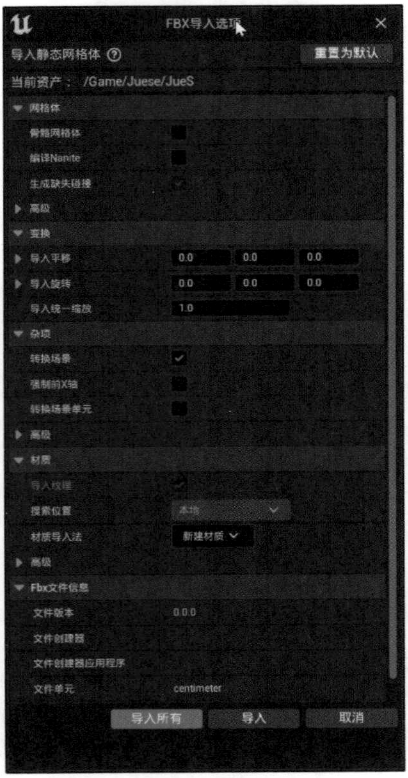

图13-8

图 13-9

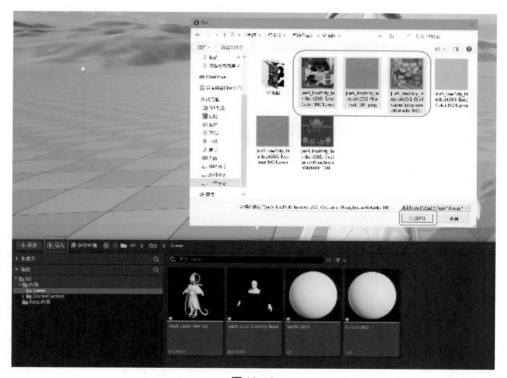

图 13-10

双击导入进来的OcclusionRoughnessMetallic贴图，这是一张三合一的贴图，如图 13-11 所示。在出现的贴图参数窗口中，如图 13-12 所示，把"sRGB"后的勾选取消。关闭窗口后双击如图 13-13 所示的材质球，出现如图 13-14 所示的材质编辑窗口，把材质后的Param贴图删除。把之前导入的三张贴图拖入窗口中，分别连线到材质球上，如图 13-15 所示。特别注意的是，三合一贴图要RGB三个通道分别连接到相应的材质通道上。保存后关闭窗口，内容浏览器中的模型上就有了材质贴图效果，如图13-16所示点击保存所有。同时选中盔甲和头手模型，并拖动到环境视口中，模型导入就完成了，最后效果如图13-17、图13-18所示。

图 13-11

图 13-12

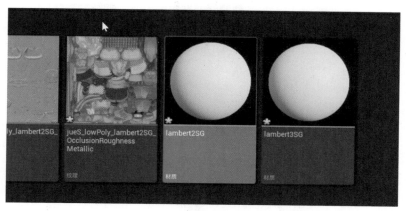

图 13-13

图 13-14

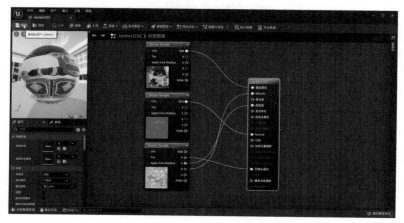

图 13-15

图 13-16

图 13-17

图 13-18

图书在版编目（CIP）数据

虚拟现实三维角色制作 / 刘跃军，徐静秋，吴南妮著. —北京：中国国际广播出版社，2024.12
　ISBN 978-7-5078-5568-5

　Ⅰ.①虚… Ⅱ.①刘…②徐…③吴… Ⅲ.①三维动画软件－教材
Ⅳ.① TP391.414

中国国家版本馆CIP数据核字（2024）第104071号

虚拟现实三维角色制作

著　者	刘跃军　徐静秋　吴南妮
责任编辑	张晓梅
校　对	张　娜
版式设计	邢秀娟
封面设计	赵冰波

出版发行	中国国际广播出版社有限公司 ［010-89508207（传真）］
社　址	北京市丰台区榴乡路88号石榴中心2号楼1701
	邮编：100079
印　刷	北京启航东方印刷有限公司

开　本	710×1000　1/16
字　数	610千字
印　张	35
版　次	2024 年 12 月　北京第一版
印　次	2024 年 12 月　第一次印刷
定　价	98.00 元